农田水利工程技术培训教材

水利部农村水利司
中国灌溉排水发展中心　组编

微灌工程技术

主　编　姚　彬
副主编　王留运

黄河水利出版社
·郑州·

内 容 提 要

　　本书系农田水利工程技术培训教材的一个分册。全书共分十二章，主要内容包括概述、微灌灌水器、管道及附属设备、规划设计参数、微灌工程规划、微灌工程设计、微灌水系统处理、微灌施肥、微灌自动控制系统、工程施工与验收、运行管理与维护、微灌工程设计实例及附录等。

　　本书较系统地总结了近年来全国各地在微灌工程规划、设计、施工和管理中所取得的先进经验和科研成果及新产品介绍，内容丰富，实用性和可操作性强，主要供培训基层水利人员以及从事微灌工程规划、设计、施工和管理工作者使用，亦可供相关专业院校师生及科研人员在教学、科研、生产等工作中参考使用。

图书在版编目(CIP)数据

微灌工程技术/姚彬主编 . —郑州:黄河水利出版社,2012.11
农田水利工程技术培训教材
ISBN 978 - 7 - 5509 - 0377 - 7

Ⅰ.①微…　Ⅱ.①姚…　Ⅲ.①农田微灌 - 节约用水 - 技术培训 - 教材　Ⅳ.①S275

中国版本图书馆 CIP 数据核字(2012)第 272738 号

出　版　社:黄河水利出版社　　　　网址:www.yrcp.com
　　　　　地址:河南省郑州市顺河路黄委会综合楼14层　邮政编码:450003
发行单位:黄河水利出版社
　　　　　发行部电话:0371 - 66026940、66020550、66028024、66022620(传真)
　　　　　E-mail:hhslcbs@126.com
承印单位:郑州海华印务有限公司
开本:787 mm×1 092 mm　1/16
印张:18.75
字数:433 千字　　　　　　　　　印数:1—5 000
版次:2012 年 11 月第 1 版　　　　印次:2012 年 11 月第 1 次印刷

定价:49.00 元

农田水利工程技术培训教材
编辑委员会

加强农田水利技术培训
增强服务"三农"工作本领

——农田水利工程技术培训教材总序

　　我国人口多，解决 13 亿人的吃饭问题，始终是治国安邦的头等大事。受气候条件影响，我国农业生产以灌溉为主，但我国人多地少，水资源短缺，降水时空分布不均，水土资源不相匹配，约二分之一以上的耕地处于水资源紧缺的干旱、半干旱地区，约三分之一的耕地位于洪水威胁的大江大河中下游地区，极易受到干旱和洪涝灾害的威胁。加强农田水利建设，提高农田灌排能力和防灾减灾能力，是保障国家粮食安全的基本条件和重要基础。新中国成立以来，党和国家始终把农田水利摆在突出位置来抓，经过几十年的大规模建设，初步形成了蓄、引、提、灌、排等综合设施组成的农田水利工程体系，到 2010 年全国农田有效灌溉面积 9.05 亿亩，其中，节水灌溉工程面积达到 4.09 亿亩。我国能够以占世界 6% 的可更新水资源和 9% 的耕地，养活占世界 22% 的人口，农田水利做出了不可替代的巨大贡献。

　　随着工业化城镇化快速发展，我国人增、地减、水缺的矛盾日益突出，农业受制于水的状况将长期存在，特别是农田水利建设滞后，成为影响农业稳定发展和国家粮食安全的最大硬伤。全国还有一半以上的耕地是缺少基本灌排条件的"望天田"，40% 的大中型灌区、50% 的小型农田水利工程设施不配套、老化失修，大型灌排泵站设备完好率不足 60%，农田灌溉"最后一公里"问题突出。农业用水方式粗放，约三分之二的灌溉面积仍然沿用传统的大水漫灌方法，灌溉水利用率不高，缺水与浪费水并存。加之全球气候变化影响加剧，水旱灾害频发，国际粮食供求矛盾突显，保障国家粮食安全和主要农产品供求平衡的压力越来越大，加快扭转农业主要"靠天吃饭"局面任务越来越艰巨。

　　党中央、国务院高度重视水利工作，党的十七届三中、五中全会以及连续八个中央一号文件，对农田水利建设作出重要部署，提出明确要求。党的十七届三中全会明确指出，以农田水利为重点的农业基础设施是现代农业的重要物质条件。党的十七届五中全会强调，农村基础设施建设要以水利为重点。2011 年中央一号文件和中央水利工作会议，从党和国家事业发展全局出发，对加快水利改革发展作出全面部署，特别强调水利是现代农业建设不可或缺的首要条件，特别要求把农田水利作为农村基础设施建设的重点任务，特别制定从土地出让收益中提取 10% 用于农田水利建设的政策措施，农田水利发展迎来重大历史机遇。

　　随着中央政策的贯彻落实、资金投入的逐年加大，大规模农田水利建设对农村水利工作者特别是基层水利人员的业务素质和专业能力提出了新的更高要求，加强工程规划设计、建设管理等方面的技术培训显得尤为重要。为此，水利部农村水利司和中国灌溉排水发展中心组织相关高等院校、科研机构、勘测设计、工程管理和生产施工等单位的百余位专家学者，在1998年出版的《节水灌溉技术培训教材》的基础上，总结十多年来农田水利建设和管理的经验，补充节水灌溉工程技术的新成果、新理论、新工艺、新设备，编写了农田水利工程技术培训教材，包括《节水灌溉规划》、《渠道衬砌与防渗工程技术》、《喷灌工程技术》、《微灌工程技术》、《低压管道输水灌溉工程技术》、《雨水集蓄利用工程技术》、《小型农田水利工程设计图集》、《旱作物地面灌溉节水技术》、《水稻节水灌溉技术》和《灌区水量调配与量测技术》共10个分册。

这套系列教材突出了系统性、实用性、规范性，从内容与形式上都进行了较大调整、充实与完善，适应我国今后节水灌溉事业迅速发展形势，可满足农田水利工程技术培训的基本需要，也可供从事农田水利工程规划设计、施工和管理工作的相关人员参考。相信这套教材的出版，对加强基层水利人员培训，提高基层水利队伍专业水平，推进农田水利事业健康发展，必将发挥重要的作用。

是为序。

2011 年 8 月

《微灌工程技术》
编写人员

主　　编：姚　彬（中国灌溉排水发展中心）

副 主 编：王留运（中国灌溉排水发展中心）

编写人员：（按姓氏笔画排序）

　　　　　王红瑞（中国灌溉排水发展中心）

　　　　　仵　峰（华北水利水电学院）

　　　　　刘焕芳（新疆石河子大学）

　　　　　刘婴谷（中国农业大学）

　　　　　李光永（中国农业大学）

　　　　　李久生（中国水利水电科学研究院）

　　　　　李宝珠（新疆生产建设兵团水利局）

　　　　　吴玉芹（中国灌溉排水发展中心）

　　　　　张建平（美国托罗公司中国区）

　　　　　杨路华（河北农业大学）

　　　　　周　荣（美国托罗公司中国区）

　　　　　宗全利（新疆石河子大学）

　　　　　郝卫平（中国农业科学院）

　　　　　顾烈峰（新疆生产建设兵团水利局）

　　　　　黄兴法（中国农业大学）

　　　　　龚时宏（中国水利水电科学研究院）

　　　　　曹京京（黄河水利职业技术学院）

　　　　　韩　栋（中国灌溉排水发展中心）

　　　　　翟国亮（中国农业科学院农田灌溉研究所）

主　　审：郑耀泉（中国农业大学）

副 主 审：岳　兵（中国水利水电科学研究院）

前　言

我国于 20 世纪 70 年代初从墨西哥引进了滴灌技术，并开展了产品试制和应用试点工作，在总结经验的基础上，在全国范围内开始了微灌技术研究、产品开发和推广应用。经过 38 年多的不懈努力，先后从以色列、美国等国引进了先进的微灌技术，已基本形成了适合我国国情的微灌技术体系，其结构完整、内容丰富、技术集成度高。同时科学技术的发展、新材料和新技术的引入，促进了微灌产品技术的发展，我国已自主开发生产了包括微灌灌水器、过滤器、各类管材管件和配套设备在内的系列微灌产品，形成了较大的生产能力和供应规模，基本能满足当前国内市场需求。但与国外技术发达国家的微灌产品相比，还有较大的差距。30 多年来，水利部先后编制了《喷灌与微灌工程技术管理规程》（SL 236—1999）、《微灌工程技术规范》（GB/T 50485—2009）、《灌溉用过滤器基本参数及技术条件》（SL 470—2010）和《灌溉用施肥装置基本参数及技术条件》（SL 550—2012）等技术规范标准，逐步规范了微灌工程设计、管理和产品生产。

我国微灌工程是从水资源紧缺的北方平原开始建设和逐步推广应用的。近年来，随着国家对农业节水的高度重视和投资力度逐年加大，节水灌溉面积稳步发展。据不完全统计，2010 年年底全国工程节水灌溉面积已近 4 亿亩，其中微灌面积 2 900 万亩，占 7.25%，对我国的农业经济发展起到了较大的促进作用。

微灌技术作为最重要的节水灌溉工程技术之一，具有显著的节水、节地、节能、省工、增产、适应性强、保持水土和提高作物品质等优点。

本书编写以近年来微灌最新科技成果和生产实践经验为基础，以已颁布实施的节水灌溉相关技术规范和管理规程等为准则，充分借鉴了国外先进节水灌溉技术和工程管理经验，同时参考了 1999 年版《微灌工程技术》等相关内容编写而成。其主要内容包括：概述、微灌灌水器、管道及附属设备、规划设计参数、微灌工程规划、微灌工程设计、微灌水系统处理、微灌施肥、微灌自动控制系统、工程施工与验收、运行管理与维护、微灌工程设计实例及附录等。

本书是一部实用性很强的专业工具书，主要供培训基层水利人员以及从事微灌工程规划、设计、施工和管理工作者使用，亦可供大专院校相关专业师生和科研人员在教学、科研、生产工作中参考使用。

本书各章编写分工如下：第一章由李光永和吴玉芹编写；第二章由仵峰和王留运编写；第三章由王留运、杨路华和曹京京编写；第四章由李光永和姚彬编写；第五章由龚时宏和姚彬编写；第六章由李光永和姚彬编写；第七章由翟国亮、王留运、刘焕芳和宗全利编写；第八章由李久生编写；第九章由郝卫平、王留运、仵峰、周荣和张建平编写；第十章由姚彬编写；第十一章由黄兴法和姚彬编写；第十二章由杨路华、顾烈峰、刘婴谷、韩栋、李宝珠、刘焕芳和宗全利等编写；附录由王留运、韩栋、王红瑞和曹京京编写。本书由姚彬任主编，王留运任副主编。

本书由郑耀泉任主审，岳兵任副主审。审稿过程中他们提出了许多宝贵的修改意见。在编写过程中还得到有关专家和领导的大力支持与帮助，并参考和引用了许多国内外文献，在此一并表示衷心的感谢！

由于编者水平所限，书中缺点和不妥之处在所难免，敬请广大读者不吝指正。

编 者

2012 年 8 月

目 录

加强农田水利技术培训 增强服务"三农"工作本领 …………… 陈 雷

前 言

第一章 概 述 ……………………………………………………… (1)
  第一节 微灌的概念和特点 …………………………………… (1)
  第二节 微灌的类型 …………………………………………… (2)
  第三节 微灌系统的组成 ……………………………………… (3)
  第四节 微灌发展现状与趋势 ………………………………… (4)

第二章 微灌灌水器 ……………………………………………… (8)
  第一节 灌水器的类型 ………………………………………… (8)
  第二节 灌水器的性能参数 …………………………………… (17)

第三章 管道及附属设备 ………………………………………… (25)
  第一节 管 材 ………………………………………………… (25)
  第二节 管 件 ………………………………………………… (27)
  第三节 附属设备 ……………………………………………… (29)
  第四节 微灌常用水泵 ………………………………………… (35)

第四章 规划设计参数 …………………………………………… (36)
  第一节 灌溉保证率的计算 …………………………………… (36)
  第二节 微灌作物需水量与耗水强度 ………………………… (40)
  第三节 土壤湿润比 …………………………………………… (45)
  第四节 灌水均匀系数 ………………………………………… (53)
  第五节 灌溉水利用系数 ……………………………………… (56)

第五章 微灌工程规划 …………………………………………… (57)
  第一节 规划原则和内容 ……………………………………… (57)
  第二节 规划设计用基本资料 ………………………………… (58)
  第三节 用水量供需平衡计算 ………………………………… (66)
  第四节 工程总体布置 ………………………………………… (70)

第六章 微灌工程设计 …………………………………………… (74)
  第一节 灌水器的选择 ………………………………………… (74)
  第二节 微灌系统田间布置 …………………………………… (76)
  第三节 灌溉制度拟定 ………………………………………… (83)
  第四节 微灌系统工作制度 …………………………………… (86)
  第五节 微灌系统流量计算 …………………………………… (88)

第六节　管道水力计算 ……………………………………………… (91)

第七节　支、毛管设计 ……………………………………………… (94)

第八节　干管设计 …………………………………………………… (102)

第九节　首部枢纽配置与水泵选型 ………………………………… (104)

第七章　微灌系统水处理 ……………………………………………… (107)

第一节　水质与系统堵塞 …………………………………………… (107)

第二节　过滤设备分类 ……………………………………………… (113)

第三节　过滤器选型 ………………………………………………… (122)

第四节　过滤器的养护 ……………………………………………… (125)

第五节　沉沙池设计 ………………………………………………… (125)

第八章　微灌施肥 ……………………………………………………… (131)

第一节　施肥原理与应用 …………………………………………… (131)

第二节　肥料养分含量和肥液浓度的确定 ………………………… (134)

第三节　施肥设备 …………………………………………………… (136)

第九章　微灌自动控制系统 …………………………………………… (146)

第一节　微灌自动控制系统类型 …………………………………… (146)

第二节　微灌自动控制系统构成 …………………………………… (148)

第三节　自动化控制设备 …………………………………………… (152)

第四节　变频调节装置 ……………………………………………… (157)

第十章　工程施工与验收 ……………………………………………… (160)

第一节　施工准备 …………………………………………………… (160)

第二节　水源工程施工与首部枢纽安装 …………………………… (162)

第三节　管道施工与安装 …………………………………………… (173)

第四节　管件及附属设备安装 ……………………………………… (179)

第五节　毛管与灌水器安装 ………………………………………… (181)

第六节　管道冲洗与水压试验 ……………………………………… (182)

第七节　系统试运行与工程验收 …………………………………… (184)

第十一章　运行管理与维护 …………………………………………… (187)

第一节　系统运行管理 ……………………………………………… (187)

第二节　微灌设备维护 ……………………………………………… (193)

第三节　灌溉用水管理 ……………………………………………… (204)

第十二章　微灌工程设计实例 ………………………………………… (206)

第一节　棉花膜下滴灌工程设计 …………………………………… (206)

第二节　蔬菜微喷灌系统设计 ……………………………………… (225)

第三节　日光温室蔬菜滴灌系统设计 ……………………………… (228)

第四节　果树滴灌系统设计 ………………………………………… (239)

第五节　果树小管出流灌溉系统设计 ……………………………… (250)

　第六节　微灌工程沉沙池设计实例 ···（262）

附　录 ···（269）

　附录一　微灌灌水器性能参数表 ···（269）

　附录二　管材、管件性能参数参考值 ···（275）

　附录三　附属设施规格与性能参数参考值 ···（279）

　附录四　过滤器与施肥装置性能参数参考值 ·····································（282）

参考文献 ···（285）

第一章 概 述

第一节 微灌的概念和特点

一、微灌的概念

微灌是通过管道系统将水输送到灌溉地段，利用安装在末级管道上的灌水器，将作物所需的水以小流量，均匀地直接输送到作物根部附近土壤的一种灌水技术。与传统的地面灌相比，微灌是以较小的流量湿润作物根部区域的部分土壤，属于局部灌溉。

二、微灌的特点

（一）微灌的优点

（1）小流量局部高频灌溉，灌水均匀，灌溉水利用率高。

微灌是一种小流量局部高频灌溉，一般仅湿润作物和植物根区附近的土壤，显著减少了地表水分蒸发；灌水周期较短，灌水均匀，灌溉水利用效率高。因此，微灌节水效果显著，一般比地面灌节水50%左右，比喷灌节水30%左右。

（2）适时适量供水供肥，作物产量高、品质好。

微灌可按作物需求适时适量地向作物根区供水供肥等，肥料及药剂可通过微灌系统随灌溉水直接施到根系附近土壤中。微灌可实现自动化灌溉施肥，使作物根系活动层土壤一直处于良好的水、热、气和养分供给状态，改善了作物生长环境，为作物增产和改善品质提供了有利条件，一般可提高产量20%以上，同时大部分地表保持干燥，减少杂草的生长及病虫害传播，可大大减少用于除草的劳动力投入和除草剂费用及田间管理工作量。

（3）易于调节土壤湿润体内盐分浓度，可在一定条件下利用微咸水灌溉。

实践证明，滴灌可以使作物根系层土壤经常保持较高的含水状态，因而局部的土壤溶液浓度较低，渗透压比较低，作物根系可以正常吸收水分和养分而又减少盐碱危害。即使使用微咸水滴灌，灌溉水中含盐量在 $2 \sim 4$ g/L 时，作物仍然能正常生长，并能获得较高产量。

（4）微灌可适应各种土壤和地形。

微灌是利用压力管道将水输送到作物根部区域，适用于各种土壤和地形，甚至可以在某些陡坡地或沙石滩上有效灌溉，还能根据土壤的入渗特性选用相应的灌水器，避免地表径流和深层渗漏。

（二）微灌的局限性

（1）盐分积累。咸水滴灌会使盐分在湿润体外围形成积累，长期使用可能造成土壤恶化。因此，在干旱和半干旱地区，灌溉季节末期尽可能应用淡水洗盐。

（2）可能影响作物根系发育。土壤含水量持续较高会引起一些根系方面的病害，或者使滴头周围土壤内空气不足。因而，在干旱地区，使根系范围变小、上移，可能会限制果树根系发展，降低其抗旱抗风能力。

（3）微灌一次性投资相对较高。

（4）微灌灌水器出水口很小，易被水中的矿物质或有机物质堵塞，严重时会使灌水器无法正常工作，甚至报废。所以，微灌系统安装水处理设施甚为重要。

第二节　微灌的类型

根据灌水器出水形态，微灌一般分为滴灌、微喷灌和小管出流灌等类型。

一、滴灌

滴灌是利用滴头、滴灌管（带）等灌水器，以滴水或细小水流的方式，湿润作物根区附近部分土壤的灌水技术。滴头流量一般不大于 12 L/h，常用的滴头流量为 1 ~ 4 L/h。滴头置于地面时，称为地表滴灌（见图 1-1）；滴头置于地面以下，将水直接施到地表下的作物根区，称为地下滴灌（见图 1-2）；把滴灌管（带）铺设在农膜下的灌溉方式称为膜下滴灌（见图 1-3）。

图 1-1　地表滴灌

图 1-2　地下滴灌

(a)

(b)

图 1-3　膜下滴灌

二、微喷灌

微喷灌是利用微喷头、微喷带（管）等灌水器，将压力水以喷洒状的水流形式喷洒在作物根区附近土壤表面的一种灌水方式，简称微喷（见图1-4、图1-5）。微喷头流量一般不大于250 L/h，常用的微喷头流量为20～240 L/h。

图1-4 微喷灌　　　　　　　　　　　　图1-5 微喷带（管）灌溉

三、小管出流灌

小管出流灌是利用稳流器稳流和小管分散水流，以小股水流灌到土壤表面的一种灌水方法（见图1-6）。小管出流灌灌水器的流量一般与微喷灌的相当。

 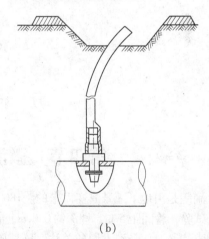

（a）　　　　　　　　　　　　　　　　　（b）

图1-6 小管出流灌

第三节 微灌系统的组成

典型的微灌系统通常由水源工程、首部枢纽、输配水管网和灌水器四部分组成。如图1-7所示。

水源工程：江河、渠道、湖泊、水库、井、泉等均可作为微灌水源。

首部枢纽：包括水泵、动力机、过滤设备、施肥（药）装置、控制器、控制阀、进排气阀、量测仪表等。其作用是从水源取水增压并将灌溉水处理成符合微灌要求的水流送给输配水管网。

输配水管网：包括干管、支管、毛管及安全、控制和调节装置，作用是将首部枢纽处理过的水安全合理地输送分配到灌水器。

灌水器：是直接灌水的部件，包括滴头、滴灌管（带）、微喷头、涌泉头和小管出流器等。其作用是消减管道内的水压力，将水流变为水滴、细流或喷洒状施入土壤。

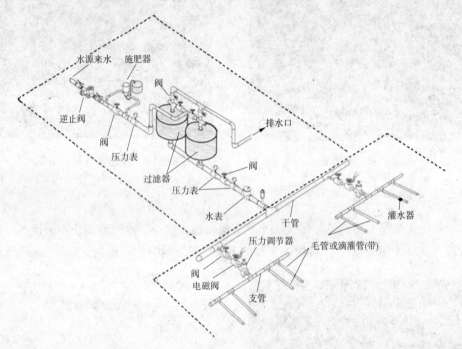

图 1-7　微灌系统组成示意图

第四节　微灌发展现状与趋势

滴灌是由地下灌溉演变而来的。1860 年，德国人采用陶土管作为渗水管进行了地下灌溉试验，管间距 5 m，埋深约 0.8 m，管外包 0.3～0.5 m 厚的过滤层。试验表明，作物产量成倍增加，受到人们的关注，该试验坚持了 20 多年。1920 年，发明了一种多孔管，水经管壁上的孔口流入土壤。1935 年以后，人们围绕不同材料制成的多孔管进行了很多试验，目的在于检验能否不利用管道系统中的水压力，而仅靠土壤水分张力来调节流入土壤中的流量。苏联（1923 年）和法国也做了类似的试验，结果都未取得更大的进展。

随着工业化的发展，在塑料管问世以后，促进了滴灌系统的形成。20 世纪 40 年代初，英国首先用打孔塑料管制成了一种简单的滴灌系统，当时只用于花卉灌溉。因打孔管的孔眼大小不均匀，并且孔眼大小会随时间而发生变化，造成较大的流量偏差，由此促使了安装在管上的滴头替代打在管壁上的简单孔口。最初的滴头很简单，是由发丝管绕在毛管上形成的。20 世纪 50 年代后期，以色列研制出了长流道注塑滴头。20 世纪

60 年代，以色列将滴灌系统用于田间果树和温室作物灌溉，并取得了显著经济效益，从此滴灌成为了一种新型的灌溉方式。20 世纪 70 年代，许多国家开始对滴灌重视起来，滴灌也从此进入商业应用，成为农业生产中一种新型的灌溉方法。

为克服滴灌易堵塞的缺点，澳大利亚、苏联先后研制成功了微喷灌，随后美国的涌泉灌，中国的小管出流灌也相继问世。这些灌溉方式远远超出了滴灌原有的范畴，进而形成了局部灌溉的新概念，但这些灌溉方式的基本特点相同，即运行压力低、灌水流量小、灌水频繁、能精确地控制水量、灌水均匀、只湿润根区部分土壤。因此，将滴灌、涌泉灌、小管出流灌和小流量的喷洒灌溉等统称为微灌。

20 世纪 80 年代以后，研究人员开始探讨更为节水的地下滴灌技术，简称 SDI 技术。目前 SDI 技术在澳大利亚昆士兰、美国加州和夏威夷等地已应用于玉米、甘蔗、蔬菜、果树及城市绿化中的乔灌木灌溉等。

国际灌排委员会（ICID）微灌工作组分别于 1981 年、1986 年、1991 年、2000 年进行过四次世界微灌使用情况的调查，最近一次的调查结果如表 1-1 所示。

表 1-1　世界微灌面积统计　　　　　　　（单位：hm²）

序号	国家	1981 年	1986 年	1991 年	2000 年	占所在国灌溉面积的比例（%）
1	美国	185 300	392 000	606 000	1 050 000	4.91
2	西班牙	0	112 500	160 000	562 854	16.8
3	中国	8 040	100	19 000	267 000	0.5
4	印度	20	0	55 000	260 000	0.46
5	澳大利亚	20 050	58 758	147 011	258 000	12.9
6	南非	44 000	102 500	144 000	220 000	16.92
7	以色列	81 700	126 810	104 302	161 000	69.7
8	法国	22 000	0	50 953	140 000	8.69
9	墨西哥	2 000	12 684	60 000	105 000	1.69
10	埃及	0	68 450	68 450	104 000	3.15
11	日本	0	1 400	57 098	100 000	0.37
12	意大利	10 300	21 700	78 600	80 000	2.96
13	泰国	0	3 660	45 150	72 000	1.44
14	哥伦比亚	0	0	29 500	52 000	4.95
15	约旦	1 020	12 000	12 000	38 300	54.7
16	巴西	2 000	20 150	20 150	35 000	1.11
17	塞浦路斯	6 000	10 000	25 000	25 000	45.45
18	葡萄牙	0	23 565	23 565	25 000	3.97
19	摩洛哥	3 600	5 825	9 766	17 000	1.39
20	其他	50 560	38 821	100 737	177 000	
合计		436 590	1 010 923	1 816 282	3 749 154	

从表 1-1 中可以看出，1981～2000 年的 19 年间世界微灌面积增加了 759%。美国微灌面积已达 1 050 000 hm²，占世界总微灌面积的 28%，占美国总灌溉面积的比例已达 4.91%。88 个国际灌排委员会（ICID）成员国家中，微灌面积为 3 749 154 hm²，占成员国总灌溉面积的 1.5%。微灌面积占灌溉面积比例超过 5% 的国家有以色列、约旦、塞浦路斯、南非、西班牙、澳大利亚和法国等。

为了促进微灌技术的交流，国际上先后召开了七届微灌大会。第一届于 1971 年 9 月在以色列特拉维夫召开；第二届于 1974 年在美国加利福尼亚的圣迭戈召开；第三届于 1985 年在加利福尼亚的弗雷斯诺召开，会议主题是"前进中的滴灌技术"；第四届于 1988 年在澳大利亚召开；第五届于 1995 年在美国佛罗里达州召开，会议主题是"微灌改变世界：保护资源、保护环境"；第六届于 2000 年在南非召开，会议主题是"微灌技术在农业发展中的使用"。从历届微灌大会主题的变化可以看出，1995 年以后人们对微灌的认识已从过去仅仅是一种农业灌溉技术发展为具有环境保护功能的灌溉技术，更成为现代农业的重要组成部分。2000 年以后，人们已将微灌的重点放在了促进第三世界农业的发展中，在发展完善已形成的微灌技术的同时，将重点转移到了降低微灌系统投资、拓宽微灌的使用范围上。

我国微灌起步于 1974 年，当年墨西哥总统埃切维里亚向周恩来总理赠送了一批以色列耐特费姆公司生产的滴灌设备（使用总面积约 5 hm²），经山西省昔阳县大寨村、河北省遵化县沙石峪村和北京市密云水库管理局果园试验表明，滴灌增产效益显著。随后，中国水利水电科学研究院和国内有关科研单位与大专院校等先后开展了对滴灌理论、技术和设备的研究，到 20 世纪 80 年代末和 90 年代初，先后研制出了管间式滴头、微管滴头、孔口滴头、分水式滴头、折射微喷头、砂过滤器、网式过滤器、旋流水砂分离器、进排气阀和塑料管及管件等设备；提出了等滴量滴灌系统的概念，并创造性地通过简单的消能微管得以实现。对国际上通用的塑料管水头损失公式——哈桑威廉公式进行了改进，提出了毛管极限长度的计算公式；制定了部分微灌技术和设备标准；同时在微灌作物耗水量、灌溉制度、微灌设计参数等方面取得了一批有价值的成果。20 世纪 90 年代后，国家对节水灌溉越来越重视，先后引进了国外先进的滴灌管、滴灌带和脉冲微喷灌设备生产技术，同时在引进、消化、吸收和自主开发的基础上，研制开发了内镶式滴灌管（带）、压力补偿滴头、旋转和折射微喷头、快速接头、抗老化管材、过滤设备、施肥装置、控制阀门等几大类微灌设备，品种规格日趋多样化、系列化，基本上可满足各类用户的需要。与此同时，在微灌设计参数、管网系统优化、管网水力学、微灌系统设计、灌溉施肥、水质处理等方面取得了长足进步，缩小了与国外的差距。特别是从"九五"计划开始，国家实施建设 300 个节水增产重点县，安排了一大批节水增效示范项目，对节水灌溉的投入力度逐步加大，有力地促进了微灌的迅速发展。2000 年以后，我国微灌进入了新的快速发展时期，特别是新疆棉花膜下滴灌的迅猛发展，极大地带动了全国微灌面积的增加。截至 2009 年年底，据有关资料统计全国微灌面积已达 166.6 万 hm²。

经过引进、消化、吸收和自主创新，符合我国国情的微灌设备体系基本形成，灌水器、管材与管件、过滤设备、施肥设施、控制及安全装置等五大类微灌产品，已基本形成了系列化的配套设备产品。

　　微灌技术是一种将机械化、自动化灌溉有机结合起来的现代农业技术，是促进区域农村经济发展、增加农民收入、加快农业现代化步伐的重大技术之一，是现代化农业的重要组成部分，已处于不可替代的重要地位。此外，微灌在沙漠化治理、水土保持、改善生态环境等方面也具有良好的应用推广价值，随着微灌技术的进步，其应用领域将越来越大、应用范围将越来越广，在未来现代农业生产中将发挥越来越大的作用。

第二章 微灌灌水器

第一节 灌水器的类型

微灌灌水器是微灌系统中以间断或连续水滴、细流或微细喷洒等形式，将灌溉水分配到作物根区附近的末级出水装置，其作用是把微灌系统末级管道（毛管）的压力水流均匀而又稳定地供给作物，满足生长需要。灌水器质量的好坏直接影响到灌水质量的高低和使用寿命的长短。

灌水器种类繁多，各有其特点，适用条件也各有差异。按微灌灌水器的灌水方式，主要分为滴灌灌水器和微喷灌灌水器两大类；按灌水器的结构、出流形式等，可细分为滴头、滴灌管（带）、微喷头、微喷带、涌流器、小管出流器、渗灌管等。

一、滴头

在滴灌系统中，通过流道或孔口将毛管中的压力水流变成滴状或细流状的装置称为滴头。滴头多由塑料制成，常用的滴头流量为 1 ~ 4 L/h，一般不大于 12 L/h。滴头质量的好坏直接影响到滴灌系统工作的可靠性及灌水质量的高低，因此常把滴头比喻为滴灌系统的"心脏"。

滴头的分类方式有很多，常把它归为以下三类：一是按滴头与毛管的连接方式分类，分为管上式滴头、管间式滴头和内镶式滴头；二是按滴头流态分类，分为层流式滴头和紊流式滴头；三是按滴头消能方式分类，一般分为长流道滴头、孔口式滴头、迷宫式滴头、压力补偿式滴头、自动反冲洗滴头和防倒吸压力补偿式滴头等。

（一）对滴头的基本要求

（1）出水量小。滴灌是一种局部灌溉方式，要求滴头出水量小。滴头出水量的大小取决于工作水头的高低、过流水道断面大小和出流受阻等情况。

（2）出水均匀、稳定。一般情况下，滴头的出流随工作水头大小而变化。为保证滴灌系统达到规定的灌水均匀度，要求滴头结构能尽量减小流量对压力的敏感性，使得在压力变化时，引起的流量变化较小。

（3）抗堵塞性能好。灌溉水中总会有一些污物和杂质，由于滴头的流道较小，在设计和制造滴头时，要尽量采取防堵、抗堵措施，以提高其抗堵塞能力。

（4）制造精度高。滴灌系统中，滴头流量变化的大小受制造精度的影响。如果制造偏差过大，各个滴头过水断面大小相对差别就会很大，系统中滴头的流量差异增大，系统的均匀度降低。因此，为了保证滴灌的灌水质量，要求滴头的制造偏差系数 C_v 值一般应小于 0.07。

（5）便于制造和安装。滴头的结构宜简单，便于制造、安装和清洗，同时又要坚固耐用。

（6）价格低廉。滴头在微灌系统中用量较大，滴头价格对系统造价有一定影响。

实际上绝大多数滴头不易同时满足上述所有要求，因此在选用滴头时，应根据具体使用条件选择。例如，使用水质不好的地面水源时，要求滴头的抗堵塞性能较高，而在使用相对较干净的井水和泉水时，对灌水器的抗堵塞性能要求相应低一些。

（二）滴头的分类

滴头结构多种多样，规格型号各异，应用条件千差万别，因而分类方式各不相同。如按安装位置将滴头分为管上式、管间式、内镶式，按压力分为压力补偿式和非压力补偿式等。常用的各种不同类型滴头如下。

1. 按滴头与毛管的连接方式分类

1）管上式滴头

管上式滴头是嵌装在毛管上的一种滴头形式，可根据用户需求在生产车间由自动生产线将滴头直接安在毛管上；也可根据需要，施工时用专用工具在毛管上直接打孔，然后将滴头插在毛管上。如微管滴头、纽扣式滴头、孔口式滴头等均属管上式滴头，在滴灌发展初期使用较多。安装在毛管上并具有压力补充功能的灌水器称为管上式补偿式滴头，如图2-1所示，这种滴头的优点是安装灵活，能自动调节出水量和自清洗，出水均匀性高，但制造复杂、价格较高。

(a) (b)

图 2-1 管上式滴头

2）管间式滴头

管间式滴头是安装在两段毛管的中间，本身成为毛管一部分的滴头。如管式滴头，是把滴头两端的倒扣接头分别插入两段毛管内，绝大部分水流通过滴头体腔流向下一段毛管，而很少一部分水流通过滴头体内的侧孔进入滴头流道消能后从滴水孔流出。该连接方式在田间拖动毛管时滴头与毛管易脱开，目前管间式滴头已很少使用。图2-2是国内前期滴灌常用的管间式滴头。

图 2-2 管间式滴头

3）内镶式滴头

在毛管制造过程中，将预先制造好的滴头镶嵌在毛管内，使滴头与毛管成为一个整体，毛管兼具配水和滴水功能，内镶式滴头有片式和管式两种，其结构见图2-3。内镶式滴头安装在毛管内形成滴灌管（带）。

(a)

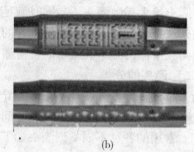
(b)

图2-3　内镶式滴头

2. 按滴头流态分类

按滴头流态分类，通常分为层流式和紊流式滴头。常见滴头的流态及流态指数参见表2-1。

表2-1　滴头流态及流态指数

滴头形式	流态	流态指数
压力补偿式	紊流	0~0.2
涡流式	涡流	0.4
孔口式、迷宫式	紊流	0.5
螺旋流道式	光滑紊流	0.6~0.7
微管、内螺纹管式	层流	0.8~1.0

1）层流式滴头

水流在滴头流道内呈层流，常见的层流式滴头有微管、内螺纹管式滴头等。层流滴头流量的大小主要取决于流道的长短与尺寸大小。此类滴头受温度影响明显，在夏季昼夜温差较大时，同一滴头的流量差可达20%以上。

2）紊流式滴头

滴头流道内水流流态为紊流，流态指数一般在0.5左右，如孔口滴头、迷宫式滴头等。

紊流滴头与层流滴头相比，其流量不仅受温度影响较小，且对压力的变化也不太敏感。因而，目前国内外大多滴灌产品制造商均以紊流式滴头生产为主。

常见的内镶式滴灌管（带）紊流滴头压力与流量的关系如图2-4所示。

3. 按滴头消能方式分类

1）长流道滴头

以塑料微管等形式作为滴头的流道，水流在微管中流动时，靠流道壁的沿程阻力来消除能量，一般流道长度较长，如微管、内螺纹管式滴头等。长流道滴头内流态为层流或光滑紊流，当为层流流态时，流量和压力成线性关系。长流道滴头的流量受压力影响较大，且随温度的变化也较大。

2）孔口式滴头

孔口式滴头以孔口出流所产生的局部水头损失进行消能。孔口式滴头的缺点是流道尺寸小，孔口直径一般为 0.4 ~ 0.5 mm，抗堵性能弱，灌水均匀性较低，目前较少应用。

3）迷宫式滴头

迷宫式滴头的水头损失包括水流通过边壁、尖端弯曲、收缩和放大段等所产生的能量消耗。

迷宫式滴头流道短，流道截面面积大，流态近乎完全是紊流，流量更接近于随工作压力水头的平方根而非压力本身而变化，因此具有较好的抗压力扰动性能和抗堵塞性能。

4）压力补偿式滴头

压力补偿式滴头借助水流压力使弹性部件或流道变形致使过水断面面积变化，实现流量稳定，能自动调节出水量和自清洗，出水均匀度高，但制造工艺较复杂，价格偏高；且弹性材料的性能直接关系到滴头压力补偿特性，只有弹性材料的性能稳定性与滴头材料相当，才能保证整个滴头能长期稳定地工作。

常见的压力补偿式滴头压力与流量的关系如图 2-5 所示。

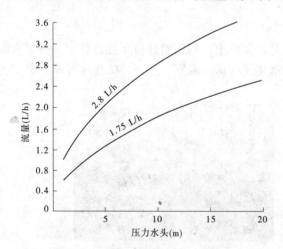

图 2-4　内镶式滴灌管（带）紊流滴头
压力与流量的关系

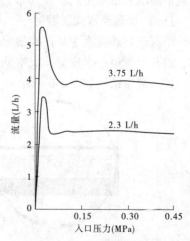

图 2-5　压力补偿式滴头
压力与流量的关系

从图 2-5 中可以看出，压力补偿式滴头能在一个较大的压力范围内保持滴头流量基本不变，因而增加了滴头对复杂地形的适应性。

此外，采用压力补偿式滴头时，同一支管布置的滴头数量可以大大增加，相应减少支管数量，从而降低管网的费用，并且对温度的变化不敏感，对保证和稳定灌溉均匀度有利。

5）自动反冲洗滴头

自动反冲洗滴头分为打开－关闭自冲洗滴头和持续自冲洗滴头。打开－关闭自冲洗滴头是在系统开始工作或最后关闭的瞬间进行自冲洗，多是在补偿式滴头的基础上通过改进灌水器的结构，实现滴头的自动冲洗功能。持续自冲洗滴头使用较大口径弹性材料孔口来消除压力，当颗粒直径大于孔口直径时，孔口直径变大，从而可持续排除堵塞颗粒。

6）防倒吸压力补偿式滴头

防倒吸压力补偿式滴头特别为地下滴灌而设计，可防止微粒的吸入，具有大范围压力（350～500 kPa）补偿作用，采用具有化学惰性和耐久性的硅胶膜制成，性能优良，是滴头系列中流量随工作条件变化最小的产品之一。在进水口压力低于 0.02 MPa 时，滴头具有自动停止滴水功能。

二、滴灌管（带）

滴灌管（带）是在制造过程中将滴头与毛管组装成一体的管状或带状灌水器，兼具（输）配水和滴水功能。当管内无专用滴头时，直接在结合缝处热合成流道或做成双壁管等形式，毛管管壁薄，可压扁成带状，称为滴灌带；管壁较厚，管内或管间装有专用滴头，毛管卷曲时不易变形或压扁后仍保持管状，称为滴灌管。

滴灌带一次性投资低，但使用寿命短；滴灌管虽一次投资较高，但使用寿命长。

目前，国内外大量使用的性能较好的薄壁滴灌带有边缝式滴灌带、中缝式滴灌带、内镶贴片式滴灌带等。滴灌管（带）也有压力补偿式和非压力补偿式之分。此外，还有地下滴灌系统专用滴灌管（带）。

（一）单翼迷宫式滴灌带

单翼迷宫式滴灌带是在吹塑成型软管的基础上，利用模具挤压热合技术，将迷宫流道、滴孔、管道一次成型，成本低廉，适用于大田、温室、大棚等的作物灌溉。典型的迷宫式滴灌带结构如图 2-6 所示。

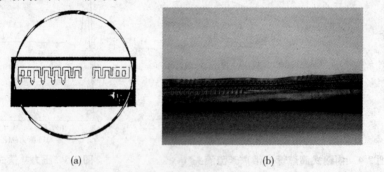

(a)　　　　　　　　　　　　　　(b)

图 2-6　迷宫式滴灌带结构示意图

为了改善滴灌带的性能，不仅滴灌带的迷宫流道形式有所变化，不同厂商生产的滴灌带结构也有所不同。如有的滴灌带为双过滤入水口，可防止泥沙等颗粒进入流道中，因此提高了抗堵塞性能。

降低滴灌系统的成本、解决滴灌带的堵塞问题，一直是设备研制努力解决的目标任务。为此，单翼迷宫式滴灌带可做成一次性产品，即使用一个灌溉季节后重新铺设，这种一次性的薄壁滴灌带价格便宜，在新疆的棉花、东北的玉米生产中已得到广泛应用，节水、增产效果显著。

（二）内镶式滴灌管（带）

内镶式滴灌管（带）有内镶片式滴头滴灌带、内镶管式滴头滴灌管等形式，如图2-7所示。

(a)内镶片式滴灌带　　　　　　　　　　(b)内镶管式滴灌管

图2-7　不同形式的内镶式滴灌管（带）

常用滴头规格、性能参数及毛管铺设长度参考值见附表1～附表8。

三、微喷头

微喷头是微喷灌的出流部件，是体现微喷灌技术特点的核心部件。按结构特征可划分为折射式、旋转式等几种主要类型。

（一）折射式微喷头

折射式微喷头是使流经微喷头的水在其喷嘴附近被非运动的部件或结构强行改变水的流动方向并被破碎成微小水滴后撒向空间的多种微喷头的统称。其特点是水流经一个起折射、破碎作用的分流器（可以是一个部件，也可以由流道几何结构的改变形成），改变出流方向后，按固定的角度并且呈不连续的水滴状喷洒到作物根区土壤。

目前已研制出并投入使用的折射式微喷头有多种类型。微喷头在喷洒图形上不同，水的喷洒可呈全圆、扇形、条带状、放射状水束或呈雾化状态等；在喷嘴的结构上也有不同，形状有孔状、缝隙状或其他几何形状。

图2-8给出了几种外观不同的折射式微喷头。图2-8（a）所示微喷头的特点是结构简单，造价低廉；图2-8（b）所示微喷头的特点是流道变化较多，适用范围广；图2-8（c）所示微喷头的特点是互换性强，工艺较先进。设计时可根据需要选择不同射程和喷洒形状的喷嘴。

折射式微喷头在水力性能上均具有以下特点：水滴直径小，雾化程度相对较高，但射程较近，喷洒强度较大（专用雾化喷头除外），灌溉区域内水量分布常呈近似的三角形。

（二）旋转式微喷头

旋转式微喷头是利用水的反作用力，即水流流经可转动的弯曲流道或可产生反作用

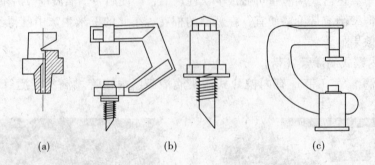

(a)　　　　　　　　(b)　　　　　　　　(c)

图 2-8　折射式微喷头

效果的专用部件时，水的反作用力使喷嘴产生转动，喷洒出的水束随之做周向运动。因而，旋转式微喷头的喷洒图形一般为圆形或扇形。

　　与折射式微喷头相比，由于旋转式微喷头的出流流道相对较长，因此可以获得较大的射程，同时旋转使水流做周向运动，大大降低了洒水强度。通过对出流流道设计，可以获得不同的喷洒曲线和满足不同的用途，从而获得较高的均匀度。

　　由于旋转式微喷头有旋转运动部件和对喷嘴尺寸与精度的要求高，因此对旋转轴及与其配合的固定部件材料的抗磨性能提出较高的要求。目前在实用中比较有代表性的旋转式微喷头见图 2-9。

　　图 2-9（a）所示的旋转式微喷头的旋转作用是借助于一个带有弯曲流道的可转动部件旋转分流器，水流流经该部件时发生偏转，所产生的反作用力驱动该部件转动，从而使水束旋转喷出。从喷洒旋转部件形状上可分为大旋轮、小旋轮、单侧轮等几种，见图 2-10。

　　图 2-9（b）是另一种结构的旋转式微喷头，这种微喷头因在其内腔内设置一个小钢球而被简称为球驱动微喷头。

　　图 2-9（c）是一种结构独特的摆块式微喷头。

　　旋转式微喷头的新品种还在不断出现，新产品的研发将使微喷头功能与水力性能更为优良。

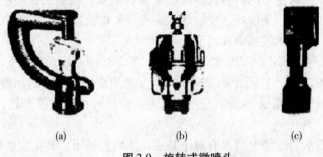

(a)　　　　　　　　(b)　　　　　　　　(c)

图 2-9　旋转式微喷头

（三）常用进口微喷头

常用进口的折射式、旋转式和离心式线状微喷头见图 2-11。

图 2-11（a）所示是折射式微喷头结构外形，推荐工作压力范围为 250～350 kPa；

(a)大旋轮　　　　　　(b)小旋轮　　　　　　(c)单侧轮

图 2-10　带不同旋轮的旋转式微喷头

图 2-11（b）所示是旋转式微喷头结构外形，推荐工作压力范围为 200～350 kPa；图 2-11（c）所示是离心式线状微喷头结构外形，推荐工作压力范围为 100～250 kPa，从微喷头喷洒出的水呈 8 股（180°）或 12 股水线（360°）。

(a)折射式微喷头　　　　　(b)旋转式微喷头　　　　　(c)离心式线状微喷头

图 2-11　常用进口微喷头

四、微喷带

微喷带是采用激光或机械打孔方法生产的多孔喷水带。随工作压力不同，微喷带的喷幅发生变化，压力与喷洒宽度关系如图 2-12 所示。

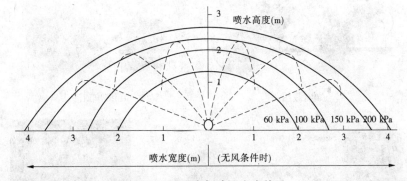

图 2-12　压力与喷洒宽度关系

微喷带具有喷水柔和、适量、均匀、低水压、低成本，铺设、移动、卷收、保管简单方便等优点。它主要适用于农田、果园、菜地、林草花卉及设施栽培农业灌溉等。

微喷带与支管连接安装示意图如图 2-13 所示。

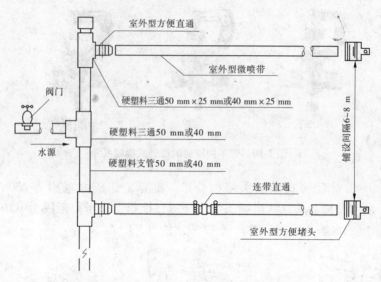

图 2-13　微喷带与支管连接安装示意图

常用微喷头、微喷带的规格和性能参数参考值见附表 9 ~ 附表 15。

五、其他灌水器

微灌灌水器除以上介绍的品种外，还有滴箭、多出口滴头、涌泉头及小管出流、脉冲微喷灌水器等，如图 2-14 所示。

滴箭是由模具一次加工成型的内有流道、外形似箭的专用灌水器。滴箭使用时可插在作物根区附近土壤中，主要适用于温室蔬菜、无土栽培和盆栽花卉等观赏作物。

小管出流器是由稳流器、塑料小管和专用接头连接后插入毛管而成的。它的工作水头低、孔口大、不易被堵塞，主要适用于果树和防风林带灌溉。

此外，在微灌系统中经常配套使用的还有稳压器和调压器等产品。

(a)盆栽用滴箭　　　　　　　　　(b)多出口滴头

(c)涌泉头及工作状况

图 2-14　其他灌水器

第二节　灌水器的性能参数

一、滴头的主要性能参数

（一）滴头流量与压力的关系

滴头的流量与工作压力水头之间存在指数关系，可用式（2-1）来表示。

$$q = kH^x \tag{2-1}$$

式中　q——滴头流量，L/h；

　　　H——工作水头，m；

　　　k——流量系数；

　　　x——流态指数。

灌水器流量对压力变化的敏感度常用流态指数来表示，是微灌灌水器重要性能参数之一。x 值变化为 0~1.0，x 值越大，表明流量对压力的变化越敏感。当 x 值接近于 0 时，流态为紊流；当 x 值接近于 1 时，流态为层流。补偿式滴头的 x 值一般为 0~0.2，非补偿式滴头和滴灌管（带）流态指数一般为 0.4~0.6。

为了获得较高的灌水均匀度，通常希望滴头流量对压力的变化不敏感，即 x 值小一些。在起伏不平的地块，为提高系统均匀度可采用补偿式滴头或缩短毛管长度，或在毛管入口处安装流量调节器等方法来实现。此外，采用不同的滴头也可弥补地形变化引起的压力变化，但在同一地块选用滴头的种类过多，会给采购和安装带来不便。

（二）制造偏差

滴头制造过程中因模具加工精度、生产工艺等影响而造成滴头性能的偏差叫制造偏差，常用 C_v 表示。该参数一般由制造商提供，也可以通过测试样品的办法来求得。计算公式如下：

$$C_v = \frac{S}{\bar{q}} \tag{2-2}$$

$$S = \sqrt{\frac{1}{n-1}\sum_{i=1}^{n}(q_i - \bar{q})^2} \tag{2-3}$$

式中　C_v——滴头制造偏差；

　　　S——标准偏差，L/h；

　　　q_i——各滴头流量，L/h；

　　　n——样品数量，样品须在 25 个以上；

　　　$\bar{q}$——样品平均流量，L/h。

微灌的灌水均匀度与灌水器的制造精度密切相关，制造偏差反映了灌水器制造水平。目前，滴头质量等级常按其制造偏差来划分，见表 2-2。

灌水器的制造偏差越小，微灌系统的均匀度就越有保证；在某些情况下，灌水器的制造偏差所引起的流量变化，超过了水力学引起的流量变化。因此，微灌工程设计中，制造偏差是衡量灌水器质量高低的一个重要指标。但制造偏差越低，对制造工艺、材料等的要求也就越高，灌水器的造价也相应提高。因此，在满足一定均匀度的前提下，应选用具有适当制造偏差的灌水器。

表 2-2　滴头制造质量等级

质量分级	灌水器制造偏差
优	$C_v \leqslant 0.05$
一般	$0.05 < C_v \leqslant 0.10$
不合格	$C_v > 0.10$

（三）抗堵塞性能

滴头的堵塞问题解决的好坏直接关系到滴灌系统的成败，因而提高滴头的抗堵塞能力是滴灌系统追求的目标之一。滴头抗堵塞性能的两个重要因素是流道尺寸和流速。一般而言，滴头的流道越大，越不易堵塞。有研究认为，流道尺寸对滴头堵塞的影响表现为：小于 0.7 mm，非常敏感；0.7 ~ 1.5 mm，敏感；大于 1.5 mm，不太敏感。对于自冲洗式滴头，流速在 4 ~ 6 m/s，即可满足抗堵塞性能要求。此外，进行滴灌工程设计时，还可从厂家提供的样本中获取滴头抗堵塞性能。

为了减小堵塞，还可将滴头设计成具有一定的自冲洗功能。当系统打开或关闭时，在压力逐渐上升或下降过程中，压力低于某一特定值时，滴头内的补偿元件就会脱离流道，使流道变得很宽，杂质被冲出滴头。有时为了防止滴头堵塞，在系统上安装脉冲发生器，使系统压力频繁上升和下降，达到冲洗滴头的目的。

试验和经验表明，堵塞往往发生在毛管尾部的几个滴头上，因而定期冲洗毛管会大大降低滴头堵塞的可能性，这一点对于条状布置的滴灌管（带）很重要。即使在良好的灌溉水质条件下，毛管尾部冲洗对于系统持续安全运行也是必要的。因此，建议定期打开毛管尾部堵头，进行冲洗。

（四）温度变化对灌水器的影响

温度变化对滴灌灌水器的影响主要表现在以下三个方面，即水的黏滞系数、流道的热胀冷缩和材料性能的改变。随着温度的变化，水的运动黏滞系数将发生变化，二者成反比。如对层流式滴头，灌水器的流量与水的运动黏滞系数成反比，而水的运动黏滞系数与温度成反比，因而随着温度的升高，灌水器的流量将增加，常以 20 ℃时的流量为基准，对不同温度下的流量进行校正；由于热胀冷缩，水温的变化自然将影响到流道的尺寸。此外，装有弹性材料部件的灌水器（如压力补偿式灌水器），会因温度变化引起弹性材料性能的变化，进而影响到灌水器的流量和其他性能。

温度对滴灌灌水器的影响可用温度流量比（TDR）表示。温度流量比指水温偏离 20 ℃时的流量与 20 ℃时的流量的比值，反映了灌水器流量对温度的敏感性。根据灌水器内水流流态的不同，对水温变化的反应也不同。大多数流态指数超过 0.5 的灌水器在某种程度上对水温都很敏感。层流型滴头的流量随水温变化而变化，紊流型滴头的流量受水温变化影响小。因此，在温差较大的地区应选用紊流型灌水器。

一般情况下，空气与管道中的水之间都存在着温差，特别是在地表以上所铺设的毛管。随着灌溉水流经滴灌系统而改变温度，流量均匀度也会发生变化。水在流向毛管末端的过程中变暖可使其黏滞系数逐渐减小，对毛管中水压的逐渐减小有一定的补偿功能。

二、微喷头的主要性能参数

（一）工作性能

反映微喷头工作性能的主要参数有工作压力、微喷头流量、喷洒半径或射程、喷洒强度等。这些参数之间有内在的联系，又具有各自独立的含义。

1. 工作压力

微喷头的工作压力是指微喷头入口处的压力，由于此处距喷嘴距离很短，实用中往往可以反映喷嘴处的压力大小。微喷头可在一定的压力范围内工作，其工作压力的上限、下限虽不能固定在某一具体数值上，但也有较为明确的界定。微喷头的工作压力及范围是正确选用微喷头及设计系统压力参数的依据。

通常，微喷头应在公称压力下工作，这时微喷头处于最优状态下，微喷头普遍采用的公称压力为 150～200 kPa。微喷头除在公称压力下工作外，还可在最小压力和最大压力间工作。最小压力是指水量分布能达到一定均匀度的水量分布的最低压力，一般为 100 kPa（喷嘴进口压力），在此压力下，水滴相对较大。最大压力是指在保持有效的水滴尺寸和湿润直径条件下的最大压力，不同类型的微喷头可以有不同的最大压力。工作压力较大，则喷洒水的粉碎性好，但射程小，可能使水量分布图形发生极大的变化。微喷灌是低能耗灌溉系统，微喷头的最大压力不应超过 300 kPa，虽然有时调压式微喷头可采用较高的压力，但此时高压力对管道的影响远大于对喷头的影响。

工作压力是影响微喷头性能的一个关键参数。当工作压力变化时，微喷头的流量将发生变化。通常，当微喷头低于公称压力工作时，喷洒直径随压力变化而改变的幅度较大，而当超过公称压力工作时，因水滴直径变小，喷洒直径变化则不明显。喷洒强度在公称压力以下时与压力成正比，超过公称压力后则保持不变。

2. 微喷头流量

微喷头流量是指在单位时间内经喷嘴流出的水量，因流量较小，常用 L/h 作为单位。在公称压力即设计压力下微喷头的喷水量称为微喷头的设计流量。

微喷头的流量与工作压力水头之间存在指数关系，可用式（2-4）来表示。

$$q_w = kH^x \tag{2-4}$$

式中 q_w——微喷头流量，L/h；

其余符号意义同前。

微喷头流量一般为 20～240 L/h，喷嘴直径为 0.75～1.7 mm。当流量过小，微喷头流道特别是喷嘴直径很小（＜0.75 mm），运行中易产生堵塞，对系统的过滤设备要求较严格。当流量偏大时，为保证最优的喷洒特性，就需要提高喷头的工作压力，同时使喷洒直径增大，但失去了微喷灌的特点。

微喷头在流量上也常常分为小流量、中流量和大流量。小流量微喷头的流量范围为 20～40 L/h，一般用于喷洒直径较小、作物种植密集的情况。中流量微喷头的流量范围为 40～100 L/h，这一档次往往代表着微喷头的最佳效果和性能，其中以 70 L/h 最有代表性。流量范围为 100~240 L/h 时属大流量微喷头，主要应用在成龄果园的灌溉中。

微喷头流量的合理确定不仅对灌溉作业本身很重要，同时与系统的投资密切相关。增大流量使得在同等条件下毛管的长度减小、支管的间隔变密、系统的投资上升。

3. 喷洒半径

微喷头的喷洒图形是多种多样的，有全圆、扇形、长条带形、放射水束形等。雾化喷头则没有固定图形。全圆、扇形喷洒的微喷头，常用喷洒半径作为喷洒性能的参数之一。对于同流量的微喷头而言，显然喷洒半径越大，喷洒强度越小。

折射式微喷头的喷洒半径一般在 1 m 以下，适宜于给一株果树供水或条状绿化带单侧喷灌。旋转式微喷头喷洒半径则较大，如国产的一种旋转微喷头，在工作压力 200 kPa 时，其喷洒半径可达到 4.5 m 以上。因此，旋转微喷头一般适宜于向几株果树供水或向一个较大的范围灌水，也可以按多个微喷头搭叠的原理进行特定的灌溉作业，形成类似一般喷灌的全面积均匀喷洒的效果。

4. 喷洒强度

喷洒强度是微灌系统的一个主要设计参数，又称微喷灌强度，是指单位时间内喷洒到地面的降雨深度，单位一般用 mm/h。

影响微喷头喷洒强度的主要因素有散水器结构、喷洒仰角和喷嘴直径。由于旋转式微喷头的射程比折射式的远，因而相同条件下采用折射式微喷头比采用旋转式微喷头的喷洒强度要大得多。同时，微喷头的喷洒仰角对喷洒强度也有较大影响，特别是折射式微喷头，其散水器设计成凸起、水平、内凹等不同结构，形成不同的水流喷洒仰角，喷洒强度大不相同，其中以内凹的散水器喷洒强度最大。对于旋转式微喷头，散水器同时作为射流流道的一部分，采用射程较小的散水器时，喷洒强度较大；反之则较小。微喷头换用不同尺寸的喷嘴时，对喷洒强度的影响较明显，随喷嘴直径增大、湿润面积减小，喷洒强度增大。

选取微喷头喷洒强度时，应考虑其应用条件，如结合土壤、作物、气象等因素综合确定。不同的土壤有不同的持水特性和入渗速度，入渗过程特性也不相同，因而要求微喷头的喷洒强度也各不相同。为了在喷洒作业过程中不产生径流，不破坏土壤表层结构而造成板结等状况，设计中要求微喷头的喷洒强度不能超过土壤的允许喷洒强度。在坡地条件下，要考虑喷洒强度与土壤侵蚀之间的关系，保证系统在运行过程中不造成水土流失，因而与平地相比，相同条件下时坡地的喷洒强度要小一些。

此外，合理的喷洒强度还能提高系统的经济性。如降雨强度过小，轮灌时间延长，当轮灌周期一定时，则同时工作的轮灌组较多。喷洒强度较大时，支、毛管的管径较大，投资较高。应尽可能采用最佳的喷洒强度，使微喷灌系统在经济上最为合理。

（二）制造偏差

微喷头是微喷灌系统重要的组成部分。因暴露在自然环境中运行，其运行效果非常直观。因此，其质量的好坏不仅对系统的正常工作有很大的影响，也影响用户对使用微喷灌技术的信心。

微喷头的过水流道尺寸狭小，制造难度大，喷嘴直径的制造偏差决定了流量的偏差，因此制造上要求将制造偏差控制在一定的范围内，目前国内外对微喷头的制造偏差规定与滴灌灌水器的相同。

　　对微喷头的质量的总体要求主要是制造偏差小，喷洒质量高，且有足够长的田间工作寿命。微喷头一般长期露天运行，经受风吹日晒和高温、低温变化，在低纬度地区，还要经受强烈的紫外线辐射，苛刻的自然条件对微喷头和连接管等提出了较高的质量要求。

（三）喷洒特性

　　微喷头可同喷灌按全覆盖组合设计，也可用作局部灌溉，即田间使用中可不考虑微喷头之间的组合，因而喷洒特性成为评价微喷头的一项重要内容。

1. 水量分布特性

　　单喷头喷洒特性主要由均匀度和喷洒水量分布图形来反映。用以评价单喷头喷洒性能的指标通常有克里斯琴森系数、均匀度、偏差系数等，均匀度 C_u 和偏差系数 C_v 都是以试验统计的方法研究喷洒水量分布特点的评价参数，主要用于微喷头性能的研究和开发。

　　微喷头的喷洒水量分布主要强调其可变性，即通过不同的零部件，改变压力、流量、射程、雨强之间的关系，从而形成变化多样的喷洒水量分布图形，满足不同条件下对洒水在平面和剖面分布上的要求。以旋转式微喷头为例，同一工作压力和同一流量的旋转式微喷头在四种不同组合条件下的喷洒水量见图 2-15。它们的基本参数是相同的，即流量为 70 L/h，工作水头为 20 m，试验延续时间为 1 h，微喷头距地面高度为 20 cm。

　　从图 2-15（a）可以看出，带小旋转分流器微喷头附近的喷洒强度较大，然后急剧下降，距微喷头 50% 半径范围内接受大量降水，随后水量急剧减少，然后曲线变得平缓，使相当一部分面积成为无效喷洒区，其水量分布形式与折射式微喷头比较相似；带小旋转分流器加抗雾化装置的微喷头水量分布有所改进，如图 2-15（b）所示；带小旋转分流器加流量调节器虽然无效喷洒面积非常小，但水量分布均匀性比带抗雾化装置的微喷头差，如图 2-15（c）所示；带大旋转分流器微喷头的水量分布最好，如图 2-15（d）所示。由此可见，在不改变流量的情况下，可以通过选配旋轮和调整旋转分流器，改变湿润直径，使管理人员能够广泛灵活地控制灌水强度。

2. 折射式和旋转式微喷头特性对比

　　折射式微喷头与旋转式微喷头尽管都属于同一类灌水器，但却具有不同的特性，除造价差别外，其性能和使用条件都有很大的不同。

　　相同的试验条件下，对折射式和旋转式微喷头进行对比试验，结果见图 2-16。

　　折射式微喷头喷洒面积较小，如图 2-16（a）所示，且集中在喷洒射程一半的范围内。旋转式微喷头的水量分布出现的"驼峰"距喷点较远，因"驼峰"外缘湿润区所占比例很小，几乎可以忽略。相比之下，旋转式微喷头的有效喷洒面积比折射式微喷头的大得多，如图 2-16（b）所示。

　　此外，微喷头的喷洒水量分布越均匀，土壤水分张力越低，灌水周期越长。因此，在相同的灌水定额下，旋转式微喷头由于水量分布均匀，灌水利用率较高，加上旋转式微喷头的有效喷洒面积占湿润面积的比例最大，使用旋转式微喷头可以延长灌水周期。

　　总之，两种微喷头各有优劣，主要表现为折射式微喷头没有活动部件，可靠性和耐久性强，结构简单，造价低，尤其在需要非标准水量分布的场合（如条状、扇形、雾化喷洒），使用不同流道的折射式微喷头可以达到非常理想的效果。此外，应用于温室

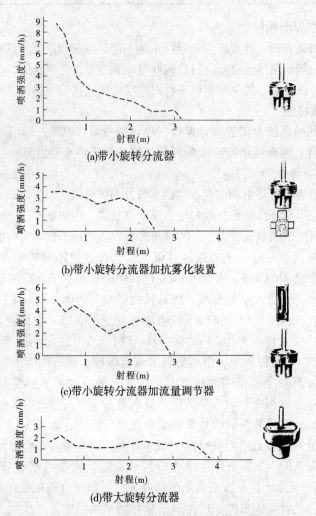

(a)带小旋转分流器

(b)带小旋转分流器加抗雾化装置

(c)带小旋转分流器加流量调节器

(d)带大旋转分流器

图 2-15　四种带不同分流器的旋转式微喷头的水量分布

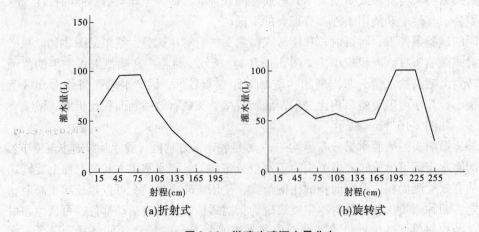

(a)折射式　　　　　　(b)旋转式

图 2-16　微喷头喷洒水量分布

时，折射式微喷头的最大特点是可以倒装喷洒，支管悬空挂在固定架上，凸形的喷洒器变成凹形喷洒器，增大了湿润直径。而旋转式微喷头的水滴大，射程远，水量分布较均匀，可以实现较低的灌水强度。

三、灌水器性能调节

微灌灌水器的性能尽管在设计阶段进行了充分考虑，但在一些特殊情况下仍需对其性能进行较大的改进，以适应不同的条件。一般采用两种办法：一种是调节微灌灌水器的工作压力，为其创造一种近乎恒压的工作状态；另一种是对微灌灌水器流量进行调节。当系统供水压力过高时，产生的不利影响可用安装压力调节器和流量调节器的方法来弥补，流量调节器或压力调节器安装在微灌灌水器水流入口处，使压力保持相对稳定，从而保证灌水器的性能基本不变，实现均匀灌水的目的。

（一）压力调节器

压力调节器是通过设置于内部的与进口压力成一定关系的活动机构的调节，改变过水断面形状或面积，从而实现出口压力相对稳定的一种灌水系统配套产品。

使用压力调节器的目的是在变化的工作压力下保持下游压力相对恒定。根据其使用位置通常可分为支管级压力调节器、毛管级压力调节器及与灌水器配套的压力调节器。

支管级压力调节器与毛管级压力调节器的结构形式多种多样，但基本相似。图2-17为国内某厂家生产的支管级压力调节器结构示意图。它主要由下列零部件组成：端盖、紧固螺母、壳体、阀芯体、阀芯端盖、阀芯挡板、弹簧座、密封垫片、密封胶囊、异形密封圈、固定螺丝、不锈钢弹簧。

图2-17为压力调节器处于非工作状态或入口工作压力低于最低有效工作压力时，阀芯挡板以及其后的密封胶囊、弹簧座和不锈钢弹簧均处于原始静止状态，入口压力与出口压力并无明显差别。当工作压力达到压力调节器工作范围时，压力调节器开始起作用，图中密封胶囊受水压作用开始逐渐膨胀，同时通过弹簧座压缩不锈钢弹簧并带动阀芯挡板运动，逐步把阀芯挡板的直杆部分拉入阀芯体腔室内，因曲面流道不同的横断面直径大小不一样，在水流

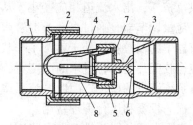

1—端盖；2—紧固螺母；3—壳体；4—阀芯体；
5—阀芯端盖；6—阀芯挡板；
7—弹簧座；8—密封胶囊

图2-17　支管级压力调节器结构示意图

方向的上游端较小而下游端较大，压力调节器的入口压力越大，阀芯挡板就越向入口端运动，曲面流道与阀芯挡板形成的流道断面也就越小，在相同流量时，局部水头损失增大，从而实现下游工作压力基本不变；反之，在入口工作压力处于逐步降低的阶段时，胶囊因受水压作用逐渐减小而逐渐收缩，从而带动阀芯挡板向出口方向运动，可使下游压力仍然稳定在一定范围内。

也可将压力调节器与灌水器相结合，成为带压力调节功能的灌水器。如调节微灌灌水器，该灌水器因压力调节器具有持久的调节能力，即使在喷嘴磨损后同样能发挥作用。

带有压力调压器的微喷头主要优点体现在：①在地形变化较大的山丘区，可以保持微喷头的流量基本稳定；②可以使用较长的支管，特别是在系统压力较高时；③能够使

用较小管径的支管；④由于水滴较大，防止了水分的漂移损失；⑤同一规格的压力调节器，可与不同尺寸的喷嘴组合，便于修正微喷头的喷洒面积、水滴大小和组合喷洒图形；⑥能够控制水滴尺寸和喷洒直径。

需要指出的是，安装压力调节器，调节微喷头的工作压力需消耗能量，使运行费用增加，压力调节器是较贵的部件，但微喷头间距越大，由于使用调节器而降低的费用可能越大。当微喷头间距为 5 m 或更大时，由于管径减小而降低的造价将弥补调节器的费用；化肥及钙沉淀物都会影响调节器的运行性能；较高的工作压力将可能提高管道的压力等级，从而加大投资。

此外，设计中应注意，可调节微灌灌水器的最小压力水头应包括调节器 4 ~ 7 m 的水头损失。不同规格的流量调节器分别与不同直径的喷嘴相配合。如微喷头更换喷嘴（喷嘴直径改变），则相应更换压力调节器。

综合考虑压力调节器的优缺点，一般情况下，在支管长度一定的条件下，需要降低毛管的管径；或在毛管管径一定的条件下，希望增大毛管的长度时，可选用有调压器的微喷头。

（二）流量调节器

灌水器的过流断面随着工作压力的变化而变化，两者保持一定的比例关系，这样就有可能使灌水器的流量稳定在某一定值上。常见的毛管级流量调节器结构见图 2-18，由外壳、芯体、橡胶膜片等装配而成。

流量调节器内的静止压力作用于橡胶膜片，水在橡胶膜片和拱穹之间，通过进口产生真空。当静止压力增大时，引起流速增加，橡胶膜片两侧的压力差增大，将橡胶膜片和拱穹挤压，出水流道相应变小，从而保持流量不变。

流量调节器是通过自动改变过水断面的大小来调节流量的。在正常工作压力时流量调节器中的橡胶膜片处于正常工作状态，通过流量为所要求流量，当水压力增加时，水压使橡胶膜片变形，过水断面变小，限制水流通过，使水量保持稳定不变，从而保证了灌溉系统流量的稳定。因此，流量调节器可以提高灌水均匀度和系统的抗堵塞性能，降低工程的投资和运行管理费用。

与压力调节器一样，也可将流量调节器与灌水器相结合，成为带流量调节功能的灌水器。国外某厂商生产的带流量调节器的微喷头见图 2-19。

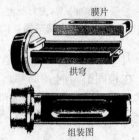

膜片

拱穹

组装图

图 2-18　毛管流量调节器结构示意图　　　　图 2-19　带流量调节器的微喷头

微喷头的流量调节是依靠安装一个孔口式的附加喷嘴来实现的，附加喷嘴又称流量限制器（或称抗雾化装置）。流量限制器的作用是通过降低流速和流量，起到控制喷洒水滴大小，产生抗雾化效果，防止或减少飘移损失。

第三章　管道及附属设备

第一节　管　材

　　管道是微灌系统的重要组成部分，担负着微灌系统从水源向田间输配水的任务。管道在微灌工程中用量大、规格多、所占投资比重大，选用合适的管材不仅可以降低工程造价，还可以提高工程质量，延长工程使用寿命。

一、微灌用管材的技术要求

　　（1）能承受设计要求的工作压力。微灌管网为有压输配水管网，各级管道必须能承受设计工作压力。

　　（2）规格尺寸与公差应符合技术标准。管材规格尺寸应符合塑料管材生产的相关技术标准。管壁要均匀一致，管材内壁光滑，内外壁无可见裂缝、无凹陷、无裂纹和气泡、无飞边和毛刺。

　　（3）耐腐蚀、抗老化，使用寿命长。微灌系统的管道应具有较强的耐土壤化学侵蚀性，耐老化性能好，使用寿命能满足设计年限要求。

　　（4）满足施工要求。各种管道长度应统一规格，管与管、连接件与管道之间的连接方便。管材与管件连接处应满足工作压力、抗弯折、抗外压力及安全等方面的要求。

　　（5）满足运输与施工要求。管材能承受一定的局部沉陷应力，地埋暗管在农业机具和车辆等外荷载的作用下管材的径向变形率不得大于5%。

二、微灌常用管道分类

　　一般微灌工程多采用塑料管，首部连接管常采用热镀锌钢管和硬质塑料管。在地形起伏较大、土层薄、管沟开挖困难的丘陵山地地区，微灌工程的上山输水管道或下山配水管道多（常）采用钢管，钢管直接铺设于地表，用混凝土镇墩和支墩固定，减少土石方工程量。

　　常用塑料管包括硬聚氯乙烯管（PVC-U管）和聚乙烯管（PE管）等。塑料管具有性能稳定、耐腐蚀、内壁光滑、柔韧性较好、能适应较小的局部沉陷、质量轻和运输安装方便等优点；塑料管的主要缺点是易老化。由于微灌管道大部分埋入地下一定深度，避开了紫外线照射，因而延长了使用寿命，埋入地下的塑料管使用寿命一般达20~30年。微灌田间系统管道常用的PE管管径一般在63 mm以下，大于63 mm的输配水管道一般用PVC-U管、HDPE管或加筋聚乙烯（PE）管或薄壁PE软管。

（一）硬聚氯乙烯（PVC-U）管

　　PVC-U管是以聚氯乙烯树脂为主要原料，加入适量稳定剂、润滑剂、填充剂等，后经过制管机挤压成型，具有良好的抗冲击和承压能力、质量轻、耐腐蚀、内壁光滑、水流阻力小、安装简单、造价低、使用寿命长等优点。但 PVC – U 管的抗紫外线、抗冻性、耐高温性能较差，一般不宜直接铺设于地面裸露使用，应埋设在冻土层或机耕层以下使用。

　　PVC – U 管按结构形式分为平放口管和柔性承插管两种，区别在于管端的扩口形状和安装连接不同，其中平放口管施工连接方式采用涂胶粘接方式，即管件的承口与管材一并涂抹专用胶水通过承插完成连接。管道结构如图 3-1 所示，PVC – U 管材规格与参数参考值见附表 16。

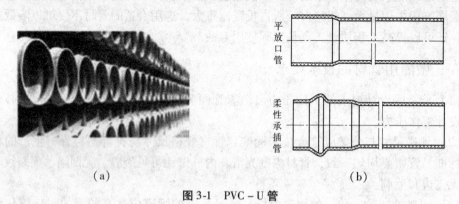

（a）　　　　　　　　　　　　　　　（b）

图 3-1　PVC – U 管

（二）聚乙烯（PE）管

　　PE 管是以聚乙烯树脂为主要原料，加入抗氧化剂、稳定剂和着色剂（炭黑）等，分散均匀，经挤出成型制成的热塑性塑料管。PE 管除具有 PVC – U 管所具有的大部分优点外，还有较强的抗磨性能，柔韧性好，耐冲击强度高，接头少，管道连接采用锁紧式、插入式、熔焊接或螺纹连接等方式，施工方便。

　　微灌常用的 PE 管分为低密度聚乙烯（LDPE）管和高密度聚乙烯（HDPE）管，见图 3-2。LDPE 管材又分为外径公差系列和内径公差系列，二者的区别在于管件的结构和连接形式不同：一种是直接把管插入管件锁紧连接；另一种是加热管接口处后，插入带倒扣的管件，再用卡箍扎紧。LDPE 管的柔性、伸长率、耐冲击性能较好，尤其是耐化学稳定性和抗高频绝缘性能良好，主要应用于微灌田间配水管路。LDPE 管规格参数参考值见附表 17。HDPE 管具有较高的强度和刚度，常用的 HDPE 管分为 HDPE63、

(a)LDPE管　　　　　　　　　　　(b)HDPE管

图 3-2　PE 管

HDPE80、HDPE100 三个系列，主要应用于微灌工程输配水管路。节水灌溉工程常用的各种 PE 管材规格有 90 多种，选用时可按设计要求，参照厂家产品说明选用。为了防止光线透过管壁进入管内，引起藻类等微生物在管道内繁殖，以及延缓老化进程、增强抗老化性能，一般聚乙烯管为黑色。管内外壁光滑平整、无气泡、无裂口、无沟纹、无凹陷和无杂质等。

（三）钢管

钢管一般分为普通钢管、镀锌钢管等。钢管的承压能力很高，一般达 1.5～6.0 MPa，使用寿命为 15 年左右。钢管连接方式可采用焊接、螺纹或法兰盘连接。

钢管具有管壁薄、承压高、用材省、施工方便等优点，但易锈蚀、使用寿命较短。

钢管一般在首部枢纽连接设备上使用。因易产生铁絮物引起微灌系统堵塞，建议在过滤器之后尽量避免使用钢管及金属连接件，以免造成灌水器的堵塞。

第二节　管　件

管件是连接管道的部件，亦称连接件。根据管道种类及连接方式不同，微灌用的管件多种多样，不同规格的各种管件有数百种，如直通、三通、四通、接头、弯头、堵头、旁通、密封件等。钢管可以焊接、螺纹连接和法兰连接。由于微灌工程中大多用塑料管，本节重点介绍塑料管连接件。常用的 PVC–U 管件见图 3-3～图 3-5；PVC–U 管件规格参数参考值见附表 18。

(a)直通　　　　　　　(b)异径直通　　　　　　(c)内螺直通

(d)活接　　　　　　　(e)外丝管接头　　　　　　(f)平缩节

图 3-3　PVC–U 用接头

(a)同径三通　　　(b)异径三通　　　(c)内螺三通　　　(d)四通

图 3-4　PVC–U 用三通和四通

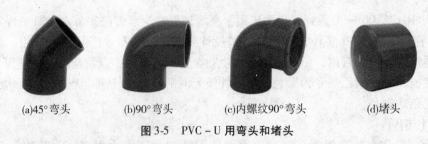

(a)45°弯头　　　(b)90°弯头　　　(c)内螺纹90°弯头　　　(d)堵头

图3-5　PVC - U 用弯头和堵头

一、PVC - U 管件

（一）接头

管道之间的连接部件称为接头，也称为直通。根据两个被连接管道的管径大小，分为同（等）径接头和异（变）径接头两种。根据连接方式不同，接头与管道的连接方式主要有套管粘接、螺纹连接头和内承插连接三种。

（二）三通和四通

三通和四通主要用于管道分水时连接，其连接方式、分类与接头相同。与接头一样，三通有同径和异径两种；根据管道连接的交叉情况，又可分为直角三通和斜角三通两种。

（三）弯头和堵头

在管道转弯和地形坡度变化较大处需要使用弯头连接。常用的弯头有 90°和 45°两种。堵头是用来封闭管道末端的管件，弯头和堵头与管道连接方式同接头。

二、PE 管件

根据管道种类及连接方式不同，微灌用 PE 管件也多种多样，不同规格的各种管件近百种，如接头、三通、四通、弯头、堵头、旁通、密封件等。常用的各种 PE 管件见图 3-6 ~ 图 3-11；PE 管件规格与参数参考值见附表 19。

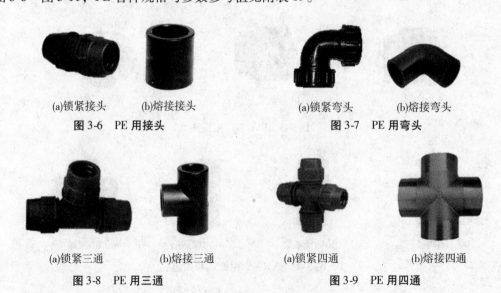

(a)锁紧接头　　　(b)熔接接头　　　　　　(a)锁紧弯头　　　(b)熔接弯头

图 3-6　PE 用接头　　　　　　　　　　图 3-7　PE 用弯头

(a)锁紧三通　　　(b)熔接三通　　　　　　(a)锁紧四通　　　(b)熔接四通

图 3-8　PE 用三通　　　　　　　　　　图 3-9　PE 用四通

(a)锁紧堵头　　　　(b)熔接堵头　　　　　(a)锁紧旁通　　　　(b)倒扣旁通

图 3-10　PE 用堵头　　　　　　　　　图 3-11　PE 用旁通

第三节　附属设备

微灌系统用附属设备包括阀门、水表、压力表等控制、测量与保护设备，种类繁多，常用的规格一般为 $DN15 \sim DN600$，制造材料主要为金属和塑料等。

一、阀门

微灌系统中的阀门应采用标准产品，按作用可分为控制阀、安全阀、止回阀、进排气阀等；按结构可分为控制阀、止回阀和其他阀门。控制阀又分为闸阀、球阀、蝶阀、电磁阀等。微灌系统中的首部枢纽和田间管网中一般采用不易锈蚀的钢制或塑料阀。

（一）控制阀

1. 闸阀

闸阀通常适用于不需要经常启闭，而且保持闸板全开或全闭的工况；不适于作为调节或节流使用。闸阀具有启闭力小和水流阻力小、水流可以双向流动等优点，缺点是结构较复杂、金属闸阀易锈蚀结垢等。

常用的闸阀见图 3-12，规格型号及尺寸见附表 20。

(a)法兰闸阀　　　　　　　　　　　(b)丝扣闸阀

图 3-12　闸阀

2. 球阀

球阀是由旋塞阀演变而来的，当球旋转 90°时，在进、出口处应全部呈现球面，从而截断水流。球阀构造简单，体积小，对水流阻力也小，缺点是开启太快时易在管道中产生水锤，在微灌系统的主干管上不宜采用球阀，多应用于支管安装。常用的球阀见图 3-13，规格型号及尺寸见附表 21。

(a)法兰球阀

(b)丝扣球阀

图 3-13　球阀

3. 蝶阀

蝶阀是用圆形蝶板做启闭件并随阀杆转动来开启、关闭和调节流体通道的一种阀门。蝶阀的蝶板安装于管道的直径方向。在蝶阀阀体圆柱形通道内，圆盘形蝶板绕着轴线旋转，旋转角度为 0 ~ 90°，旋转到 90°时，阀门则呈全开状态。蝶阀与闸阀相比有开闭时间短、操作力矩小、安装空间小和质量轻的优点，缺点是使用压力和工作温度范围小。常用的蝶阀见图 3-14，规格型号及尺寸见附表 22。

(a)蜗轮对平蝶阀

(b)手柄对夹蝶阀

图 3-14　蝶阀

4. 截止阀

截止阀是指关闭件（阀瓣）沿阀座中心线移动的阀门。因该类阀门的阀杆开启或关闭行程相对较短，切断功能可靠，非常适合于对流量的调节，但不足之处是水流阻力较大，开启速度较球阀慢。常用的截止阀见图 3-15，规格型号及尺寸见附表 23。

5. 电磁阀

电磁阀是用来控制水流的自动化基础元件，其根据控制设备发出的电信号，通过控制电磁铁的电流控制机械运动，从而开启和关闭管路中的水流。电磁阀结构简单、动作快速、使用安全，易实现自动化控制；不足之处是快开和快关易产生水锤，易被电压冲击损坏。电磁阀一般用在小流量和低压力，开关频率大的地方。

电磁阀一般都具有电动和手动操作两种方式，在短时间停电的情况下也可用手动操作方式打开阀门进行灌溉。有些电磁阀还具有调压（节流）功能。常用的电磁阀见图 3-16，规格型号及尺寸见附表 24。

(a)法兰截止阀　　　　　　　　　(b)丝扣截止阀

图 3-15　截止阀

图 3-16　电磁阀

6. 塑料阀

微灌系统常用塑料阀结构原理和安装要求与金属阀基本相同，常用的塑料阀有直通阀、蝶阀、丝扣球阀及法兰式球阀等几种，见图 3-17。

(a)直通阀　　　　　　(b)蝶阀　　　　　　(c)法兰式球阀

图 3-17　塑料阀

（二）止回阀

止回阀又称逆流阀、逆止阀和单向阀，依靠管路中水流产生的动力自动开启和关闭。止回阀用于微灌管路系统防止水倒流以及导致泵及驱动电动机反转等。微灌系统安装施肥（药）装置时应安装止回阀，以防化肥（药）等化学物回流污染水源。止回阀主要分为旋启式（依重心旋转）、升降式（沿轴线移动）及蝶式止回阀。常用的止回阀见图 3-18，规格型号及尺寸见附表 25。

(a)法兰止回阀

(b)蝶式对夹止回阀

图 3-18　止回阀

（三）其他阀

1. 安全阀

安全阀又称减压阀，用于消除管路中超过设计标准或管道承受能力的压力，如管路中阀门开关过快或水泵突然停止造成管路中骤升的压力。当管路内的压力升高超过允许值时，阀门自动开启排放水量，以防止管路中的压力继续升高；当压力降低到规定值时，阀门自动关闭，保护管路的安全运行。微灌系统中常用弹簧式安全阀，一般安装在水泵出水口后的主干管适当位置上。对于大型输水管网，可以用大直径封闭式安全阀。常用的安全阀见图 3-19。

(a)外螺纹安全阀

(b)内装式安全阀

(c)减压稳压阀

图 3-19　安全阀

2. 进排气阀

进排气阀又称真空管破坏阀，是管道系统中必不可少的辅助元件，主要安装在微灌系统中处于高处的干支管上。当管道开始输水时，管中空气受水挤压，聚集在管线的高点处，此时进排气阀主要起排除管中空气的作用，以免管道中空气形成空气带，危害系统安全输水；当停止供水，且管道中的水流逐渐排出时，管道内会出现负压（真空），此时进排气阀主要起进气作用，空气及时进入管道，防止管道变形。微灌系统常用进排气阀见图 3-20。

二、量测仪表

（一）流量测量装置

目前，在微灌管网系统中常用的流量测量装置主要有 LXS 型旋翼湿式水表、LXL

型水平螺翼式水表、电磁流量计和超声波管道流量计等。

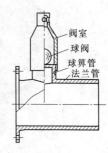

（a）平板式进排气阀　　　　　　　（b）球阀式进排气阀

图 3-20　进排气阀

LXS 型旋翼湿式水表是灌溉计量中常见的一种水表，适用于对单向流动的清洁冷水的测量，不能用于热水和有腐蚀性的液体的流量测量。水表结构简单、耐用、造价低廉，应用广泛。LXS 型旋翼湿式水表结构如图 3-21 所示，规格型号与性能参数参考值见附表 26。

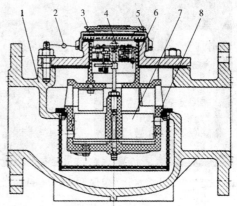

1—表壳；2—铅封铜丝；3—表玻璃；4—水表指示机构；5—罩子；

6—叶轮计量机构；7—叶轮；8—叶轮盘

图 3-21　LXS 型旋翼湿式水表结构

（二）压力测量装置

微灌系统中常用弹簧管压力表，该表通过表内敏感元件（波登管、膜盒、波纹管）的弹性形变，由表内机芯的转换机构将压力形变传导至指针，指针转动来显示压力。测量正压力的为压力表，测量负压力的为真空表。常用压力表有 Y 型弹簧管压力表、电接点压力表等。常用压力测量装置见图 3-22，Y 型压力表规格参数参考值见附表 27。

选用压力表时应考虑以下因素：

（1）压力测量的范围和所需要的精度。

（2）静负荷下工作值宜为刻度值的 1/3～2/3；在波动负荷下，工作值不应超过刻度值的 1/2。

（三）土壤水分测量装置

土壤水分是土壤的重要组成部分，对作物的生长等有着非常重要的作用。在土壤墒

(a)Y型压力表　　　　　　　　　(b)YXC电接点压力表

图 3-22　压力测量装置

情调查和田间灌溉科学试验中常用的土壤水分测量装置有中子仪、土壤水分张力计、陶瓷土壤水分计和便携式高精度土壤水分探测仪等，常用的土壤水分测量装置见图 3-23。选用时可根据使用目的及环境，参照制造商提供的产品说明书，有针对性地选择。

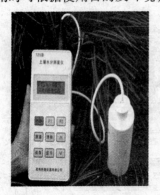

(a)GPS定时定位土壤水分测定仪　　(b)FDR土壤水分传感器　　(c)智能中子土壤水分仪

图 3-23　土壤水分测量装置

定时定位土壤水分测定仪和手持土壤水分测试仪是根据频域反射原理（FDR），即传感器发射一定频率的电磁波，电磁波沿探针传输，到达底部后返回，检测探头输出的电压，由于土壤介电常数的变化通常取决于土壤的含水量，由输出电压和水分的关系计算出土壤的含水量。水分是决定土壤介电常数的主要因素。测量土壤的介电常数，能直接稳定地反映各种土壤的真实水分含量。

GPS 定时定位土壤水分测定仪是通过 GPS 定位和仪器内部时钟的定时，系统掌握土壤水分（墒情）的分布状况，为差异化的节水灌溉提供科学的依据，同时精确的供水也有利于提高作物的产量和品质。

FDR 土壤水分传感器可测量土壤水分的体积百分比，与土壤本身的机制无关，是目前国际上最流行的土壤水分传感器测量方法。FDR 测量技术是测量发射和反射电磁波之间的差异而非时间，是测试待测介质土壤体积水含量的基本方法。

智能中子土壤水分仪是集多种高新技术于一体的高科技产品，可反复原位测量田间任意深度的土壤含水量，不用采样，测速快，精度高，直读含水量值，能存储并向计算机传输测量数据，仪器使用寿命长，质量轻，操作简便，并采用低强度同位素中子源、特别防护设计，放射防护性能良好。

第四节　微灌常用水泵

水泵是微灌工程中的重要设备之一，其作用是给灌溉水加压，使微灌灌水器获得必要的工作压力。除少数利用自然高程差的农业自压微灌工程或借用城镇自来水系统的园林微灌工程外，其余大多数微灌工程都需要配置水泵。

微灌工程常用的水泵是中小型离心泵和潜水电泵。这两类水泵按工作原理，大多数属于叶片泵中的离心泵，只有少数潜水电泵属于混流泵。

一、离心泵

按叶轮级数，可将离心泵分为单级泵和多级泵。一般来说，单级泵仅有一级叶轮，扬程较低，多级泵有两个以上叶轮串联，扬程较高。

按吸入方式，可将离心泵分为单吸泵和双吸泵。与单吸泵相比，双吸泵的流量通常较大。

按泵轴安装时与水平面的方向，可将离心泵分为卧式泵和立式泵。泵轴与水平面平行的泵称为卧式泵，与水平面垂直的泵称为立式泵。在性能参数基本相同的条件下，卧式泵基础尺寸大，对地面压强小，故对水泵基础要求较低；立式泵则相反，基础尺寸小，对地面压强大，对水泵基础要求较高。与卧式离心泵相比，立式离心泵的噪声通常较小。

按水泵进口直径或配套功率大小，可将离心泵分为微型、中小型、大中型和大型离心泵。

二、潜水电泵

潜水电泵是将水泵与电动机联成一体，可潜入水中工作的泵。根据使用场合不同，可将潜水电泵分为井用潜水电泵和地表水（作业面）潜水电泵。井用潜水电泵使用时安装在水井中，适用于井灌区。作业面潜水电泵也称小型潜水电泵，使用时放置在水塘、湖泊、河流中抽水灌溉。根据泵腔内充入的介质，可将潜水电泵分为充水式、充油式和干式三种。目前，我国大量使用的井用潜水电泵基本上都是充水式，作业面潜水电泵有充水式和充油式两种，而干式潜水电泵已很少使用。

常用离心泵和潜水电泵的规程及性能参数等可参考《喷灌工程技术》一书或其他参考资料。

第四章　规划设计参数

微灌工程设计的主要技术参数包括工程灌溉设计保证率、作物耗水强度、土壤湿润比、灌水均匀度、灌溉水利用系数等。在规划设计中如何正确确定规划设计参数是获得合理设计方案的关键，其取值的大小直接影响到工程投资、运行管理费用和灌水质量，从而影响工程效益。

第一节　灌溉保证率的计算

灌溉规划中常用灌溉保证率作为灌溉设计标准。灌溉保证率是指灌区用水量在多年期间能够得到充分满足的概率，常用百分数表示。微灌灌溉保证率是由地面灌溉引申过来的，地面灌溉系统主要是输配水工程，其灌溉保证率主要是看灌溉水源来水量保证程度。微灌系统是通过一套专门的设备来实现灌溉的，作物需水要求的满足程度不仅与水源来水量有关，而且与系统灌溉能力和设备的完好程度有关，此时灌溉保证率包含水源来水量的保证程度和灌溉设备的保障程度两个方面。

设计灌溉保证率应是来水与用水配合的保证程度。在《灌溉与排水工程设计规范》（GB 50288—99）中规定，微灌工程设计灌溉保证率在85%～95%中选取，丰水地区或农作物经济价值较高的，可取较高值；缺水地区或农作物经济价值较低的，可取较低值。《微灌工程技术规范》（GB/T 50485—2009）中明确规定，微灌工程设计保证率应根据自然条件和经济条件确定，不应低于85%。

微灌工程灌溉保证率的计算主要是来水量设计保证率的计算，来水量设计保证率的计算采用选定设计代表年的常用频率计算法——配线法。该方法是从以往的年份中，通过对有关资料组成的较长系列进行频率计算，选出符合所确定的灌溉保证率的某一年作为设计代表年，并以该年的自然条件资料作为拟定微灌灌溉制度和规划水源工程的依据。计算方法简要介绍如下。

一、配线法的基本概念与参数

（一）频率

频率是指某种情况在事件可能发生的众多情况中出现机会的多少。为便于理解，可借助于重现期这个术语，所谓重现期，是指在事件可能发生的众多情况中，某一种情况平均重复出现的时间间隔。用 p 表示频率，以小数或百分数计；用 T 表示重现期，以年计。

当 $p < 50\%$ 时

$$T = \frac{1}{p} \tag{4-1}$$

当 $p > 50\%$ 时

$$T = \frac{1}{1 - p} \tag{4-2}$$

假定取以往 24 年中，作物主要需水期的降水量资料组成系列来选择设计代表年，这个系列就是一个有 24 项的样本，即 $n = 24$。每一年的降水量值都是样本的一个项，它们的频率可用期望公式估算出来，称为经验频率。样本中的降水量按从大到小的顺序排列，各年降水量在系列中所对应的序号用 m 表示。经验频率的计算公式——期望公式为

$$p = \frac{m}{n + 1} \tag{4-3}$$

（二）经验频率曲线

样本中每年的降水量和它对应的经验频率就构成一个点据，把样本中所有的经验频率点据点绘在同一概率格纸上，用直线段连接相邻点据就绘出了折线状的经验分布曲线，若消除折线状而画成一条光滑的曲线，此曲线即为经验频率曲线。

（三）理论频率曲线

由于皮尔逊Ⅲ型曲线的线型与经验频率曲线比较相符，因此常采用在绘有经验频率点据的图上，绘制不同参数的皮尔逊Ⅲ型曲线，使其逐步逼近经验频率曲线。最后与经验频率点据配合最佳的皮尔逊Ⅲ型曲线即为理论频率曲线，被当做经验频率曲线使用。绘制皮尔逊Ⅲ型曲线的特征参数是 $\overline{X}$、C_v 和 C_s。

$\overline{X}$ 是样本即年降水量的算术平均值，X_i 是样本中各年的降水量。

$$\overline{X} = \frac{1}{n} \sum_{i=1}^{n} X_i \tag{4-4}$$

C_v 是样本的离差系数，由下式计算：

$$C_v = \sqrt{\frac{1}{n} \sum_{i=1}^{n} (K_i - 1)^2} \tag{4-5}$$

$$K_i = \frac{X_i}{\overline{X}} \tag{4-6}$$

式中　K_i——模比系数。

C_s 是样本的偏差系数，由于实际使用起来 C_s 的误差太大，一般按照 C_s 与 C_v 的比值来选用。

点绘皮尔逊Ⅲ型曲线时，首先应确定点绘该曲线的理论频率点据的位置，也就是说，要按照皮尔逊Ⅲ型曲线的规律计算出对应于预先拟定的不同频率的点据的纵坐标（即降水量）的值。该值可由下列公式计算得到：

$$X_p = K_p \overline{X} \tag{4-7}$$

K_p 亦称模比系数，当用式（4-4）、式（4-5）计算出 C_v 值，并选定了 C_s 与 C_v 比值后，可通过查有关资料查出对应于拟定的不同频率值的 K_p 值。

在点绘有经验频率点据的概率格纸上点绘理论频率点据，然后用平滑的曲线将理论

频率点据连起来，即绘成第一条理论频率曲线。

二、配线法选定最佳的理论频率曲线

当 C_v 值确定后，皮尔逊Ⅲ型曲线随 C_s 值的增大，其上段变陡而下段趋于平缓。当绘出的第一条理论频率曲线与经验点据配合不好时，可依照皮尔逊Ⅲ型曲线随 C_s 变化的规律，重新选定 C_s 与 C_v 的比值，绘出新的理论频率曲线，直至绘到与经验频率曲线配合最佳的理论频率曲线，作为最终采用的频率曲线。为了清楚表明经验频率点据与采用的频率曲线的配合情况，通常在概率格纸上不必绘出试配的频率曲线，只要给出最终采用的频率曲线即可。

三、确定设计代表年

当微灌工程的设计标准确定后，即可从最终采用的频率曲线上读出横坐标为设计标准值的点对应的纵坐标（降水量）的值，选取样本中降水量的值与纵坐标的值最接近的那一年作为设计代表年。现举例说明微灌工程设计代表年的选定过程。

某微灌灌区有 24 年实测的作物主要需水期的降水量资料，该工程的设计标准为 90%。其降水量资料及频率计算见表 4-1。

表 4-1　降水量资料及频率

年份	年降水量 X（mm）	序号	经验频率及统计参数的计算				
			按大小排列的 X_i（mm）	模比系数 K_i	$K_i - 1$	$(K_i - 1)^2$	$p = \dfrac{m}{n+1}$（%）
1973	538.3	1	1 064.5	1.60	0.60	0.360	4
1974	624.9	2	998.0	1.50	0.50	0.250	8
1975	663.2	3	964.2	1.45	0.45	0.203	12
1976	591.7	4	883.5	1.33	0.33	0.109	16
1977	557.2	5	789.3	1.18	0.18	0.032	20
1978	998.0	6	769.2	1.15	0.15	0.023	24
1979	641.5	7	732.9	1.10	0.10	0.010	28
1980	341.1	8	709.0	1.07	0.07	0.005	32
1981	964.2	9	687.3	1.03	0.03	0.001	36
1982	687.3	10	663.2	1.00	0	0	40
1983	546.7	11	641.5	0.96	-0.04	0.002	44
1984	509.9	12	624.9	0.94	-0.06	0.004	48
1985	769.2	13	615.5	0.92	-0.08	0.006	52
1986	615.5	14	606.7	0.91	-0.09	0.008	56
1987	417.1	15	591.7	0.89	-0.11	0.012	60

续表 4-1

年份	年降水量 X（mm）	序号	经验频率及统计参数的计算				
			按大小排列的 X_i（mm）	模比系数 K_i	$K_i - 1$	$(K_i - 1)^2$	$p = \dfrac{m}{n+1}$（%）
1988	789.3	16	587.7	0.88	-0.12	0.014	64
1989	732.9	17	586.7	0.88	-0.12	0.014	68
1990	1 064.5	18	567.4	0.85	-0.15	0.023	72
1991	606.7	19	557.2	0.84	-0.16	0.026	76
1992	586.7	20	546.7	0.82	-0.18	0.032	80
1993	567.4	21	538.3	0.81	-0.19	0.036	84
1994	587.7	22	509.9	0.77	-0.23	0.053	88
1995	709.0	23	417.1	0.63	-0.37	0.137	92
1996	883.5	24	341.1	0.51	-0.49	0.240	96
合计	15 993.5		15 993.5		0.02	1.600	

多年平均降水量为

$$\overline{X} = 15\ 993.5/24 = 666.4(\text{mm})$$

离差系数为

$$C_\text{v} = \sqrt{1.600/24} = 0.26$$

取 $C_\text{v} = 0.30$。

假定 $C_\text{s} = 2C_\text{v} = 0.60$、$C_\text{s} = 3C_\text{v} = 0.90$、$C_\text{s} = 2.5C_\text{v} = 0.75$，进行三次配线后选择 $C_\text{s} = 2.5C_\text{v} = 0.75$ 时的皮尔逊Ⅲ型曲线为最终采用的频率曲线，计算结果见表 4-2。将经验频率点据和最终采用的频率曲线点绘在同一个概率格纸的坐标图上（见图 4-1）。在图 4-1 中可以查出，曲线上横坐标为 90% 的点，其纵坐标为 433 mm。由 24 年降水量的样本中可知，1987 年的降水量 417.1 mm 与 433 mm 最接近，则 1987 年即被选定为设计代表年。

表 4-2　降水量资料与频率计算结果

频率 p（%）	第一次配线 $\overline{X} = 666.4$ $C_\text{v} = 0.30$ $C_\text{s} = 2C_\text{v} = 0.60$		第二次配线 $\overline{X} = 666.4$ $C_\text{v} = 0.30$ $C_\text{s} = 3C_\text{v} = 0.90$		第三次配线（采用） $\overline{X} = 666.4$ $C_\text{v} = 0.30$ $C_\text{s} = 2.5C_\text{v} = 0.75$	
	K_p	X_p	K_p	X_p	K_p	X_p
1	1.83	1 219	1.89	1 259	1.86	1 239
5	1.54	1 026	1.56	1 039	1.55	1 033
10	1.40	933	1.40	933	1.40	933

续表 4-2

频率 p（%）	第一次配线 $\overline{X}=666.4$ $C_v=0.30$ $C_s=2C_v=0.60$		第二次配线 $\overline{X}=666.4$ $C_v=0.30$ $C_s=3C_v=0.90$		第三次配线（采用） $\overline{X}=666.4$ $C_v=0.30$ $C_s=2.5C_v=0.75$	
	K_p	X_p	K_p	X_p	K_p	X_p
20	1.24	826	1.23	820	1.24	826
50	0.97	646	0.97	646	0.97	646
75	0.78	520	0.78	520	0.78	520
90	0.64	426	0.66	440	0.65	433
95	0.56	373	0.60	400	0.58	386
99	0.44	293	0.60	333	0.47	313

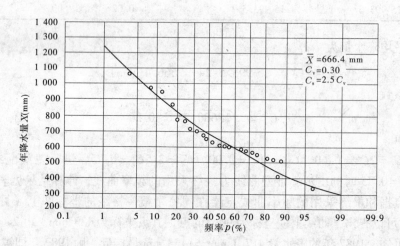

图 4-1　降水量频率曲线

第二节　微灌作物需水量与耗水强度

一、作物需水量

作物需水量包括作物蒸腾量和棵间土壤蒸发量。估算作物需水量的方法很多，下面仅介绍设计中常用的两种估算方法。

（一）根据自由水面蒸发量估算作物需水量

微灌设计中可使用蒸发皿的观测资料来估算作物需水量，此法简单实用，资料可向当地气象部门查询。

$$ET_c = K_c K_p E_p \tag{4-8}$$

式中　ET_c——作物需水量，mm，可按月、旬计算，也可根据生育阶段计算；

　　　K_c——作物系数；

　　　K_p——蒸发皿蒸发量与自由水面蒸发量之比，又称皿系数，可根据当地水文和气象站资料分析确定；

　　　E_p——计算时段内 E_{601} 型或口径为 80 cm 蒸发皿的蒸发量，mm。

（二）根据参考作物腾发量估算作物需水量

参考作物腾发量是指在供水充分的条件下，在高度均匀、生长茂盛、高为 8 ~ 15 cm 且全部覆盖地表的开阔绿草地上的腾发量。此定义认为参考作物腾发量不受土壤含水量的影响，而仅取决于气象因素。因此，可以只根据气象资料，用经验或半经验公式计算出参考作物腾发量，再根据作物种类和生育阶段，并考虑土壤、灌排条件加以修正，然后估算出作物需水量。其计算公式为

$$ET_c = K_c ET_0 \tag{4-9}$$

式中　ET_0——阶段平均日参考作物腾发量，mm/d，各地有关部门均有当地气象条件下的参考作物腾发量，如需按气象因子计算，可参考其他书籍；

　　　其余符号意义同前。

1. 按彭曼法公式计算参考作物腾发量

彭曼法是一种能量平衡法，它综合了热量平衡和水汽扩散理论，故又称为综合法。用这种方法估算作物需水量的步骤如下。

某阶段平均日参考作物腾发量的计算公式为

$$ET_0 = C[WR_n + (1 - W)f(u)(e_a - e_d)] \tag{4-10}$$

式中　C——修正系数，根据空气相对湿度、R_n、风速等可通过有关资料查表确定；

　　　R_n——太阳净辐射，以所能蒸发的水层深度计，mm/d，不具备实测资料时，可用经验公式计算；

　　　W——取决于温度与高程的加权系数；

　　　$f(u)$——风函数，u 为 2 m 高处的风速，km/h，也可用经验公式计算；

　　　e_a——平均温度下的饱和水汽压，hPa；

　　　e_d——实际水汽压，hPa，由当地气象台站得到。

参考作物腾发量只考虑了气象等环境因素的影响。通常，将作物生长期或灌溉临界期分为 30 d 或 10 d 一个时段，用设计代表年的各时段内的平均日气象资料来计算 ET_0。

若用公式计算太阳净辐射 R_n，其计算式为

$$R_n = R_{ns} - R_{ni} \tag{4-11}$$

$$R_{ns} = (1 - \alpha)\left(0.25 + \frac{0.50n}{N}\right)R_a \tag{4-12}$$

$$R_{ni} = \sigma T_k^4 (0.34 - 0.044\sqrt{e_d})\left(0.1 + \frac{0.9n}{N}\right) \tag{4-13}$$

式中　α——地面反射率，一般取 25%；

　　　n——实际日照时数，h，由当地气象台站实测得到；

　　　N——最大可能平均日照时数，h，不同纬度和月份的 N 值均可通过有关资料查

表得到；

R_a——大气顶层接受的太阳辐射量，以所能蒸发的水量计，mm/d，可通过有关资料查表得到；

σ——常数，取 2×10^{-9} mm/（d·K^4）；

T_k——以绝对温度表示的平均气温，K，$T_k = 273 + T$（T 为平均气温，℃）。

若用公式计算风函数 $f(u)$，其计算式为

$$f(u) = 0.27\left(1 + \frac{u}{100}\right) \tag{4-14}$$

若风速是在其他高度上测得的，可用下式换算成 2 m 高处的风速：

$$u_2 = u_1\left(\frac{2}{z}\right)^{0.2} \tag{4-15}$$

式中　u_1——实测风速，km/h；

z——作物高度，m；

u_2——2 m 高处的风速，km/h。

2. 作物系数 K_c 的确定

作物系数反映了作物特性对作物需水量的影响，影响 K_c 值大小的因素有作物种类、生长发育阶段、气候条件等，各种蔬菜、大田作物和果树的 K_c 值列在表 4-3 ~ 表 4-7 中，可供计算作物需水量时查用。

表 4-3　大田作物和蔬菜的 K_c 值

气候条件	棉花	高粱	玉米	大麦、小麦	马铃薯	甘蔗	各种蔬菜	番茄
适宜气候	0.85	1.0	1.0	1.0	1.0	1.35	1.0	0.0
干燥气候	1.0	1.2	1.2	1.1	1.15	1.45	1.15	1.2

表 4-4　香蕉的 K_c 值

气候条件	月份											
	1	2	3	4	5	6	7	8	9	10	11	12
湿润、风力轻微到中等	1.0	0.8	0.75	0.7	0.7	0.75	0.9	1.05	1.05	1.05	1.0	1.0
湿润、强风	1.05	0.8	0.75	0.7	0.7	0.80	0.95	1.1	1.1	1.1	1.05	1.05
干燥、风力轻微到中等	1.1	0.7	0.75	0.7	0.75	0.85	1.05	1.2	1.2	1.2	1.15	1.15
干燥、强风	1.15	0.7	0.75	0.7	0.75	0.9	1.1	1.25	1.25	1.25	1.2	1.2

表 4-5　柑橘的 K_c 值

植被状况	月份											
	1	2	3	4	5	6	7	8.	9	10	11	12
成年大树覆盖率70%												
地面干净	0.75	0.75	0.7	0.7	0.7	0.65	0.65	0.65	0.65	0.7	0.7	0.7
地面有杂草	0.9	0.9	0.85	0.85	0.85	0.85	0.85	0.85	0.85	0.85	0.85	0.85

续表 4-5

植被情况	月份											
	1	2	3	4	5	6	7	8	9	10	11	12
地面覆盖率 50% 地面干净	0.65	0.65	0.6	0.6	0.6	0.55	0.55	0.55	0.55	0.55	0.6	0.6
地面有杂草	0.9	0.9	0.85	0.85	0.85	0.85	0.85	0.85	0.85	0.85	0.85	0.85
地面覆盖率 20% 地面干净	0.55	0.55	0.5	0.5	0.5	0.45	0.45	0.45	0.45	0.45	0.5	0.5
地面有杂草	1.0	1.0	0.95	0.95	0.95	0.95	0.95	0.95	0.95	0.95	0.95	0.95

注：本表所列数字为中等干旱地区、风力轻微到中等的情况。

表 4-6　葡萄的 K_c 值

气候条件	月份											
	1	2	3	4	5	6	7	8	9	10	11	12

有严重霜冻地区的成年葡萄园，5 月初开始生长，9 月中旬收摘，生长中期地面覆盖率 40% ~ 50%

气候条件	1	2	3	4	5	6	7	8	9	10	11	12
湿润、风力轻微到中等					0.5	0.65	0.75	0.8	0.75	0.65		
湿润、大风					0.5	0.7	0.8	0.85	0.8	0.7		
干燥、风力轻微到中等					0.45	0.7	0.85	0.9	0.85	0.7		
干燥、大风					0.5	0.75	0.9	0.95	0.9	0.75		

有轻微霜冻地区的成年葡萄园，4 月初开始生长，8 月底 9 月初开始收摘，生长中期地面覆盖率 30% ~ 50%

气候条件	1	2	3	4	5	6	7	8	9	10	11	12
湿润、风力轻微到中等				0.5	0.55	0.6	0.6	0.6	0.6	0.5	0.4	
湿润、大风				0.5	0.55	0.65	0.65	0.65	0.65	0.55	0.4	
干燥、风力轻微到中等				0.45	0.6	0.7	0.7	0.7	0.7	0.65	0.35	
干燥、大风				0.45	0.65	0.75	0.75	0.75	0.75	0.65	0.35	

干热地区的成年葡萄园，2 月末或 3 月初开始生长，7 月后半月收获，生长中期地面覆盖率 30% ~ 35%

气候条件	1	2	3	4	5	6	7	8	9	10	11	12
干燥、风力轻微到中等			0.24	0.45	0.6	0.7	0.7	0.65	0.55	0.45	0.35	
干燥、大风			0.25	0.45	0.65	0.75	0.75	0.7	0.55	0.45	0.35	

注：本表所列数据为地面干净、灌水次数少，地面绝大部分时间保持干燥的情况。

表 4-7　落叶果树及坚果作物的 K_c 值

项目	有地面覆盖									无地面覆盖（地面翻耕，无杂草）								
	3月	4月	5月	6月	7月	8月	9月	10月	11月	3月	4月	5月	6月	7月	8月	9月	10月	11月
苹果、樱桃（冬季有严重霜冻 / 地面覆盖从4月开始计算）																		
湿润、风力轻微到中等		0.5	0.75	1.0	1.1	1.1	1.1	0.85			0.45	0.55	0.75	0.85	0.85	0.8	0.6	
湿润、大风		0.5	0.75	1.1	1.2	1.2	1.15	0.9			0.45	0.55	0.8	0.9	0.9	0.85	0.65	
干燥、风力轻微到中等		0.45	0.85	1.15	1.25	1.25	1.2	0.95			0.4	0.6	0.85	1.0	1.0	0.95	0.7	
干燥、大风		0.45	0.85	1.2	1.35	1.35	1.25	1.0			0.4	0.65	0.9	1.05	1.05	1.0	0.75	
桃、李、梨																		
湿润、风力轻微到中等		0.5	0.7	0.9	1.0	1.0	0.95	0.75			0.45	0.5	0.65	0.75	0.75	0.7	0.55	
湿润、大风		0.5	0.7	1.0	1.05	1.1	1.0	0.8			0.45	0.55	0.7	0.8	0.8	0.75	0.6	
干燥、风力轻微到中等		0.45	0.8	1.05	1.15	1.15	1.1	0.85			0.4	0.55	0.75	0.9	0.9	0.7	0.65	
干燥、大风		0.45	0.8	1.1	1.2	1.2	1.15	0.85			0.45	0.6	0.8	0.95	0.95	0.9	0.65	
苹果、樱桃、核桃（冬季有轻微霜冻 / 地面覆盖微霜冻，地面覆盖不休眠）																		
湿润、风力轻微到中等	0.8	0.9	1.0	1.1	1.1	1.1	1.05	0.85		0.6	0.7	0.8	0.85	0.85	0.8	0.8	0.75	0.65
湿润、大风	0.8	0.95	1.1	1.15	1.2	1.2	1.15	0.9		0.6	0.75	0.85	0.9	0.9	0.85	0.8	0.8	0.7
干燥、风力轻微到中等	0.85	1.0	1.15	1.25	1.25	1.25	1.2	0.95		0.5	0.75	0.95	1.0	1.0	0.95	0.9	0.85	0.7
干燥、大风	0.85	1.05	1.2	1.35	1.35	1.35	1.25	1.0		0.5	0.8	1.0	1.05	1.05	1.0	0.95	0.9	0.75
桃、李、梨、扁桃、山核桃																		
湿润、风力轻微到中等	0.8	0.85	0.9	1.0	1.0	1.0	0.95	0.8		0.55	0.7	0.75	0.8	0.8	0.7	0.7	0.65	0.55
湿润、大风	0.8	0.9	0.95	1.0	1.1	1.1	1.0	0.85		0.55	0.7	0.75	0.8	0.8	0.8	0.75	0.7	0.6
干燥、风力轻微到中等	0.85	0.95	1.05	1.15	1.15	1.15	1.1	0.9		0.5	0.7	0.85	0.9	0.9	0.9	0.8	0.75	0.65
干燥、大风	0.85	1.0	1.1	1.2	1.2	1.2	1.15	0.95		0.5	0.75	0.95	0.95	0.95	0.95	0.85	0.8	0.7

注：1. 有地面覆盖作物，如果降雨频繁，K_c 值可能增大。对于幼树果园，如果地面覆盖率不到20%和50%，则生长中期，K_c 值分别降低25%~30%和10%~15%。

2. 无地面覆盖作物，表中数值为降雨或灌溉雨或降雨频繁（每周2~4次）的情况，3月、4月和11月的 K_c 值应根据果前期降雨进行修正，5~10月可以使用表中的数值。果树覆盖率小于20%和50%的幼树果园，生长中期 K_c 值分别减少25%~30%和10%~15%。

3. 对于核桃、李、梨、扁桃、山核桃，由于叶子生长较慢，3~5月的 K_c 值可能减少10%~20%。

二、作物耗水强度

微灌灌水时只湿润部分土壤，与地面灌溉和喷灌相比，其地面蒸发损失要小得多。微灌作物的耗水量与作物对地面的遮阴率大小有关，其耗水强度（日耗水量）为

$$ET_a = K_r ET_c \tag{4-16}$$

$$K_r = \frac{G_c}{0.85} \tag{4-17}$$

式中　ET_a——作物耗水强度，mm/d；

　　　　K_r——作物遮阴率对耗水量的修正系数，当由式（4-17）计算出的 K_r 值大于 1 时，取 $K_r = 1$；

　　　　G_c——作物遮阴率，又称作物覆盖率，随作物种类和生育阶段而变化，对于大田和蔬菜作物，设计时可取 0.8 ~ 0.9，对于果树，可根据果树树冠所占面积计算确定，在计算多年生作物的遮阴率时，一定要选取作物成龄后的遮阴率。

设计耗水强度是指在设计条件下微灌作物的耗水强度。它是确定微灌系统最大输水能力的依据，设计耗水强度越大，系统的输水能力越高，但系统的投资也就越高，反之亦然。

因此，在确定设计耗水强度时既要考虑作物对水分的需要，又要考虑经济上合理可行。《微灌工程技术规范》（GB/T 50485—2009）规定应取设计年灌溉季节月平均耗水强度峰值作为设计耗水强度，并以 mm/d 计。

三、微灌灌溉强度

作物生长所消耗的水量来源于天然降雨、地下水补充、土壤中原有的含水量和人工补给的水量。微灌灌溉强度是指为了保证作物正常生长必须由微灌工程提供的水量，以 mm/d 计。因此，微灌灌溉强度取决于作物耗水量、降雨量和土壤含水量，可用公式表示为

$$I_a = ET_a - P_0 - S \tag{4-18}$$

式中　I_a——微灌灌溉强度，mm/d；

　　　　P_0——有效降雨量，mm/d；

　　　　S——根系层土壤和地下水补给的水量，mm/d。

在干旱地区降雨量很少，地下水较深，作物生长所消耗的水量全部由微灌工程提供时，微灌灌溉强度等于作物耗水强度。工程设计时，作为微灌工程供水能力的设计，常按微灌灌溉强度等于作物耗水强度计算，即

$$I_a = ET_a \tag{4-19}$$

第三节　土壤湿润比

一、微灌条件下土壤水分分布

微喷灌类似于喷灌，水在土壤中主要受到重力的作用，向下作垂直运动，随着灌水

时间的延长，湿润深度逐渐加大。滴灌则不同，因滴头按一定间距布置，且流量一般较小，地面几乎没有积水，水在土壤中不仅受到重力作用，而且受到各方向毛管力作用，因而水在沿垂直方向运动的同时，还沿水平方向运动，形成一个独立的湿润体。如果滴头布置间距很小，水流在水平方向运动很短时间内就会完成，只剩下垂直向下的运动，此时水流运动同地面灌溉，考虑到系统投资等因素，滴头间距应根据土壤类型和作物种类确定，分析单个滴头灌水时土壤水的运动规律，在滴灌系统设计时显得十分重要。图 4-2 给出了单个滴头工作时，黏性土壤和砂性土壤中水的分布状况。

从图 4-2 可以看出，在黏性土壤和砂性土壤中所形成的湿润球体的形状是不同的。在相同滴头流量的情况下，黏性土壤中形成浅而宽的湿润球，似洋葱状，而砂性土壤中形成窄而深的湿润球，似胡萝卜状。但无论什么形状的湿润球体都包括 3 个区域，即饱和区、湿润区和湿润前沿区。

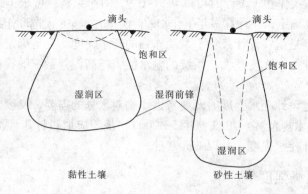

图 4-2　单个滴头滴灌时土壤水量分布

（一）饱和区

试验和计算表明，灌溉时滴头附近地表处形成一个很小的水洼，在水洼下有一个饱和区，饱和区内水的运动主要受重力的影响。在相同滴头流量下，黏性土壤形成的饱和区大，砂性土壤中饱和区较小甚至没有。当增加滴头流量时，饱和区同时增大，即饱和区直径随滴头流量的增加而加大。深度随灌水时间的延长而增加。饱和区的直径和深度随土壤导水率的增加而减小。

（二）湿润区

在饱和区的周围形成湿润区，在此区域内，水流在重力和毛管力的共同作用下，在垂直方向和水平方向同时流动，其流动方向是由最大梯度决定的。在黏性土壤上，灌溉初期由于毛管力的作用梯度远远大于重力梯度，因而形成近半球状湿润体。随着灌溉时间的延长，水平方向的毛管力梯度下降，而垂直方向的重力梯度成为最大梯度，使湿润区在深度方向扩展，当灌水时间足够长时，水平方向毛管力梯度接近 0，湿润体直径将不再扩大，仅在深度方向加大。湿润球直径的大小取决于土壤的导水率和滴头流量。对于砂性土壤，因水平方向毛管力梯度较小，而垂直方向的重力梯度成为最大梯度，因此湿润球在深度方向的扩大速度快于水平方向的发展速度，形成细而长的湿润球。在湿润区内，土壤含水量一般不大于土壤持水量，随着与滴头间距离增加含水量降低，而含气量增加。在此区域内由于通气性良好，土壤微生物十分活跃，作物根系活力提高，作物根系主要在此区域内生长，这也是滴灌条件下作物产量高于其他灌溉方法的原因之一。

（三）湿润前沿区

在湿润前锋，土壤含水量等于灌水前的含水量。湿润过程是个持续的发展过程，在地下水位较深，排水条件良好的情况下，各层土壤含水量没有明显的界限，湿润锋的移动使湿润土体增大。

湿润锋的分析指出了灌溉土壤的边界。图 4-3 表示两种不同的滴头，在两种不同水力特性土壤条件下，湿润锋距滴头的水平和垂直距离与入渗总量的关系。入渗水总量在湿润锋线上标注。

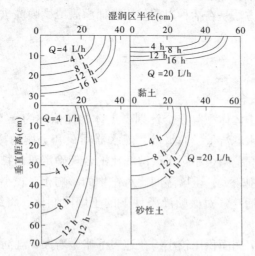

图 4-3　不同土壤及滴头流量下湿润锋距滴头的
水平和垂直距离与入渗量总量的关系

从图 4-3 可以看出滴头流量和土壤的水力特性决定湿润区域与湿润锋的形状。由于砂性土壤的导水率高、持水量小，土壤湿润区域较深。在黏性土壤中，因毛管力作用，水量的水平方向分布较广。滴头流量越大，两种土壤的湿润区越大，饱和区域也越大。在黏性土壤上，表面湿润区半径大于砂性土壤上的湿润半径。

综上所述，滴灌条件下土壤中水量分布不同于微喷灌和传统地面灌溉，因而在滴灌系统设计时，应充分考虑水量分布，根据土壤特性和作物根系分布，以及作物对水分的敏感程度，合理选择滴头流量和滴头间距，以便确定合理的滴灌系统布置，节省投资。例如，设计灌溉黏性土壤时应适当加大滴头间距或减小滴头流量，延长灌溉时间；而在砂性土壤中，应减小滴头布置间距或增大滴头流量，减小灌水时间，以获得理想的水量分布，保证作物在最佳的环境中生长。

在砂性土壤中，如果滴头间距过大，无论灌水时间多长，滴头下湿润土体的半径都不再增加，只增加深度，当深度超出作物根系时，浪费了水资源。如将滴头布置过密，将造成系统投资过大、资金浪费。

土壤中盐分运动是另一个十分重要的概念，土壤中盐分随水向湿润球边缘移动。在作物根系充分发育的湿润球的中心，土壤盐分较低，一般不会影响作物生长。滴灌的灌水方式是采用浅灌勤灌，湿润球的中心长期保持含盐低的水平，随着作物根系的生长，一般灌水量会略高于作物的耗水量，以便有一部分水量能够形成淋洗水量，这样可以长期保持作物根系处的盐分平衡，不影响作物的生长和产量。盐分平衡值因作物对盐分敏感程度的不同而不同，一般在湿润球周围会形成大量的盐分积累，特别是对于干旱少雨的地区，因不能形成天然降雨的淋洗作用，保持作物根系的盐分平衡将是滴灌系统运行的首要问题。在国内外有关滴灌运行记录中曾出现过在干旱地区由于地面盐分的积累，在突然降雨时，没有及时补充灌溉水，降雨将地面盐分淋洗到作物根系层，对作物形成盐害，出现大面积果树死亡的现象。避免这类灾害的方法是在降雨时保持滴灌系统运行，以便淋洗盐分。对于多年生果树，宜经常监测土壤盐分状况，以确定灌溉水量。对于一年生作物，最好的方法是在播种以前使用地面灌溉或微喷灌进行地面淋洗，以保证作物不受盐分的伤害。

二、土壤湿润比

（一）土壤湿润比概念

微灌条件下，湿润土体体积与整个计划层土体的比值称为土壤湿润比（P）。土壤湿润比取决于作物、灌水器流量、灌水量、灌水器间距和土壤的特性。在滴灌条件下，由于点水源所形成的湿润范围很小，土壤湿润比的合理确定对作物的影响较大。在微喷灌条件下，由于喷洒范围较大，土壤湿润比对作物的影响相对较小。因此，本节重点讨论滴灌条件下的土壤湿润比。对微喷灌条件下的土壤湿润比，将结合设计给以简要说明。

通常滴头下地表的湿润面积比较小，在地表下略微增大，湿润体形状像一个倒悬的灯泡。在实际应用中，土壤湿润比常以地面以下 20～30 cm 处的平均湿润面积与作物种植面积的百分比表示，也就是把地面以下 20～30 cm 处的湿润面积近似作为计划层内湿润体的平均面积。

（二）理想的土壤湿润比

目前，还没有研究出准确的、理想的土壤湿润比。对于宽行稀植作物如葡萄等果树，一般湿润作物根系水平剖面占最大面积的 1/3～2/3，即 33%＜P＜67%。在一些有足够降雨的地区，土壤为中壤土到黏土的地方，土壤湿润比可小于 33%。

对于宽行作物，土壤湿润比 P 宜小于 67%，以保持行间干燥，便于田间管理。土壤湿润比小有利于减少地面蒸发，还可节省投资。对于密植作物，滴头间距小于 0.8 m 时，P 一般能达到 100%。

如果降雨能够湿润 1.0 m 以下，作物根系会超出滴灌的湿润区，这种根系活动很重要，可以吸收大量的养分。在 $P≥33\%$ 的情况下，目前还没有发现作物根系锚固出现问题。然而对于有大风的地区，存在作物根系锚固问题，一般可利用降雨来扩大根系。

图 4-4 为充足灌水条件下，潜在作物产量比与土壤湿润比 P 的关系。虽然从特定的曲线得出的数据还不足以说明问题，但从目前的经验来看，下面的结论是正确的：P 和潜在作物产量关系曲线须从无降雨或很少降雨的地方获得，很少一部分土壤湿润时作物也会得到相当高的产量；最大产量处的 P 远小于 100%。但相同的 P 值，在不同的作物、土壤、气候条件下产量会有非常大的变化。

在滴灌条件下，有些作物潜在产量高于使用其他灌溉方法。因而，合理的滴灌系统应该认真地选用土壤湿润比。例如，一个土壤湿润比为25%的滴灌系统，作物产量会同其他灌溉方法的产量相同。但当土壤湿润比增大到33%时，作物产量比其他灌溉方法提高了20%。

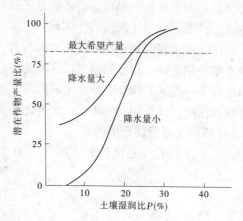

图4-4　潜在作物产量比与土壤湿润比 P 的关系

在实际应用中，如何选择合理的土壤湿润比 P，以免影响作物的产量、品质，保证达到理想的产量和生长状况，是滴灌系统推广应用过程中至关重要的问题。这是由于土壤湿润比不仅受作物品种、土壤状况和当地气候条件等的影响，而且受到系统投资的限制。如选用土壤湿润比过小，会降低作物产量与质量，但系统投资相对较低；如选用土壤湿润比过大，作物产量并不会明显提高，但系统投资相应增加。各地应根据当地的条件，对不同的作物进行不同的土壤湿润比试验，从而获得一些合理的土壤湿润比。对于没有试验资料的地区，可参照国内外类似地区同类作物的资料进行设计。

以色列有关专家在HULA谷地南侧针对7年生的苹果树，采用不同的滴灌布置形式进行对比试验，试验地果树种植间距为4 m×3 m；土壤结构：黏土粒69%、粉砂25%和砂6%，属于黏壤土。试验具体方案如下。

处理1：每行果树布置一条毛管，滴头流量为2.0 L/h，滴头间距为0.5 m，灌水量满足果树需要。

处理2：每行果树布置一条毛管，滴头流量为2.0 L/h，滴头间距为1.5 m，灌水量满足果树需要。

处理3：滴头流量和滴头间距与处理2相同，只是每行果树布置2条毛管。

处理4：与处理2相同，只是在需水量高峰期，只满足75%的作物需水量。

前三种处理采用不同数量的毛管，相同的滴头流量，不同的滴头间距产生不同的土壤湿润比，灌水量是相同的。试验表明，在三年试验期内，苹果产量、苹果平均直径和树干的增长量没有明显差异。然而对于第四种处理，由于在需水高峰期只供应作物需水量75%的水量，苹果产量、苹果平均直径和树干的增长量明显降低。

以上试验是在特定土壤和作物条件下得出的结论，虽不具有一定的普遍意义，但从中可以看出，在湿润半湿润或半干旱地区，对于果树采用20%左右的土壤湿润比是比较合理的，对于干旱地区，考虑到果树根系的锚固问题，建议土壤湿润比适当提高，如提高到30%左右。

（三）用田间试验法确定土壤湿润比

滴头下大约30 cm处湿润面积的大小取决于滴头流量、灌水量，同时取决于土壤的结构、坡度和土壤的均匀程度。有很多数学模型来计算土壤的湿润面积，但这些数学模型都存在着很多近似假设，并且求解比较复杂，很难在实际工程中使用，因此确定土壤湿润比最为有效的、最可靠的办法是田间试验。所谓田间试验，就是选择有代表性的地方进行滴灌，然后实测湿润体体积。

试验灌水量为预计每天滴头的灌水量。在容器内放入所需水量，让其自然滴完。如果土壤特别干燥，须在测量湿润区域之前连续灌水 2～3 d。观测湿润区域的办法是在滴头位置下一直到湿润锋底挖一个纵剖面，测量各高程的湿润直径。由量得的各高程湿润直径和深度，计算湿润体体积，如果已知滴头布置间距，便可算出土壤湿润比。

（四）土壤湿润比的计算

（1）单行直线毛管布置（见图 4-5）的土壤湿润比可按下式计算：

$$P = \frac{0.785 D_w^2}{S_e S_1} \times 100 \tag{4-20}$$

式中　P——土壤湿润比（%）；

　　　D_w——土壤水分扩散直径或湿润带宽度，m，D_w 的大小取决于土壤质地、滴头流量和灌水量的大小；

　　　S_e——灌水器或出水点间距，m；

　　　S_1——毛管间距，m。

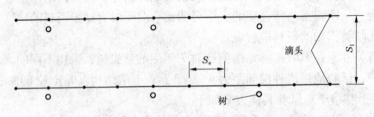

图 4-5　单行直线毛管布置

表 4-8 列出了不同土壤类别、不同灌水器流量和不同间距时的土壤湿润比，可供设计微灌系统时查用。

【例 4-1】　某果园，果树行距 1.5 m，每行果树布置一条滴灌管，即毛管间距为 $S_1 = 1.5$ m，滴头流量 $q = 2.0$ L/h，土壤为砂壤土，试确定滴头间距和土壤湿润比。

解　已知 $q = 2.0$ L/h，$S_1 = 1.5$ mm，土壤为中等结构，查表 4-8 得土壤湿润比 $P = 53\%$，滴头间距 $S_e = 0.7$ m。

（2）双行直线毛管布置（见图 4-6）的土壤湿润比可按下式计算：

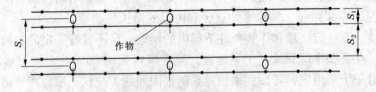

图 4-6　双行直线毛管布置

$$P = \frac{P_1 S_1 + P_2 S_2}{S_r} \times 100 \tag{4-21}$$

式中　S_1——滴灌管或毛管的窄间距，m，可以根据给定的流量和土壤类别，查表 4-8 当 $P = 100\%$ 时推荐的毛管间距；

表 4-8　土壤湿润比 P 值

土壤湿润比 P 值 (%)

对粗、中、细结构的土壤推荐的毛管上的灌水器或出水点的间距 S_e (m)

毛管间距 S_l (m)	灌水器或出水点流量 (L/h)														
	<1.5			2.0			4.0			8.0			>12.0		
	粗 0.2	中 0.5	细 0.9	粗 0.3	中 0.7	细 1.0	粗 0.6	中 1.0	细 1.3	粗 1.0	中 1.3	细 1.7	粗 1.3	中 1.6	细 2.0
0.8	38	88	100	50	100	100	100	100	100	100	100	100	100	100	100
1.0	33	70	100	40	80	100	80	100	100	100	100	100	100	100	100
1.2	25	58	92	33	67	100	67	100	100	100	100	100	100	100	100
1.5	20	47	73	26	53	80	53	80	100	80	100	100	100	100	100
2.0	15	35	55	20	40	60	40	60	80	60	80	100	80	100	100
2.4	12	28	44	16	32	48	32	48	64	48	64	80	64	80	100
3.0	10	23	37	13	26	40	26	40	53	40	53	67	53	67	80
3.5	9	20	31	11	23	34	23	34	46	34	46	57	46	57	68
4.0	8	18	28	10	20	30	20	30	40	30	40	50	40	50	60
4.5	7	16	24	9	18	26	18	26	36	26	36	44	36	44	53
5.0	6	16	22	8	16	24	16	24	32	24	32	40	32	40	48
6.0	5	12	18	7	14	20	14	20	27	20	27	34	27	34	40

注：表中所列数值为单行直线毛管，灌水器或出水点均匀布置，每一灌水周期在施水面积上灌水量为 40 mm 时的土壤湿润比。

S_2——毛管宽间距，m；

P_1——与 S_1 相对应的土壤湿润比（%）；

P_2——根据 S_2 查表4-8所得土壤湿润比（%）；

S_r——作物行距，m。

【例4-2】　某梨园中梨树的行间距 $S_r = 6.0$ m。毛管双行布置，滴头流量 $q = 4.0$ L/h。土壤为中等结构，试确定土壤湿润比、灌水器（滴头）和毛管间距。

解　已知 $q = 4.0$ L/h，中等结构土壤，使一对窄行毛管间的全部土壤湿润（$P_1 = 100\%$）的毛管最大间距 $S_1 = 1.2$ m（查表4-8）。于是 $S_2 = 6.0 - 1.2 = 4.8$（m），同样查表4-8得 $P_2 = 24.8\%$，因此双行毛管布置的土壤湿润比为

$$P = \frac{P_1 S_1 + P_2 S_2}{S_r} = \frac{100 \times 1.2 + 24.8 \times 4.8}{6} = 40\%$$

（3）绕树环状多出水点布置（见图4-7）的土壤湿润比可按下式计算：

$$P = \frac{n S_e S_w}{S_t S_r} \times 100 \tag{4-22}$$

式中　n——每株果树下布置的灌水器数目，个；

S_t——果树株距，m；

S_r——果树行距，m；

S_e——灌水器或出水口间距，m；

S_w——湿润带宽度，m，查表4-8，当 $P = 100\%$ 时相应的毛管间距 S_1 值。

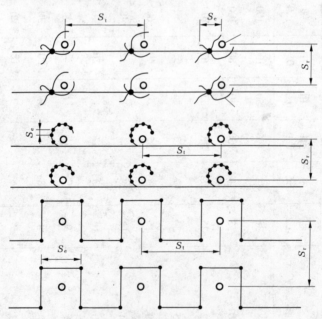

图4-7　绕树环状多出水点布置

【例4-3】　某果园，土质为砂壤土，果树的株、行距均为 6.0 m，选用 $q = 4.0$ L/h 的滴头作为灌水器，每株果树下安装6个灌水器，试确定灌水器间距 S_e 和土壤湿润比 P。

解　已知土壤结构中等，灌水器流量 $q = 4.0$ L/h，查表 4-8 得灌水器间距 $S_e = 1.0$ m。同时查表 4-8，当 $P = 100\%$ 时得 $S_w = S_1 = 1.2$ m。又已知果树的株、行距 $S_t = S_r = 6.0$ m，故土壤湿润比为

$$P = \frac{nS_eS_w}{S_rS_t} = \frac{6 \times 1.0 \times 1.2}{6.0 \times 6.0} = 20\%$$

（4）微喷头沿毛管均匀布置时的土壤湿润比为

$$P = \frac{A_w}{S_eS_1} \times 100 \tag{4-23}$$

$$A_w = \frac{\theta}{360}\pi R^2 \tag{4-24}$$

式中　A_w——微喷头的有效湿润面积，m^2；

　　　θ——湿润范围平面分布夹角，（°），当为全圆喷洒时 $\theta = 360°$；

　　　R——微喷头的有效喷洒半径，m；

　　　其余符号意义同前。

（5）一株树下布置 n 个微喷头的土壤湿润比计算公式为

$$P = \frac{nA_w}{S_tS_r} \times 100 \tag{4-25}$$

式中　n——一株树下布置的微喷头数目，个；

　　　其余符号意义同前。

（五）设计土壤湿润比

设计土壤湿润比不仅要考虑作物对水分的需求，还要考虑到工程的投资。土壤湿润比越大，越易满足作物需水要求，但投资越高。如果无试验资料，可参考表 4-9 选取。

表 4-9　微灌设计土壤湿润比参考值　　　　　　　　　（%）

作物	滴灌、涌泉灌	微喷灌	作物	滴灌、涌泉灌	微喷灌
果树、乔木	25 ~ 40	40 ~ 60	蔬菜	60 ~ 90	70 ~ 100
葡萄、瓜类	30 ~ 50	40 ~ 70	粮、棉、油等	60 ~ 90	—
草、灌木	—	100			

注：干旱地区宜取上限值。

第四节　灌水均匀系数

微灌系统灌水均匀性常用灌水均匀度来表示，灌水均匀度是指在微灌条件下，灌溉范围内田间土壤湿润的均匀程度。为了保证灌水质量和提高水的利用效率，要求微灌系统灌水均匀。影响灌水均匀度的因素很多，如灌水器工作压力的变化、灌水器的制造偏差、堵塞情况、水温变化、微地形变化等。

目前在设计微灌工程时，常规考虑的只有水力（工作压力的变化）和制造偏差两种因素对均匀度的影响。灌水均匀度有多种表达方式。

一、克里斯琴森（Christiansen）均匀系数

对于已建微灌工程，灌水均匀系数是评价其灌水质量好坏的重要指标之一，灌水均匀系数大小直接体现了微灌工程设计水平和管理水平。灌水均匀系数一般用克里斯琴森均匀系数计算：

$$C_u = 1 - \frac{\Delta \bar{q}}{\bar{q}} \tag{4-26}$$

$$\Delta \bar{q} = \frac{1}{n} \sum_{i=1}^{n} |q_i - \bar{q}| \tag{4-27}$$

式中　C_u——灌水均匀系数；

　　　$\Delta \bar{q}$——灌水器流量的平均偏差，L/h；

　　　q_i——各灌水器流量，L/h；

　　　$\bar{q}$——各灌水器流量的平均值，L/h；

　　　n——所测的灌水器个数。

二、Keller 灌水均匀系数

在微灌工程设计中，当考虑水力和制造偏差两个影响因素时，微灌的均匀系数可通过 Keller 灌水均匀系数公式来计算。此公式由美国农业部土壤保持局推荐使用，公式强调了灌水小区中灌水器最小出水量的重要性，认为低于平均流量的数值比高于平均流量的数值更重要，即水分不足比过量灌溉更应当受到关注。计算公式如下：

$$E_u = \left(1 - 1.27 \frac{C_v}{\sqrt{n_1}}\right) \frac{q_{min}}{\bar{q}} \tag{4-28}$$

式中　E_u——灌水均匀系数；

　　　C_v——滴头制造偏差；

　　　n_1——每株作物的滴头数；

　　　q_{min}——灌水器最小流量；

　　　其余符号意义同前。

当灌水均匀系数确定后，由上式可求出灌水小区中允许的灌水器最小流量。

$$q_{min} = \frac{E_u \bar{q}}{1 - 1.27 \dfrac{C_v}{\sqrt{n_1}}} \tag{4-29}$$

利用压力与流量关系式可推出灌水小区中灌水器最小流量与对应的最小工作水头关系：

$$h_{min} = \left(\frac{q_{min}}{k_d}\right)^{\frac{1}{x}} \tag{4-30}$$

式中　k_d——灌水器流量压力关系式中的流量系数；

　　　x——灌水器流态指数；

其余符号意义同前。

而灌溉小区中允许的最大水头差近似为

$$[\Delta h] = 2.5(h_a - h_{min}) \tag{4-31}$$

式中　$[\Delta h]$——灌水小区允许压力偏差，m；

h_a——小区内滴头平均流量对应的工作水头；

　　其余符号意义同前。

三、流量偏差率

在微灌工程设计中，通常只考虑水力影响因素时，微灌的均匀系数 C_u 与灌水器的流量偏差率 q_v 存在着一定的近似关系，如表4-10所示。此时微灌工程设计均匀度的控制主要通过控制流量偏差来实现。

表4-10　C_u 与 q_v 的关系

C_u（%）	98	95	92
q_v（%）	10	20	30

《微灌工程技术规范》（GB/T 50485—2009）规定灌水器设计允许流量偏差率不应大于20%。灌水小区内灌水器设计流量偏差率按下式计算：

$$q_v = \frac{q_{max} - q_{min}}{q_d} \times 100 \tag{4-32}$$

式中　q_v——灌水器设计流量偏差率（%）；

q_{max}——灌水器最大流量，L/h；

q_{min}——灌水器最小流量，L/h；

q_d——灌水器设计流量，L/h。

灌水小区内工作水头偏差率按下式计算：

$$h_v = \frac{h_{max} - h_{min}}{h_d} \times 100 \tag{4-33}$$

式中　h_v——灌水器工作水头偏差率（%）；

h_{max}——灌水器最大工作水头，m；

h_{min}——灌水器最小工作水头，m；

h_d——灌水器设计工作水头，m。

另外，在平地或均匀坡条件下微灌的流量偏差率与工作水头偏差率的关系为

$$h_v = \frac{q_v}{x}\left(1 + 0.15\frac{1-x}{x}q_v\right) \tag{4-34}$$

式中　x——灌水器流态指数；

　　其余符号意义同前。

若选定了灌水器，已知流态指数 x，并确定了灌水器流量偏差率 q_v，则可用上式求出允许的工作水头偏差率 h_v，从而可以确定毛管的设计工作压力变化范围。

四、设计灌水均匀度选取

在设计微灌工程时，选定的灌水均匀度越高，灌水质量越高，水的利用率也越高，而系统的投资也越大。因此，设计灌水均匀度应根据作物对水分的敏感程度、经济价值、水源条件、地形、气候等因素综合考虑确定。

通常情况下，当只考虑水力因素时，设计灌水均匀系数 C_u 取 $0.95 \sim 0.98$，或设计流量偏差率 q_v 取 $10\% \sim 20\%$。当考虑水力和灌水器制造偏差两个因素时，设计灌水均匀系数 E_u 取 $0.9 \sim 0.95$。

第五节　灌溉水利用系数

微灌灌溉水利用系数是指通过微灌系统灌入田间土壤的有效净水量与首部引进的总水量的比值。对于微灌系统，只要设计合理、设备可靠、精心管理，不会产生输水损失、地面流失和深层渗漏。微灌系统主要水量损失是由灌水不均匀和某些不可避免的损失（包括微喷飘移损失等）造成的。

一、灌溉水利用系数计算

（1）对于微灌工程，灌溉水利用系数计算可采用下式：

$$\eta = \frac{IR_n}{IR_g} \tag{4-35}$$

式中　η——灌溉水利用系数；
　　　IR_g——毛灌溉用水量，mm；
　　　IR_n——净有效灌溉水量，mm。

（2）对于有淋洗量的滴灌工程，灌溉水利用系数计算可采用下式：

$$\eta = \frac{IR_n}{IR_g - L_r} \tag{4-36}$$

式中　L_r——额外淋洗水量，mm；
　　　其余符号意义同前。

二、灌溉水利用系数选取

《微灌工程技术规范》（GB/T 50485—2009）对灌溉水利用系数进行了规定：滴灌不应低于 0.9，微喷灌、小管出流灌不应低于 0.85。

第五章　微灌工程规划

通常拟建一个微灌工程，首先应进行可行性研究，通过客观分析确认工程建设可行后，提交建设工程的项目建议书，并附可行性研究报告；主管部门根据提交的上述文件，组织有关专家评估、审查，经研究同意批准立项后，建设单位对工程进行具体的规划设计，设计批复后，方可进行工程建设。

第一节　规划原则和内容

微灌工程的规划是对整个工程进行总体安排和粗轮廓的设计，是在综合分析基本资料、掌握灌区基本情况和特点的基础上，通过技术经济比较确定微灌工程的总体设计方案。

一、规划原则

（一）统筹规划

微灌工程是农田水利工程的一个组成部分。因此，微灌工程的规划应以各地的县级农田水利规划或高效节水灌溉规划为基础，符合当地水资源开发利用规划及农业、林业、牧业、园林绿地规划的要求，并与工程设施、道路、林带、供电等系统建设和土地开发整理复垦规划、农业结构调整规划相结合。

（二）注重效益

在保证灌水质量、运行安全可靠和管理方便的前提下，尽量降低投资造价和运行费用，工程建成后产生明显的经济效益，并能确保工程良性运行，不能将建成的微灌工程变成一个经济包袱。同时注重社会效益和环境效益，社会效益主要表现在缓解农业与工业、城市生活争水矛盾，兼顾偏远地区的人畜饮水问题；环境效益体现在节约水资源，控制地下水位下降，防止化肥、农药对地下水的污染和改善生态环境等。

（三）因地制宜

确定微灌工程规模和适宜的微灌形式时，要针对当地的实际情况，如水源、生产管理体制、种植模式、经济实力等量力而行，讲求实效。

确定能源动力时，应保证能源供应，在有自然水头可利用的地方，尽量发展自压微灌；对风能、太阳能资源较丰富的地区，优先利用自然清洁能源发展微灌。

（四）工程与农艺措施相结合

在规划时，要注重微灌工程措施与作物栽培、耕作覆盖、施肥施药和选育品种等节水增产的农艺措施相结合，全面实现农业高效用水、增产增效。

二、规划内容

微灌工程规划是整个微灌工程建设的依据，也是进行具体技术设计的前提。规划的主要内容如下。

（一）基本资料

基本资料包括灌区的自然条件、生产条件、社会经济条件、现有工程设施等方面的资料，当地县级农田水利规划或高效节水灌溉规划、农业区划、乡镇发展远景规划等方面的资料及灌溉试验资料等。因此，应通过勘测、调查和试验等手段获得各种规划所需资料，并进行必要的分析和核实，做到数据真实准确。

（二）可行性分析

根据收集到的基本资料，对拟建微灌工程从技术可行性和经济合理性角度进行论证。在进行可行性分析时，应将微灌与其他灌溉方式进行比较。应将水源可靠、建设资金落实、工程建成后能获得明显的经济效益及当地领导和群众对发展微灌的热情和积极性作为建设微灌工程必备的基本条件。

（三）系统选型

微灌系统的类型很多，各种类型的微灌系统都有其适用条件和特点，且投资造价、运行成本高低各异，因此应根据当地的水源、地形、作物、能源及设备供应、管理体制、种植模式、经济基础等条件，对可能适用的微灌系统类型进行技术经济比较，择优选定。对于面积较大或地形条件复杂的灌区，亦可因地制宜，分区选用不同类型。

（四）水源工程规划

河流、塘坝、小水库、渠道、蓄水池、井、泉等各种类型的水源，只要满足微灌水质标准，均可作为微灌工程的水源。水源工程的规划包括：①确定微灌系统从水源取水的方式和取水的位置。②分析现有水源的流量、水位、水质是否符合微灌工程的要求。若不满足要求，分析采用哪些工程措施，例如流量不足时需建何种类型的蓄水工程并合理确定蓄水工程的数量、容积、位置等；如果水质不符合要求，应选择何种水质处理方式等。

（五）工程规划布置

在综合分析水源位置、地块形状、耕作方向、地形、土壤，以及现有的道路、林带、排水和供水供电系统等因素的基础上，进行微灌工程规划布置。通常需进行至少两个方案的比较，以寻求更佳的布置方案。工程规划布置宜在比例尺不小于 1/5 000 的地形图上完成，在地形图上绘出灌区的边界线，标出水源工程、泵站等主要建筑物以及典型地物的位置，标出微灌系统骨干管道的位置和走向。

（六）投资估算及效益分析

对主要材料和设备的用量、投资造价及工程运行费用作出估算，若面积较大，可选典型地块为单元进行估算，然后扩大估算，计算出全灌区的投资；对工程建成后的效益及主要经济指标作出分析计算。

第二节　规划设计用基本资料

一、资料种类及其应用

微灌工程规划资料包括自然条件、生产条件、社会经济条件等。

（一）自然条件

1. 地形

反映微灌灌区地形、地貌的地形图是微灌系统布置、总扬程计算及管网布置与设计等所必需的基础资料。

2. 土壤

微灌系统送入田间的水量经入渗转化为土壤水而被作物所吸收利用，在微灌工程规划设计时，必须掌握灌区土壤特性，包括土壤质地、容重、土壤田间持水量、土壤允许入渗速度和土壤温度等，以便确定作物的灌溉制度、选择微灌灌水器，以及地埋管网的设计和施工。

3. 作物

微灌作物的种类、种植面积、分布、生育阶段及生育期天数、需水量、主要根系活动层深度，以及当地灌溉试验资料，是合理确定灌溉制度及水源工程规模的主要依据。

4. 水源

水源是微灌系统规划设计的前提。对于微灌的水源（河流、库塘、渠道、井泉等），要了解其逐年水量、水位的变化情况及水质情况，特别是在灌溉季节的情况。以收集的资料作为基础，分析计算，确定设计流量、设计水量、水处理方案等，同时通过与灌溉用水量平衡计算，确定灌溉面积以及系统所需扬程，确定是否需要规划蓄、提、引水工程及其规模。当同一水源向几个用水部门供水时，应调查了解用水部门的用水情况，以确定水源对微灌系统的供水能力。

5. 气象

以气温、降水量、蒸发量、湿度、风向、风速、日照时数和冻土层深度等气象资料作为计算作物需水量、制定灌溉制度和工程量的依据。

（二）生产条件

1. 水利工程现状

掌握引水、蓄水、提水、输水和机井等工程的类别、名称、位置、容量、配套和完好率等情况，在微灌系统规划设计时应考虑充分利用现有水利设施，以确保水源可靠并减少投资。

2. 生产现状

掌握主要农作物历年平均亩❶产，粮食作物和经济作物的价格，受旱、涝、碱、虫、干热风、低温霜冻等灾害的情况和减产情况，以便进行微灌工程效益计算。

3. 微灌区划、农业生产发展规划和水利规划

微灌工程的规划设计应与微灌区划、当地生产发展规划、县级农田水利建设规划及高效节水灌溉规划相一致，统筹安排、相互衔接，便于实施。

4. 动力和机械设备

掌握电力、油料供应情况和价格，动力消耗情况，已建灌溉设备规格、数量和使用情况，以供选择微灌系统类型时参考。

---

❶　1 亩 = $1/15$ hm^2。

5. 材料和设备生产供应情况

掌握水泵、首部控制量测、过滤施肥、各类管及管件、建筑材料、灌水器等规格、性能、价格及当地生产和供应情况，以供器材选择和投资概（估）算。

6. 生产组织和用水管理

掌握农业经营规模和土地流转集约化程度、农业机械保有量和作业量、现有水利工程的管理方式、水费计征状况等，以供确定微灌系统微灌运行和管理方式。

（三）社会经济条件

1. 灌区的行政区划

掌握灌区所属县、乡、村的名称，人口、劳动力数量及文化素质等。

2. 经济条件

掌握工农业生产水平、乡镇工业情况、农业基本建设能力、经营管理水平、人均收入、劳动力价格等，为系统选型提供依据。

3. 交通情况

掌握陆路及水路交通线路分布、运输能力及价格，为投资概（估）算提供依据。

4. 市（县）、镇、发展规划

在市（县）、镇的近郊建立微灌工程时，应与市（县）、镇的建设规划协调，避免把微灌工程规划在城镇建设近期发展区域内。

二、地形与土壤资料

（一）地形

1. 灌区地形图

在规划阶段主要工程规划布置时，规划灌区面积在 5 000 亩以上，宜采用1∶5 000 ~ 1∶10 000 的地形图；在 5 000 亩以下宜采用 1∶2 000 ~ 1∶5 000 的地形图。在技术设计阶段，宜采用 1∶1 000 ~ 1∶2 000 的地形图，以便具体布置建筑物和设备及设计计算。

2. 建筑物地形图

主要建筑物（如泵站等）应具有地形图，比例尺宜用 1∶200 ~ 1∶500。

（二）土壤质地

1. 土壤质地分类

土壤由固、液、气三相组成。土壤固相颗粒是组成土壤的物质基础，土壤颗粒的组成决定着土壤的物理、化学和生物特性，与作物生长发育所需要的水分、空气、热量及养分的关系十分密切；与微灌水量的入渗关系也十分密切。土壤质地是土壤颗粒不同组成的综合反映，既体现了肥力和耕作特性，又体现了持水和入渗的能力。土壤质地一般分为砂土、砂壤土、壤土、壤黏土、黏土 5 类。

2. 土壤质地确定方法

灌区的土壤质地可通过以下途径确定：

（1）采集灌区土样，委托农业、水利科研单位或院校在实验室通过颗粒分析测定土壤质地。

（2）向当地农业、水利部门调查，收集以往土壤质地测定资料，加以分析确定。

（3）通过现场简易指测法大致判断确定土壤质地。指测法有干测和湿测两种，可相互补充，但以湿测为主。湿测时取小块土样，拣掉土样内的作物根和结核体（如铁子、石灰结核），加水充分湿润、调匀（湿度以挤不出水为宜），再揉成条或圈环。指测法的各项判别指标见表5-1。

表 5-1　指测法的各项判别指标

质地类型	在手掌中研磨时的感觉	用放大镜或肉眼观察的情况	干燥时的状态	潮湿时的状态	揉成细条时的状态
砂土	砂粒感觉	几乎完全由砂粒组成	土粒分散不成团	流砂、不成团	不能揉成细条
砂壤土	不均质，主要是砂粒的感觉，也有细土粒的感觉	主要是砂粒，也有粒细的土粒	用手指轻压或稍用力能碎裂干土块	无可塑性	揉成细条易裂成小段或小瓣
壤土	感觉到砂质和黏质土粒大致相同	还能见到砂粒	用手指难以破坏干土块	可塑	能揉成完整的细条，在其弯曲成圆环时裂开成小瓣
壤黏土	感到有少量砂粒	主要有粉砂和黏粒，砂粒几乎没有	不可能用手指压碎干土块	可塑性良好	易揉成细条，但在卷成圆环时有裂痕
黏土	很细的均质土，难以磨成粉末	均质的细粉末，没有砂粒	形成坚硬的土块，用锤击仍难以使其粉碎	可塑性良好、呈黏糊体	揉成的细条易卷成圆环，不产生裂痕

（三）土壤容重

土壤容重是指未破坏自然结构的情况下，单位体积的干土质量，单位为 g/cm^3。干土质量是指 105～110 ℃条件下的烘干土重。土壤容重的大小随土壤质地、结构和土壤中有机质含量的不同而异，测定方法有环刀法、土坑法和蜡封法等。表5-2 中列出了我国部分地区土壤的容重值，以供选择时参考。

（四）土壤田间持水量

在自然条件下，若地下水位较深，当土壤充分灌溉后（或下透雨后），设法防止土面蒸发，等到土体内过剩水分（重力水）下渗完以后，湿润土层的水分就达到平衡，此时测得的土壤含水量就是土壤田间持水量。当土壤含水量达到田间持水量时，若再继续灌溉，灌溉水不能使上层土壤的储水量超过田间持水量，而只能增加土壤的湿润深度，将会造成深层渗漏。因此，田间持水量是灌溉后土壤有效含水量的上限。一般农作物的适宜土壤含水量应保持在田间持水量的 60%～100%，如土壤含水量低于田间持水量的 60% 就需要灌溉。由于土壤田间持水量是确定灌溉的依据，因此最好通过实测确定。测定方法主要有田间测定法和室内测定法。表5-3 给出了我国部分土壤田间持水量的参考值。

表 5-2　我国部分地区土壤的容重值　　　　　　　（单位：g/cm³）

土壤类型	质地	容重	地区	土壤类型	质地	容重	地区
黑土和草甸土	砂土	1.22~1.42	华北	华北平原盐土	砂土	1.42~1.62	华北
	壤土	1.03~1.39			砂壤土	1.43~1.56	
	壤黏土	1.19~1.34			壤土	1.43~1.56	
黄绵土 垆土 塿土	砂壤土	0.95~1.28	黄河中游		壤黏土	1.35~1.40	
	壤土	1.00~1.30			黏土	1.23~1.38	
	壤黏土	1.10~1.40		淮北平原土壤	砂土	1.35~1.57	淮北平原
华北平原非盐土	砂土	1.45~1.60	华北		砂壤土	1.32~1.53	
	砂壤土	1.36~1.54			壤土	1.20~1.52	
	壤土	1.40~1.55			壤黏土	1.18~1.55	
	壤黏土	1.35~1.54			黏土	1.16~1.43	
	黏土	1.30~1.45		红壤	壤土	1.20~1.40	华南
					壤黏土	1.20~1.50	
					黏土	1.20~1.50	

表 5-3　我国部分土壤田间持水量的参考值

土壤类型	质地	田间持水量（%）	地区	土壤类型	质地	田间持水量（%）	地区
黄绵土 垆土 塿土	砂壤土	18~20	黄河中游	华北平原盐土	砂土	28~34	华北
	壤土	20~22			砂壤土	28~34	
	壤黏土	22~24			壤土	26~30	
华北平原非盐土	砂土	16~22	华北		壤黏土	28~32	
	砂壤土	22~30			黏土	23~45	
	壤土	22~28		淮北平原土壤	砂土	16~27	淮北
	壤黏土	22~32			砂壤土	22~35	
	黏土	25~35			壤土	21~31	
红壤	壤土	23~28	华南		壤黏土	22~36	
	壤黏土	32~36			黏土	28~35	
	黏土	32~37					

三、气象资料

微灌工程规划设计所需气象资料可到当地气象台站收集，包括降水量、蒸发量、气温、相对湿度、平均气压、日照时数、冻土层深度等。

（一）降水量

微灌灌溉制度的拟定，常需掌握当地降水情况，可按旬或月统计历年的降水量或历年作物生育期的降水量。

（二）蒸发量

当地缺乏作物需水量资料时，可利用水面蒸发量资料估算作物需水量。蒸发量一般采用 80 cm 口径蒸发皿值（E_{80}），若用 20 cm 口径的测定值（E_{20}），应按当地气象台站所确定的系数加以换算，通常 $E_{80} = 0.8E_{20}$。历年蒸发量可按旬或月统计。

（三）冻土层深度

水工建筑物和地埋管网埋深设计时，应调查收集当地历年冻土层深度资料以确定管道埋设深度。

四、作物资料

（一）作物种植情况

作物种植情况资料包括灌区内作物的种类、品种、种植面积、种植分布图及轮作倒茬计划等。

（二）作物生育期

作物生育期资料包括作物全生育期和各生育阶段的天数与起止日期。

（三）作物主要根系活动层深度

作物主要根系活动层深度指的是根量占总根量 80%～90% 的土层深度，即土壤主要耗水层的深度，是确定灌水计划湿润层深度的依据。作物主要根系活动层深度随作物的生长和根系的发育而增加，并且受土壤质地、紧实度、孔隙度、水分状况、耕作管理水平等条件的影响。各类作物各生育阶段的主要根系活动层深度可参考表5-4。

表 5-4　各类作物各生育阶段的主要根系活动层深度参考值

作物	各生育期主要根系活动层深度								适宜土壤含水量（占田间持水量的百分数）
	生育期	深度（cm）	生育期	深度（cm）	生育期	深度（cm）	生育期	深度（cm）	
冬小麦	苗期—越冬	20～30	返青—拔节	30～40	拔节—孕穗	40	孕穗—灌浆	40～50	70%～80%
春小麦	苗期	20～30	拔节—孕穗	30～40	孕穗—灌浆	40～50			80%～90%
玉米	苗期—拔节	30	拔节—抽穗	40	抽穗—灌浆	50～60			苗期—拔节 60%～70%，后期 80%～90%
高粱	苗期—拔节	30	拔节—孕穗	40	孕穗—灌浆	40～50			苗期—拔节 60%～70%，后期 70%～90%
谷子	苗期—拔节	20～30	拔节—孕穗	30～40	孕穗—灌浆	40～50			苗期 60%～70%，后期 70%～80%
大豆	苗期—拔节	20～40	开花—鼓粒	40～50					苗期—分枝 70%～80%，开花—鼓粒 90%～100%
棉花	苗期	20	现蕾—开花	30	花铃期	30～40	吐絮期	20～30	苗期 65%～90%，现蕾—开花 70%～90%，花铃期 75%～80%，吐絮期 65%～90%

续表 5-4

作物	各生育期主要根系活动层深度								适宜土壤含水量（占田间持水量的百分数）
	生育期	深度（cm）	生育期	深度（cm）	生育期	深度（cm）	生育期	深度（cm）	
花生	苗期	30	花针期	40~50	结荚期	50~60	饱果期	40~50	苗期50%~70%，花针期55%~75%，结荚期60%~80%，饱果期60%~80%
油菜	苗期	30	花期	30~40	角果期	40~50			苗期60%~90%，花期75%~95%，角果期60%~80%
甘蔗	苗期	20	分蘖期	30	伸长期	40	成熟期	40	苗期60%~70%，分蘖期60%~80%，伸长期70%~90%，成熟期60%~70%
甜菜	播种—幼苗期—苗期	20~30	块根膨大糖分积累期	40~50					幼苗期60%，苗期70%~80%，繁茂期70%~90%，块根膨大糖分积累期60%~65%
红麻	苗期	20	旺长前期	30	旺长后期	40~50			70%~80%
烟草	移栽—缓苗	20~30	成活—团棵	40	团棵—现蕾	50~60	现蕾—成熟	50~60	移栽—缓苗60%~80%，成活—团棵60%~70%，团棵—现蕾70%~90%，现蕾—成熟60%~80%
茶树	幼龄期	30	壮龄期	50					80%~90%
柑橘	果实膨大期	40~50	越冬期	40~50					70%~85%
苹果	壮龄期	40~60							70%~90%
葡萄	壮龄期	40~50							70%~90%
蔬菜	生长前期	20~30	生长后期	30~40					80%~90%
苜蓿	二年生	40~50							70%~90%

（四）作物需水量和灌溉制度

1. 作物需水量

作物需水量包括作物的生理需水和生态需水两部分，是指植株蒸腾和株间土壤蒸发两部分水量之和。作物需水量是制定灌溉制度的重要依据。它受气象条件、土壤性质、肥力和含水量等土壤条件，作物种类、品种特性和生育阶段等作物条件，以及灌溉、排水和农业技术措施等诸多因素的影响，各地相差悬殊。确定作物需水量的主要方法是根据实测资料，因此应认真收集当地或邻近地区以往灌溉试验资料，从中分析确定符合设计年的作物需水量值。在缺乏实测资料的地区，可查阅国内有关作物需水量的参考资料进行估算。

2. 作物灌溉制度

作物灌溉制度包括灌水定额、灌水次数、一次灌水延续时间、灌水周期和灌溉定额。根据设计标准而制定的灌溉制度是确定微灌工程设计流量以及压力、管道及附属设施有关参数的依据。

五、水源资料

（一）水源

河川径流、地方径流、地下径流以及经过净化的污水都可以作为微灌系统的水源。为了确定微灌规模、规划设计水源工程，需要收集有关的水源资料，掌握其特性及变化规律。

1. 河川径流

利用河川径流作为微灌系统的水源时，其水源工程可以是水库、自流引水枢纽、抽水站等。当水源工程是引水建筑物或抽水站时，需要的水文资料包括典型年的流量过程线、典型年的水位过程线、水位流量关系曲线、历史最高洪水位、设计频率的洪水位及洪峰流量、推移质和悬移质的空间分布及取水河段的造床过程。当水源工程是小型水库时，需要的水文资料包括典型年逐月或逐旬径流量、水位库容曲线、设计和校核频率的洪水流量过程线、年输沙总量等。

2. 地方径流

地方径流指的是由于降水在当地产生的地表径流。利用地方径流的水源工程有山塘、小型水库等。规划这类工程时需要的资料一般包括集水面积、降水量、径流系数、径流量、径流的年内分配、设计频率的洪水流量过程线及侵蚀模数等。

3. 地下径流

利用地下径流作为水源时必须首先确定地下水源的可开采量和设计开采量或单井出水量及动水位。可开采量指的是以开采条件为主要依据计算出的水量，其值由水文地质部门提供。设计开采量是根据具体的开采设施能力和供需平衡条件而设计出的实际开采量。为确定设计开采量，应收集规划区的地质构造和水文地质资料（典型年和季节潜水位、观测孔潜水动态、典型钻孔柱状图、抽水试验资料等）。

4. 已建水源工程

当系统利用已建成的水利工程供水时，所需资料较为简单。例如利用已有渠道作为水源工程时，应当了解该渠道历年的工作制度，即渠道的供水情况、渠道中的流量及水位变化；已有水井为水源时，应当通过抽水试验及以往使用情况来确定其可能提供的出水量和动水位；规划设计自压微灌系统，除收集上述资料外还需要掌握微灌区与水源的相对高差。

在缺乏实测资料的情况下，可利用各省、地编制的区域性水文手册或图案查算所需数据。对于较重要的工程，仅使用水文手册估算显得粗略，还应进行深入的实地调查与勘测。

（二）水质

微灌对水质要求较高，因此应充分了解微灌水源水质的各项指标，微灌水源的水质应符合《农田灌溉水质标准》（GB 5084—2005）的规定，见表5-5。

各种物质含量对灌水器的影响程度可参考表5-5进行分析。

表 5-5　农田灌溉水质标准

编号	项目	标准
1	水温	不超过 35 ℃
2	pH 值	5.5 ~ 8.5
3	全盐量	非盐碱土农田不超过 1 500 mg/L
4	氯化物（按 Cl 计）	非盐碱土农田不超过 300 mg/L
5	硫化物（按 S 计）	不超过 1 mg/L
6	汞及其化合物（按 Hg 计）	不超过 0.001 mg/L
7	镉及其化合物（按 Cd 计）	不超过 0.005 mg/L
8	砷及其化合物（按 As 计）	不超过 0.05 mg/L
9	六价铬化合物（按 Cr^{6+} 计）	不超过 0.1 mg/L
10	铅及其化合物（按 Pb 计）	不超过 0.1 mg/L
11	铜及其化合物（按 Cu 计）	不超过 1.0 mg/L
12	锌及其化合物（按 Zn 计）	不超过 3 mg/L
13	硒及其化合物（按 Se 计）	不超过 0.01 mg/L
14	氟化物（按 F 计）	不超过 3 mg/L
15	氰化物（按游离氰根计）	不超过 0.5 mg/L

第三节　用水量供需平衡计算

一、用水量计算

微灌工程的用水量包括两个方面的含义，一是用水总量，二是用水流量。微灌工程的用水量是以灌区内作物的需水量为基础，再增加从水源到农田直至被作物吸收利用的全过程中损失的水量。

（一）用水总量计算

微灌灌溉制度确定以后，即可算出各次灌溉用水量，同时也确定了作物年内灌溉用水总量。其计算方法主要包括直接推算法和综合灌水定额法。

1. 直接推算法

当微灌灌区面积不大、作物种类不多时，一般采用直接推算法。

作物在某时段的灌溉用水量可按下式计算：

$$W_m = mA/\eta \tag{5-1}$$

式中　W_m——某种作物某次灌溉用水量，即水源供给的水量，m^3；

m——灌水定额，$m^3/$亩；

A——某种作物的微灌面积，亩；

η——灌溉水利用系数。

将每个时段内微灌用水量求和，即可得出代表年灌区微灌用水总量。

2. 综合灌水定额法

当灌区作物种类较多时，可采用综合灌水定额法推求灌溉用水过程及用水量。综合灌水定额可按下式计算：

$$m_c = \alpha_1 m_1 + \alpha_2 m_2 + \alpha_3 m_3 + \cdots \tag{5-2}$$

式中　m_c——某时段内微灌灌区综合灌水定额，$m^3/$亩；

　　　m_1、m_2、m_3——各种作物在该时段内的微灌灌水定额，$m^3/$亩；

　　　α_1、α_2、α_3——各种作物微灌面积占全微灌灌区面积的比值。

用某时段内微灌灌区的综合灌水定额 m_c、灌区面积 A 及灌溉水利用系数 η 求出该时段内的微灌用水量 $W_m = m_c A/\eta$，然后将全年各时段内的灌水量相加求和，即可得出该微灌灌区全年用水总量。

（二）用水流量的计算

1. 单一作物

灌区作物单一时，微灌用水流量可根据设计灌水定额和灌水周期按下式计算：

$$Q = mA/(Tt_d\eta) = W_m/(Tt_d) \tag{5-3}$$

式中　Q——微灌用水毛流量，m^3/h；

　　　t_d——设计日灌水时间，h；

　　　T——灌溉周期，d；

　　　其余符号意义同前。

2. 多种作物

微灌灌区内种植多种作物且不同作物的灌水时间有可能重合时，一般应通过绘制灌水率图来推求微灌用水总量和流量过程。

单位灌溉面积上净灌溉用水流量称为灌水率。某种作物某次灌水率按下式计算：

$$q = \sum \left[\alpha_i m/(3.6Tt) \right] \tag{5-4}$$

式中　q——灌水率，$m^3/$（s·万亩）；

　　　α_i——某种作物微灌面积占全微灌灌区面积的比值。

按式（5-4）计算出设计代表年的各种作物各次灌水的灌水率，再按其灌水时间依次绘于一张图上，称为灌水率图，需对灌水率图作必要修正，使其变化较为平稳和连续。

灌水率图确定之后，微灌灌区的用水流量一般按最大灌水率计算，当最大灌水率延续时间很短时也可用次大值计算，最终用于计算的灌水率称为设计灌水率。微灌用水流量用下式计算：

$$Q = qA/\eta \tag{5-5}$$

式中符号意义同前。

二、供水能力计算

微灌工程总体规划必须对水源水量进行分析计算，应兼顾环境用水来确定设计年供水量。作为微灌工程的水源，可有河川径流、当地地面径流、地下水以及已建成的水利工程供水等不同类型。因水源类型及掌握资料情况不同，水源水量的计算方法也不同，常用水源来水量的分析介绍如下。

（一）河川径流

当水源为河川径流时，应通过频率计算推求符合设计频率的年径流量及其年内分配、灌水临界期日平均流量。资料较少或无实测资料时，可采用相关分析法插补延长或利用参证站推求径流资料。

（二）地面径流

拦蓄当地地面径流作为微灌水源时，通常无实测径流资料，只能利用当地的水文手册根据设计代表年的降水量及降水过程、径流系数、单位面积的产水量、集水面积等资料，或参考与当地条件相似的邻近地区利用地面径流的蓄水工程在设计代表年的运行资料，进行水源来水量分析。

（三）地下水

对现有机井应掌握该井的出水量、动水位、最大降深、井泵规格型号等数据，以及地下水超采和地下水位逐年降低的情况。对新打机井，应根据当地的水文地质资料，如含水层的埋藏深度、含水层的岩性、厚度、层次结构、出水率、咸淡水分层和水质条件等，以及地下水储量和开采条件，计算机井出水量和井距，或参照当地的机井出水量确定。

（四）已建水源

当灌区由已建水源供水时，应调查收集该工程历年向各用水单位供水的流量资料，以及供水规划，经过分析计算，确定设计年份可向本灌区提供的水量和流量。

三、水量平衡与调蓄

（一）水量平衡

在确定了微灌灌区的用水总量、用水流量，以及水源的来水量、来水流量之后，应对用水和来水进行水量平衡计算。水量平衡计算可能出现三种情况：①当水源来水量和来水流量都能满足微灌用水总量和用水流量时，不需修建蓄水工程；②来水量大于微灌用水总量，来水流量小于微灌用水流量，须修建调蓄工程；③水源来水量小于微灌用水量，须另辟水源，或减小微灌面积。

（二）蓄水工程

蓄水工程的容积是根据来水和用水的平衡关系来确定的。不同情况下蓄水工程容积的计算方法也不同。

1. 通过调节计算确定容积

在掌握水源来水流量的情况下，可通过调节计算确定蓄水工程容积。根据水源来水流量与微灌用水流量的对比关系，调节的周期可长可短，常见的是短时间调节，即日调节和多日调节。

1）日调节

当水源的最小日来水量能满足微灌最大日用水量，而来水流量小于用水流量时，可按日调节确定蓄水容积：

$$V = M(Q_{用} - Q_{来})t \tag{5-6}$$

式中　V——蓄水容积，m^3；

$Q_{用}$——作物需水临界期用水流量，m^3/h；

$Q_{来}$——作物需水临界期来水最小流量，m^3/h；

t——作物需水临界期日灌溉时间，h；

M——放大系数，考虑蓄水时因蒸发和渗漏的损失，取 $1.1 \sim 1.2$。

2）多日调节

当一日的微灌用水量超过了水源昼夜来水量，日调节已不能满足时，可考虑利用微灌间隔时间蓄水，进行多日调节。

2. 利用经验公式估算容积

当水源为小河流或当地地面径流，常因没有实际的来水过程而无法进行调节计算时，一般可采用经验公式估算蓄水工程容积。估算时，先按年用水量和年来水量分别计算出所需的容积，然后比较两种计算的结果，即当用水量小于来水量时，按用水量确定容积；当来水量小于用水量时，按来水量确定容积，并根据来水量重新规划微灌面积。估算容积的常用经验公式如下。

（1）按来水量估算容积的公式为

$$V = KW_0 \tag{5-7}$$

（2）按用水量估算容积的公式为

$$V = KM \cdot W \tag{5-8}$$

（3）根据来水量规划微灌面积的公式为

$$A = M \cdot W_0 / E \tag{5-9}$$

式中　V——蓄水工程容积，m^3；

W_0——多年平均年来水量，m^3；

W——年微灌用水量，m^3；

E——毛灌溉定额，即每亩地一年微灌总用水量，$m^3/$（亩·年）；

K——调节系数，一般取 $0.3 \sim 1.0$，在雨量较丰、沟道经常有水的地方取小值，在干旱少雨、河道经常断流的地方取较大值，对于集水面积小、平常无水、仅汛期大雨才有雨水汇集时取最大值；

A——可规划微灌面积，亩；

其余符号意义同前。

3. 蓄水工程选址及结构特点

1）工程选址

蓄水工程的地址一般选在地质条件较好，如不漏水的土层或较完整的岩石基础地带且靠近微灌区的位置。对平原地区以井为水源时，在井附近建蓄水池。对山丘、地形复杂地区，一般在山顶或山腰处修建蓄水池。对需提水上山的微灌工程，蓄水池是建在山顶上还是建在山下，应经过对建池费用、运行费用、能源保证情况等综合分析比较后确定。总之，蓄水工程选址应本着费省、效宏、安全的原则进行。

2）结构特点

蓄水工程除包含具有一定容积、进行调节水量的蓄水池外，还需设置量水、净水（如沉沙池）、安全保护设施（如溢洪道）等。蓄水池的形状可为圆形、方形、长方形等，一般在条件允许的情况下尽可能采用圆形。蓄水池的池墙可用砖、条石或块石砌筑，并要有适当的厚度，以保证坚实稳固又不浪费材料。池底必须做好防渗处理：对土质池底，若为黏性土，可就地夯实；若土质不好，应填一层厚 30 ~ 50 cm 的黏土或黏壤土掺石灰，分层夯实；当水池不太大时，也可用片石、砖勾缝衬砌或用厚 10 ~ 15 cm 的混凝土抹底。对岩石池底，应处理裂缝。

第四节　工程总体布置

完整的微灌系统包括水源工程、首部枢纽、输配水管网、各级管道及灌水器等。系统总体布置是根据水源位置，对首部枢纽和各级管道的走向、位置和连接关系进行确定的设计过程。一个合理的系统布置可使水流分配均衡合理，操作方便，特别是可以明显降低投资。

一、水源工程

微灌系统是有压灌溉系统，需利用位差形成自压供水或利用水泵加压供水。一般在水源处应加装调节阀、单向阀等控制设备，以及流量计、压力表等量测设备。

二、首部枢纽

系统首部枢纽由施肥、过滤、量测等设备组成，系统较大时，水源处和田间应分级设首部枢纽。

通常首部枢纽与水源工程布置在一起，但若水源工程距灌区较远，也可单独布置在灌区附近或灌区中间，以便操作和管理。

当有几个可以利用的水源时，应根据水源的水量、水位、水质以及灌溉工程的用水要求进行综合考虑。

通常在满足微灌用水水量和水质的要求情况下，选择距灌区最近的水源，以便减少输水工程的投资。

在平原地区利用井水作为灌溉水源时，应尽可能地将井打在灌区中心，并在其上修建井房，内部安装机泵、施肥、过滤、压力流量控制及电气设备。

规模较大的首部枢纽，除应按有关标准合理布设泵房、闸门以及附属建筑物外，还应布设管理人员专用的工作及生活用房和其他设施，并与周围环境相协调。

三、输配水管网

直接向毛管配水的管道为支管，向支管供水的管道统称为干管，干管和支管构成微灌系统输配水管网。支管布置与干管布置应同时进行，具体布置取决于地形、水源、作物分布和毛管的布置。应通过方案比选选择出适合当地条件、工程费用少、运行费用低、管理方便的方案。

（一）干管布置的一般原则

（1）干管的起点由水源位置和首部枢纽位置来确定。

（2）地形平坦情况下，根据水源位置应尽可能采取双向分水布置形式，在有坡度的情况下尽量减少逆坡布置的管道数量。

（3）山丘地区，干管应沿山脊布置或沿等高线布置。

（4）干管布置应尽量顺直，总长度最短，在平面和立面上尽量减少转折。

（5）水源分配均匀一致，避免管道之间出现流量过于集中和过于分散的状况。

（6）干管应与道路、林带、电力线路平行布置，尽量少穿越障碍物，不得干扰光缆、油、气等线路。

（7）在需要与可能的情况下，输水总干管可以兼顾其他用水的要求。

（8）干管应尽量布设在地基较好处，若只能布置在较差的地基上，要妥善处理。

（9）干管级数应因地制宜地确定。加压系统干管级数不宜过多，级数越多管网造价越高和运行能量损失越高。

（二）支管布置的一般原则

（1）支管一般垂直于毛管（或作物种植方向）布设，其长短主要受田块形状、大小和灌水小区的设计等因素影响，长毛管短支管的微灌系统较经济。

（2）支管间距取决于毛管的铺设长度，在可能的情况下应尽可能加长毛管长度，以加大支管间距。

（3）均匀坡双向毛管布置情况下，支管布设在能使上、下坡毛管上的最小压力水头相等的位置上，如图5-1所示。

（4）当支管控制范围内为一个灌水小区时，按系统压力均衡需要，必要时要在支管进口设置压力—流量调节器。

（5）双向布设毛管的支管，避免毛管穿越田间机耕道路。当毛管在支管一侧布置时，支管可以平行田间道路布设。

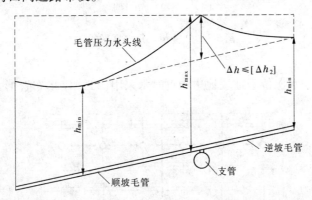

图5-1　均匀坡双向毛管布置情况下支管布置位置

（三）常见的管网布置形式

在经过合理划分的每一地块上，因地块面积、地形地势、毛管长度等的变化范围较小，作物种植方向固定，田间管网布置一般相对固定，在设计时应列出可能的管网布置方案进行优选。

1. "一"字形布置

地形为窄长条形，水源位于地块窄边的中心，只需要布置一列分干管即可满足设计要求时常采用"一"字形管网布置形式，见图5-2。

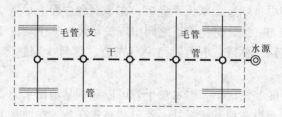

图5-2　"一"字形管网布置形式

2. "梳齿"形布置

水源位于地块的某一角且根据地块宽度需布置两列及两列以上分干管时常采用"梳齿"形布置形式，如图5-3所示。

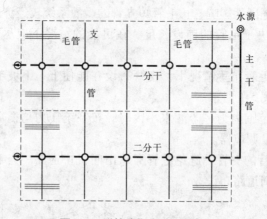

图5-3　"梳齿"形布置形式

3. "T"字形布置

如图5-4所示，水源位于地块地边中央时常采用"T"字形布置形式。

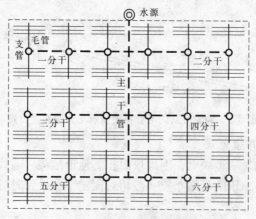

图5-4　"T"字形布置形式

4."工"字形或长"一"字形布置

"工"字形或长"一"字形管网布置，常用于水源位于田块中心的情况，见图5-5和图5-6。

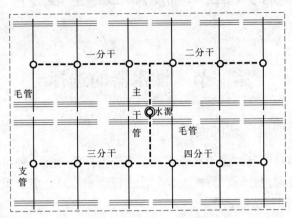

图5-5 "工"字形布置形式

图5-6 长"一"字形布置形式

第六章　微灌工程设计

第一节　灌水器的选择

一、选择灌水器应考虑的因素

灌水器选择受多种因素的制约和影响，主要依据作物种类、种植形式、土壤类型及设计人员的经验，并通过计算、分析确定。在选择灌水器时，应着重考虑以下因素。

（一）作物种类和种植形式

不同的作物对灌水的要求不同，相同作物不同的种植形式对灌水的要求也不同。对于大田条播作物，如蔬菜、棉花、加工番茄等，要求带状湿润土壤，需要大量的、廉价的毛管和灌水器，如滴灌带等；而对于果树及高大的林木，其株行距大，毛管和灌水器需要绕树湿润土壤。作物不同的株行距种植模式，对灌水器流量、间距要求也不同。因此，在选择灌水器时，应根据作物类型、种植形式及其对水分的要求，选择合适的灌水器。

（二）土壤质地

水分在土壤中的入渗能力和横向扩散能力因土壤质地不同而有显著差异。如砂土，水分入渗快而横向扩散能力较弱，宜选用较大流量的灌水器，以增大水分的横向扩散范围；对于黏性土壤宜选用流量小的灌水器，以免造成地表径流。总之，在选择灌水器流量时，应满足土壤的入渗能力和横向扩散能力。

（三）地形条件

针对不同的地形，要根据工作压力和范围，选择适宜的灌水器。对于地形起伏较大和同一水源控制灌溉面积较大的工程，可选用压力补偿式滴头；对于较为平坦的大田作物和同一水源控制灌溉面积不大的工程，常选用非压力补偿式滴头。

（四）灌水器水力性能

灌水器的压力与流量之间变化关系是灌水器的一个重要特征值，直接影响灌水的质量。灌水器流量对压力变化的敏感程度表现为流态指数的大小。流量指数变化范围为 $0 \sim 1$，具有完全补偿性能的灌水器流态指数 $x = 0$、紊流灌水器流态指数 $x = 0.5$、层流灌水器流态指数 $x = 1$。流态指数值越大，灌水器流量对压力的变化越敏感。因此，尽可能选用流态指数较小的紊流型灌水器，自压灌溉时其工作压力范围还应满足水源所能提供的压力。

（五）制造精度

微灌的出水均匀度与其制造精度密切相关，灌水器的制造偏差所引起的流量变化有时超过水力学引起的流量变化，因此应选择制造偏差系数 C_v 值小的灌水器。

（六）对水温变化的敏感性

灌水器流量对水温的敏感程度取决于两个因素：水流流态，层流型灌水器的流量随水温的变化而变化较大，而紊流型滴头的流量受水温的影响较小；灌水器的某些零件尺寸和性能易受水温影响，如压力补偿式滴头所用的弹性膜片。

（七）灌水器抗堵塞性能

灌水器抗堵塞性能主要取决于灌水器的流道尺寸和流道内水流速度。抗堵塞能力差的滴头要求高精度的过滤系统。一般情况下，在价格适宜时应选用流道大、抗堵塞性能强的灌水器。

二、滴灌灌水器选择

（一）类型选择

（1）一年生大田作物（棉花、加工番茄、玉米等）及大面积栽培的露地蔬菜、甜西瓜，宜选用一次性滴灌带；

（2）葡萄、啤酒花和密植果树，一般采用出水量均匀、可多年使用的滴灌管（带）；

（3）保护地栽培，宜选用小直径的滴灌管或滴灌带；

（4）沿毛管铺设方向地形平坦、铺设长度短的情况下，宜选择非压力补偿式滴头；

（5）沿毛管铺设方向地形复杂、铺设长度长的情况下，宜选择压力补偿式滴头。

（二）流量选择

（1）滴头流量常依据土壤质地选择，有时为降低系统造价，尽可能选用小流量滴头；

（2）在毛管和滴头布置方式确定的情况下，所选滴头流量必须满足土壤湿润比的要求。

（三）性能质量选择

（1）尽可能选用紊流型滴头；

（2）选择制造偏差系数 C_v 值小的滴头；

（3）选择抗堵塞性能强的滴头；

（4）选择使用年限长而价格低的滴头。

三、微喷头选择

（一）微喷灌强度

微喷灌强度不能大于土壤入渗率，在坡地微喷灌中常用喷灌强度较低的微喷头，以减少地表径流和水土流失。

（二）灌区地形和作物条件

灌区地形和灌溉作物种类影响微喷头的选择。例如，地形高差大时，可选用压力补偿式微喷头；灌溉蔬菜时，宜选用雾化程度高的微喷头。

（三）当地气象条件

气象条件特殊地区应合理选用微喷头。例如，炎热干旱地区选用大流量微喷头，以减少飘移损失。

（四）微喷头一致性

一般在同一灌水小区宜选用同一类型的微喷头，微喷灌强度不同的微喷头应分开布置在不同的灌溉小区内。

第二节　微灌系统田间布置

一、毛管和灌水器布置的一般原则

（1）毛管沿作物种植方向布置。在山丘区作物一般采用等高种植，故毛管沿等高线布置。

（2）毛管铺设长度往往受地形条件、田间管理、林带道路布置等因素的制约，一般而言，毛管铺设长度越长管网造价越低，最大毛管铺设长度应满足设计允许的流量偏差率或设计均匀度的要求，并由水力计算确定。

（3）毛管铺设方向为平坡时，一般最经济的布置是在支管两侧双向布置毛管。毛管入口处压力相同，毛管长度也相同。在均匀坡度情况下，当坡度较小时，毛管在支管两侧双向布置，逆坡向短、顺坡向长，其长度依据毛管水力特性计算确定；当坡度较大时，逆坡向毛管铺设长度较短的情况下，应采用顺坡单向布置。

（4）毛管不得穿越田间机耕作业道路。

（5）在作物种类和栽培模式一定的情况下，灌水器布置主要取决于土壤质地。

（6）严寒及多风地区，对易遭受风灾和冻害的多年生果树，特别是土壤质地较黏重的地方，灌水器布设时，应尽量做到对称布设，采取措施使土壤湿润区下移，使根系均匀下扎，增强果树抗风和抗冻能力。

二、滴灌系统毛管和灌水器的布置

（一）单行毛管直线布置

1．大田作物

大田滴灌目前主要用于棉花、玉米、加工番茄等，一般均采用膜下滴灌形式，推荐采用一次性滴灌带，播种、布管、铺膜机械化一次完成。

1）棉花

棉花膜下滴灌毛管铺设于膜下，铺设方向与作物种植方向一致（顺行铺设），并尽量适应作物栽培的要求（如通风、透光等）。滴灌灌水、施肥于作物根系附近，作物根系有向水肥条件优越处生长的特性（向水向肥性）。

棉花膜下滴灌的几种主要毛管布置形式见图 6-1 ~ 图 6-3，棉花行距及毛管布设间距尺寸详见表 6-1，可供设计时参考。

2）加工番茄

加工番茄膜下滴灌在新疆生产建设兵团已基本实现机械化栽培与收获，毛管及灌水器宜采用一次性滴灌带，一管两行布置（见图 6-4），毛管间距和滴头间距见表 6-2。

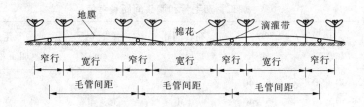

图6-1　1膜2管4行（1管2行）布置形式

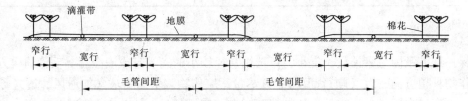

图6-2　1膜2管6行（1管3行）布置形式

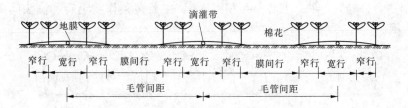

图6-3　1膜1管4行布置形式

表6-1　棉花毛管和滴头间距参考值

土壤质地	棉花种植形式（cm）		毛管间距	滴头间距	一条毛管灌溉的
	宽窄行	株距	（cm）	（cm）	棉花行数
砂土	30 + 60		90	30 ~ 40	1管2行
砂土	30 + 50		80	30 ~ 40	1管2行
砂土	10 + 66 + 10 + 66		76	30 ~ 40	1管2行
壤土—黏土	20 + 40 + 20 + 60	9 ~ 10	140	40 ~ 50	1管4行
壤土—黏土	10 + 66 + 10 + 66		114	40 ~ 50	1管3行
壤土—黏土	10 + 66 + 10 + 66		152	40 ~ 50	1管4行

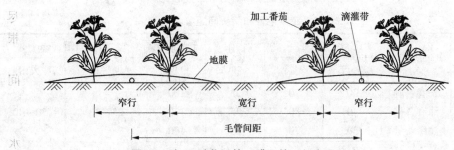

图6-4　加工番茄毛管1膜1管2行布置形式

表 6-2　加工番茄毛管和滴头间距参考值

土壤质地	栽培模式（cm）		毛管间距（m）	滴头间距（cm）	一条毛管灌溉的加工番茄行数
	宽窄行	株距			
砂土	40 + 90	35 ~ 40	1.3	35 ~ 40	1膜1管2行
砂土	40 + 70	35 ~ 40	1.1	35 ~ 40	
壤土—黏土	50 + 80	35 ~ 40	1.3	40 ~ 50	
壤土—黏土	50 + 90	35 ~ 40	1.4	45 ~ 50	

2. 蔬菜

保护地灌溉因毛管铺设长度小，可选用直径较小的滴灌带或滴灌管。毛管铺设方向应与作物种植方向一致（顺行铺设），并尽量适应作物栽培的要求（如通风、透光等）。作物根系有向水肥条件优越处生长的特性（向水向肥性），为节约毛管减少投资，应在可能的范围内增大行距、缩小株距，以加大毛管间距。一条毛管控制两行（密植类作物可以控制一个窄畦）作物，见图 6-5 和图 6-6。主要蔬菜作物毛管和滴头间距参考值如表 6-3 所示。

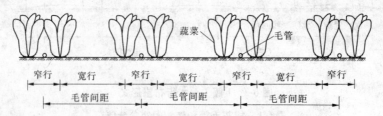

图 6-5　一般蔬菜作物毛管布置形式

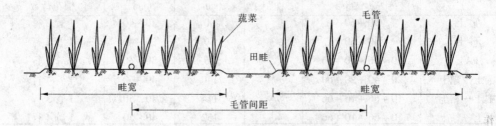

图 6-6　密植蔬菜作物毛管布置形式

表 6-3　蔬菜毛管和滴头间距参考值

作物名称	品种	行距（cm）		株距（cm）	毛管间距（cm）	滴头间距（cm）	
		窄行	宽行			保护地	大田
黄瓜	长春密刺	30	70	25	100	25 ~ 30	30 ~ 40
	津春 2 号	40	80	25	120		
	津绿 4 号	30	70	25	100		

续表 6-3

作物名称	品种	行距（cm）		株距（cm）	毛管间距（cm）	滴头间距（cm）	
		窄行	宽行			保护地	大田
番茄	金棚1号	30	50	25	80	25～30	30～40
	金棚3号	30	50	25	80		
	毛粉802	40	80	30	120		
	加州大粉	40	80	30	120		
辣椒	茄红甜椒	30	60	30	90	25～30	30～40
	矮树早椒	30	60	25	90		
豆角	双季豆	30	70	20	100	25～30	30～40
	丰收1号	30	70	20	100		
大棚西瓜	早花	40	120	25	160	25～30	30～40
草莓	丹东鸡冠	30	70	20	100	25～30	30～40

注：滴头间距视土壤质地而定，质地轻取小值，质地黏重取大值。

3. 瓜类作物

甜瓜、西瓜采用滴灌，节水、省地、省工、防病、增产、提高品质等效果非常显著。灌水器一般均选用滴灌带，并配合地膜栽培。采用宽窄行平种方式，将滴灌带铺设于窄行正中的土壤表面，上覆地膜，见图6-7。一般情况下毛管和滴头间距可按表6-4选用。

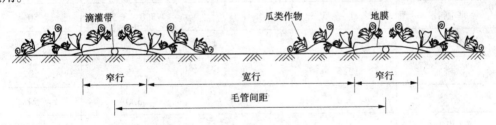

图6-7　瓜类作物毛管布置形式

表6-4　瓜类毛管和滴头间距参考值

作物名称	品种熟性	作物行距（cm）		作物株距（cm）	毛管间距（cm）	滴头间距（cm）
		窄行	宽行			
甜瓜	早	40	260	30～35	300	30～40
	中	40	260～310	35～40	300～350	30～40
	晚	40	310～410	40～45	350～450	30～40
西瓜	早	40	260～310	20～25	300～350	30～40
	中	40	310～360	25～30	350～400	30～40
	晚	40	360～410	30～35	400～450	30～40

注：1. 在中壤土和黏土中，窄行间距可增加到50 cm；

　　2. 滴头间距视土壤质地而定，质地轻取小值，质地黏重取大值。

4. 行距较小的果树

葡萄、啤酒花等多年生、行距较小的果树一般均采用单行毛管直线布置形式。对于当葡萄和啤酒花开墩埋墩时，为避免损伤毛管需埋墩前回收，开墩后重新铺设。建议选用性能良好、不易破损、使用年限长、回收和铺设方便的滴灌管铺设于地表和悬挂一定高度两种布置形式，见图6-8。毛管和滴头间距根据栽培模式和土壤质地而定，一般情况下可按表6-5选用。

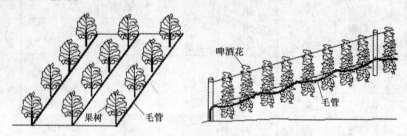

图6-8　行距较小的果树毛管布置形式

表6-5　葡萄、啤酒花等密植果树毛管和滴头间距参考值

树种		行距（m）	株距（m）	毛管间距（m）	滴头间距（cm）
葡萄	棚架	3.0~3.5	1.0	3.0~3.5	50
	篱壁架	2.5~3.0	1.0	2.5~3.0	50
啤酒花		3.0~3.5	1.0	3.0~3.5	50
杏、李		3.0	2.0	3.0	50
桃		2.5	2.5	2.5	50
石榴		3.0	2.0	3.0	50
无花果		4.0	2.0	4.0	50
红枣		3.0	2.0	3.0	50

注：为了节约幼林期水的无效消耗，滴头采用变间距布置。50 cm×150 cm 表示变间距，滴头间距以50 cm、150 cm 交替变换。

（二）单行毛管带环状管绕树布置

中等间距果树和大间距果树，毛管和滴头的布置可采用绕树管的布设方式。各种落叶果树，如苹果、梨、桃、杏、枣等新果园，一般均属中等间距果树；部分老果园可能采用大间距布置。

绕树管的布设方式如图6-9所示，顺种植行布设一条毛管，毛管间距见表6-6，毛管上装环状绕树管，滴头围绕树干环形均匀布设，与树干距离视果树的大小而定，一般为50~100 cm。对于中等间距果树，在黏重土壤上每棵树的四周至少布置4个滴头；在中等质地土壤上需5~6个滴头；新栽植的幼年果树，每棵树只需2个滴头，各滴头离树干30~50 cm。对于大间距种植的老果园，每棵树可能需要8~10个滴头；绕树毛管环形半径为120~150 cm。

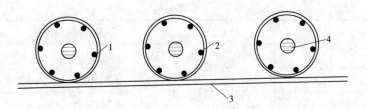

1—滴头；2—绕树环状管；3—毛管；4—果树

图6-9　单行毛管带绕树管布置形式

表6-6　中等和大间距果树毛管间距参考值

树种	新果园			老果园		
	行距（m）	株距（m）	毛管间距（m）	行距（m）	株距（m）	毛管间距（m）
杏	4.0	3.0	4.0	6.0	6.0	6.0
桃	3.0	3.0	3.0	4.0	4.0	4.0
苹果	5.0	4.0	5.0	6.0	5.0	6.0
香梨	5.0	4.0	5.0	7.0	6.0	7.0
核桃	6.0	5.0	6.0	10.0	10.0	10.0
巴旦木	4.0	3.0	4.0	5.0	4.0	5.0
无花果	6.0	5.0	6.0	7.0	6.0	7.0
红枣	4.0	3.0	4.0	4.0	4.0	4.0

（三）双行毛管平行布置

中等间距果树也可采用双行毛管平行布置形式（见图6-10），沿树行两侧布置两条毛管，毛管间距见表6-7，每棵树两边各布设2~4个滴头。此种布置形式适合于行距较大、株距相对较小的果园。

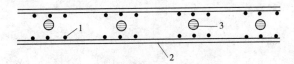

1—滴头；2—毛管；3—作物

图6-10　双行毛管平行布置形式

表6-7　双行毛管平行布置时毛管间距参考值

树种	土壤质地	作物栽培模式		毛管间距（m）		滴头间距（cm）
		行距（m）	株距（m）	窄行	宽行	
杏	砂土	4.0	3.0	0.7~0.8	3.3~3.2	40~50
	壤土、黏土			0.8~1.1	3.2~2.9	50~70

续表 6-7

树种	土壤质地	作物栽培模式		毛管间距（m）		滴头间距（cm）
		行距（m）	株距（m）	窄行	宽行	
桃	砂土	3.0	3.0	0.7 ~ 0.8	2.3 ~ 2.2	40 ~ 50
	壤土、黏土			0.8 ~ 1.1	2.2 ~ 1.9	50 ~ 70
苹果	砂土	5.0	4.0	0.7 ~ 0.8	4.3 ~ 4.2	40 ~ 50
	壤土、黏土			0.8 ~ 1.1	4.2 ~ 3.9	50 ~ 70
香梨	砂土	5.0	4.0	0.7 ~ 0.8	4.3 ~ 4.2	40 ~ 50
	壤土、黏土			0.8 ~ 1.1	4.2 ~ 3.9	50 ~ 70
核桃	砂土	6.0	5.0	0.7 ~ 0.8	5.3 ~ 5.2	40 ~ 50
	壤土、黏土			0.8 ~ 1.1	5.2 ~ 4.9	50 ~ 70
巴旦木	砂土	4.0	3.0	0.7 ~ 0.8	3.3 ~ 3.2	40 ~ 50
	壤土、黏土			0.8 ~ 1.1	3.2 ~ 2.9	50 ~ 70
无花果	砂土	6.0	5.0	0.7 ~ 0.8	5.3 ~ 5.2	40 ~ 50
	壤土、黏土			0.8 ~ 1.1	5.2 ~ 4.9	50 ~ 70
红枣	砂土	4.0	3.0	0.7 ~ 0.8	3.3 ~ 3.2	40 ~ 50
	壤土、黏土			0.8 ~ 1.1	3.2 ~ 2.9	50 ~ 70

（四）单行毛管安装微管和滴头布置

一行作物布置一条毛管，从毛管上接若干个分水微管，各分水微管末端连接滴头。此种布置方式可用于灌溉果树和盆栽作物（见图 6-11 和图 6-12）。

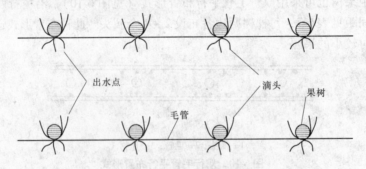

图 6-11　果树单行毛管带微管布置

三、微喷灌系统毛管和微喷头布置

微喷头田间布置形式受作物、地形边界条件、微喷头喷洒方式、微喷头的结构和水力性能等因素制约，常见的微喷灌毛管和微喷头的布置形式有四种，不同布置形式时微喷头喷洒图形见图 6-13。毛管沿作物行向布置，其长度取决于微喷头的水力性能和灌水

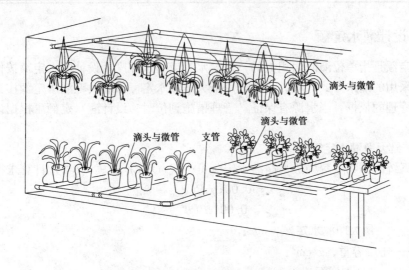

图6-12 温室盆栽作物毛管、微管与滴头布置

均匀度要求，由水力计算确定。根据微喷头喷洒半径和作物种植形式，一条毛管可控制一行作物，也可控制多行作物。

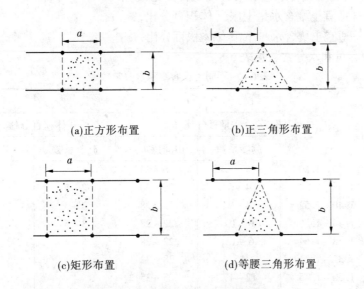

(a)正方形布置　　　　　　(b)正三角形布置

(c)矩形布置　　　　　　　(d)等腰三角形布置

图6-13 微喷头与毛管不同布置形式

第三节 灌溉制度拟定

　　灌溉制度拟定是指作物全生育期（对于果树等多年生作物则为全年）中设计条件下的每一次灌水量（灌水定额）、灌水时间间隔（灌水周期）、一次灌水延续时间、灌水次数和灌水总量（灌溉定额）确定过程的总称，它是灌溉工程设计灌溉能力的依据，也是灌溉管理的参考数据，但在具体灌溉管理时还应依据作物生育期内土壤墒情来确定灌溉制度。

一、设计灌水定额

灌水定额是指单位灌溉面积上的一次灌水量或灌水深度。设计灌水定额按作物需水要求和所采用的灌水方式计算，一般采用最大净灌水定额和最大毛灌水定额作为系统设计和灌溉管理的依据。当水源有保证、管理措施到位时，设计灌水定额可根据设计供水强度推算。

（一）最大净灌水定额

微灌系统的作物生育期最大净灌水定额可由式（6-1）或式（6-2）计算求得：

$$m_{max} = 0.001\gamma zP(\theta_{max} - \theta_{min}) \tag{6-1}$$

$$m_{max} = 0.001zP(\theta'_{max} - \theta'_{min}) \tag{6-2}$$

式中　m_{max}——最大净灌水定额，mm；

γ——土壤容重，g/cm³；

z——土壤计划湿润层深度，cm；

P——设计土壤土壤湿润比（%）；

θ_{max}——适宜土壤含水量上限（质量百分比，%）；

θ_{min}——适宜土壤含水量下限（质量百分比，%）；

θ'_{max}——适宜土壤含水量上限（体积百分比，%）；

θ'_{min}——适宜土壤含水量下限（体积百分比，%）。

不同土壤容重和水分常数见表6-8。

表6-8　不同土壤容重和水分常数

土壤	容重 γ（g/cm³）	水分常数			
		质量百分比（%）		体积百分比（%）	
		凋萎系数	田间持水量	凋萎系数	田间持水量
紧砂土	1.45 ~ 1.60		16 ~ 22		26 ~ 32
砂壤土	1.36 ~ 1.54	4 ~ 6	22 ~ 30	2 ~ 3	32 ~ 42
轻壤土	1.40 ~ 1.52	4 ~ 9	22 ~ 28	2 ~ 3	30 ~ 36
中壤土	1.40 ~ 1.55	6 ~ 10	22 ~ 28	3 ~ 5	30 ~ 35
重壤土	1.38 ~ 1.54	6 ~ 13	22 ~ 28	3 ~ 4	32 ~ 42
轻黏土	1.35 ~ 1.44	15	28 ~ 32		40 ~ 45
中黏土	1.30 ~ 1.45	12 ~ 17	25 ~ 35		35 ~ 45
重黏土	1.32 ~ 1.40		30 ~ 35		40 ~ 50

计划湿润层深度，主要取决于作物主要根系活动层的深度，随着作物的生长，根系活动层也随之加大。此处计划湿润层是指需水关键期作物主要根系活动层的深度。一般大田作物可取40 ~ 60 cm，蔬菜取20 ~ 30 cm，果树取80 ~ 100 cm。

适宜土壤含水量的上限是指灌水后计划湿润层土壤达到的水分含量，为了避免深层渗漏造成水量浪费，其值不能超过土壤田间持水量，一般取田间持水量的80% ~ 100%。适宜土壤含水量的下限是指因作物耗水土壤含水量逐渐降低而对作物生长发育开始造成影响时的土壤含水量，一般取田间持水量的55% ~ 70%。

考虑水量损失后，最大毛灌水定额采用式（6-3）计算：

$$m'_{max} = \frac{m_{max}}{\eta} \tag{6-3}$$

式中 m_{max}——最大净灌水定额，mm；

  m'_{max}——最大毛灌水定额，mm；

  η——灌溉水利用系数。

（二）微灌灌溉强度确定

微灌灌溉强度 I_a 值按等于作物耗水强度计算，即 $I_a = ET_a$。设计净灌水定额采用式（6-4）确定，设计毛灌水定额采用式（6-5）确定：

$$m_d = T \cdot I_a \tag{6-4}$$

$$m' = \frac{m}{\eta} \tag{6-5}$$

式中 m_d——设计净灌水定额，mm；

  T——设计灌水周期，d；

  m'——设计毛灌水定额，mm；

  I_a——微灌灌溉强度，mm/d。

设计净灌水定额是指每次灌水时为满足一定时间内作物耗水量而补充的净水量。对每种农作物来说，不同生育阶段需水量不同，所处的气候条件也不断变化，设计净灌水定额是个变值，但一般情况下，不应大于最大净灌水定额。

设计日耗水强度一般根据历史生产和试验资料选取，取值大小直接影响滴灌系统供水能力和投资大小，资金受限情况下可取下限值，以降低工程投资。

二、设计灌水周期的确定

设计灌水周期是指在设计灌水定额和设计日耗水量的条件下，能满足作物需要，两次灌水之间的最长时间间隔。最大灌水周期可按式（6-6）计算，设计灌水周期按式（6-7）计算，且满足式（6-8）。

$$T_{max} = \frac{m_{max}}{I_a} \tag{6-6}$$

$$T = \frac{m}{I_a} \tag{6-7}$$

$$T \leqslant T_{max} \tag{6-8}$$

式中 T_{max}——最大灌水周期，d；

  T——设计灌水周期，d；

  其余符号意义同前。

设计灌水周期应根据作物、设计净灌水定额、水源和管理情况等确定，一般情况下，北方果树灌水周期约 7 d，大田作物 3~5 d，蔬菜 1~3 d。

微灌系统能根据作物需水要求，适时适量地向作物根系层补充水分，使根区土壤水、肥、气、热始终保持在良好状态，对于不同种类的作物，并非灌水周期越短越好，每次灌水尽量湿润整个根系层。周期取值长短不影响滴灌系统供水能力。

三、一次灌水延续时间的确定

单行毛管直线布置，灌水器间距均匀情况下，一次灌水延续时间由式（6-9）确定。对于灌水器间距非均匀安装的情况下，可取 S_e 为灌水器间距的平均值。

$$t = \frac{m' S_e S_1}{q_d} \tag{6-9}$$

对于 n_s 个灌水器绕树布置时，采用式（6-10）确定。

$$t = \frac{m' S_r S_t}{n_s q_d} \tag{6-10}$$

式中　t——一次灌水延续时间，h；

　　　S_e——灌水器间距，m；

　　　S_1——毛管间距，m；

　　　q_d——灌水器设计流量，L/h；

　　　S_r——树的行距，m；

　　　S_t——树的株距，m；

　　　n_s——每株作物的灌水器个数。

在灌水定额、毛管间距确定的情况下，一次灌水延续时间主要取决于灌水器间距和流量大小，灌水器流量大小的选取还应考虑土质种类因素。

四、灌水次数与灌溉定额

使用微灌工程，作物全生育期（或全年）的灌水次数比传统的地面灌溉多。灌水次数应根据当地气象和作物需水特点等相关资料确定。根据我国使用的经验，北方果树通常一年灌水 15～30 次；在水源不足的山区也可能一年只灌 3～5 次；新疆棉花膜下滴灌灌水 10～14 次，加工番茄膜下滴灌灌水 8～10 次。灌水总量为生育期或一年内（对多年生作物）各次灌水量的总和。

$$M = \sum M_i \tag{6-11}$$

式中　M——作物全生育期（或全年）的灌水总量，m^3；

　　　M_i——各次微灌灌水量，m^3。

第四节　微灌系统工作制度

微灌系统的工作制度有轮灌、续灌和随机供水灌溉三种情况。随机供水灌溉适合于一个系统包含多个承包农户、种植多种作物的形式。工作制度影响着系统的工程费用。在确定工作制度时，应根据系统大小、作物种类、水源条件、管理模式和经济状况等因素作出合理选择。

一、轮灌

轮灌是控制面积较大的微灌系统普遍采用的工作制度。轮灌往往以某一级管道连续供水为基础，将其下一级管道所供水灌溉的范围划分为多个灌溉区域，分组分次运行。

因此，一般情况下微灌系统工作时不同的输配管道（或管段）既有轮流输水，又有连续输水的工作状况。

（一）轮灌组划分应遵循的原则

（1）各轮灌组面积和流量一致或相近。每个轮灌组控制的面积应尽可能相等或接近，以便水泵工作稳定，提高动力机和水泵的效率，减少能耗。对于水泵供水且首部无衡压装置的系统，每个轮灌组的总流量尽可能一致或相近，以使水泵运行稳定，提高动力机和水泵的效率，降低能耗。

（2）与管理体制相适应。轮灌组的划分应照顾农业生产责任制和田间管理的要求，尽可能减少农户之间的用水矛盾，并使灌水与其他农业技术措施如施肥、中耕、修剪等得到较好的配合。

（3）方便管理。为了便于运行操作和管理，手动控制时，通常一个轮灌组管辖的范围宜集中连片，轮灌顺序可通过协商自上而下或自下而上进行。自动控制灌溉时，宜采用插花操作的方法划分轮灌组，最大限度地分散干管中的流量，减小管径，降低造价。

（4）轮灌组数目适量。轮灌组越多，流量越集中，各级输配水管道需要的管径越大，需要的控制阀门越多，系统管网的造价越高而且轮灌组过多，会造成各农户的用水矛盾，不利于系统的运行管理。

（二）轮灌组的划分

轮灌组的个数取决于灌溉面积、系统流量、所选灌水器的流量、日运行最大时数、灌水周期和一次灌水延续时间等，轮灌组最大数目可由式（6-12）计算求得，实际轮灌组数由式（6-13）计算，并满足式（6-14）。

$$N_{\max} = \frac{t_d T}{t} \quad \text{或} \quad N_{\max} = \frac{t_d T}{n_y t} \tag{6-12}$$

$$N = \frac{n_总 q_d}{Q} \tag{6-13}$$

$$N \leqslant N_{\max} \tag{6-14}$$

式中　N——实际轮灌组数，个；

$n_总$——系统灌水器总数，个；

q_d——灌水器设计流量，L/h；

Q——系统设计流量，L/h；

t_d——日运行最大时数，h/d；

n_y——一个灌溉周期内移动次数；

其余符号意义同前。

当实际轮灌组数 N 不为整数时，在满足作物灌溉的前提下，调整 q_d 或 Q 使 N 为整数或接近整数后，递进取整。

轮灌方式不同，相应各管段流量是不同的，从而使系统管网的造价不同。在划分轮灌组时，还应结合其他各种影响因素综合考虑，进行方案优选。

日运行最大时数 t_d 的确定，在系统设计时，应考虑留出一定的非运行时间用于系统检修和不可预见的停机故障等。一般情况下，系统日最长运行时间不大于 20 h，但根据近年来国内外经验，为降低造价，尤其是自控系统日最长设计运行时间可达 22 h。

二、续灌

全系统续灌要求系统内全部管道同时供水，对设计灌区内所有作物同时灌水，则系统流量大，增加工程投资，因而全系统续灌多用于灌溉面积小的微灌系统，如一个或几个温室大棚组成的滴灌系统，面积较小、种植单一作物的果园可采用续灌的工作制度。

第五节　微灌系统流量计算

一、微灌系统设计流量

微灌系统设计流量依据《微灌工程技术规范》（GB/T 50485—2009）按式（6-15）计算：

$$Q = \frac{n_0 q_d}{1\ 000} \tag{6-15}$$

$$n_0 = \frac{n_{总}}{N} \tag{6-16}$$

式中　Q——系统设计流量，m^3/h；

q_d——灌水器设计流量，L/h；

n_0——同时工作的灌水器个数；

其余符号意义同前。

二、毛管设计流量

毛管为多孔出流管，假定沿毛管有 n 个灌水器或灌水器组，沿水流方向编号为 1、2、3、…、$i-1$、i、$i+1$、…、$n-1$、n，对应每个出口的流量为 q_1、q_2、q_3、…、q_{i-1}、q_i、q_{i+1}、…、q_{n-1}、q_n，见图 6-14。由于沿毛管水头损失及地形落差等因素的影响，使各灌水器工作水头不同，毛管进口流量由式（6-17）计算。为简化计算，可将滴

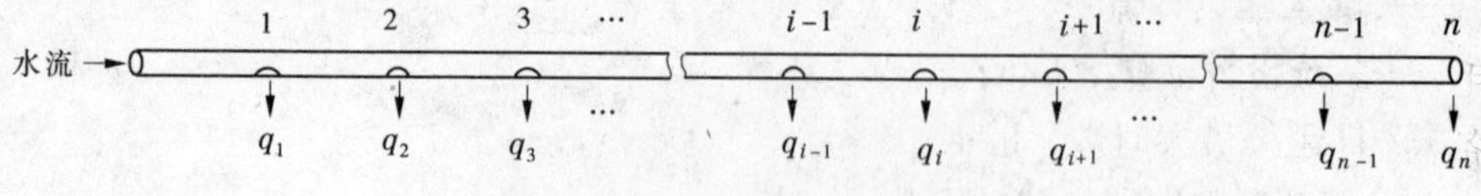

图 6-14　毛管配水示意图

头设计流量视为滴头平均流量，依据式（6-18）计算毛管进口设计流量。

$$Q_m = \sum_{i=1}^{n} q_i \tag{6-17}$$

$$Q_m = n q_d \tag{6-18}$$

式中　Q_m——毛管进口流量，L/h；

n——毛管上的灌水器数目；

q_i——毛管上第 i 个灌水器流量，L/h；

其余符号意义同前。

三、支管设计流量

支管可单向或双向给毛管配水，假定支管上有 P 排毛管，由进口至末端沿水流方向依次编号为 1、2、3、…、$i-1$、i、$i+1$、…、$P-1$、P，将支管分成 P 段，每段编号相应于其下端毛管的排号，如图 6-15 所示。

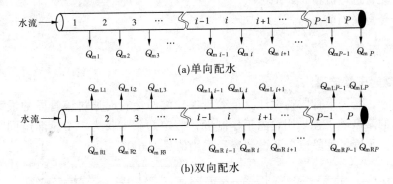

(a)单向配水

(b)双向配水

图 6-15 支管配水示意图

（一）单向配水

单向给毛管配水时（见图 6-15（a）），任一段支管 i 的流量 Q_{zi} 依据式（6-19）计算：

$$Q_{zi} = \sum_{i=1}^{P} Q_{mi} \tag{6-19}$$

式中 Q_{mi}——第 i 条毛管进口流量，L/h；

Q_{zi}——支管第 i 段流量，L/h；

P——支管上最末一段编号；

i——支管管段编号，顺流向排序。

支管进口流量为

$$Q_z = Q_{zi} = \sum_{i=1}^{P} Q_{mi} \tag{6-20}$$

同毛管一样，因为沿支管压力水头的变化，毛管进口无压力流量调节设备情况下，事实上各毛管进口的流量也是不一样的。为简化计算，将 Q_m 视为毛管进口的平均流量，则

$$Q_z = Q_{zi} = P \cdot Q_m \tag{6-21}$$

（二）双向配水

大部分支管双向给毛管配水（见图 6-15（b）），任一段支管 i 的流量为

$$Q_{zi} = \sum_{i=i}^{P} (Q_{mLi} + Q_{mRi}) \tag{6-22}$$

式中 Q_{mLi}、Q_{mRi}——支管上第 i 排左边毛管和右边毛管的进口流量，L/h。

支管进口流量为

$$Q_z = Q_{zi} = \sum_{i=1}^{P} (Q_{mLi} + Q_{mRi}) \qquad (6-23)$$

当 $Q_{mLi} = Q_{mRi}$ 时，将 Q_m 视为 P 个毛管进口的平均流量，即 $Q_m = \dfrac{1}{P} \sum_{i=1}^{P} Q_{mLi} = \dfrac{1}{P} \sum_{i=1}^{P} Q_{mRi}$ 时，则

$$Q_z = Q_{zi} = 2P \cdot Q_m \qquad (6-24)$$

式中　Q_z——支管进口流量，L/h；

其余符号意义同前。

四、干管流量

（一）轮灌时干管流量

轮灌运行时，任一干管段的设计流量等于各轮灌组运行时通过该管段的最大流量。如图 6-16 所示的某微灌工程采用轮灌工作制度，假定两条支管为一个轮灌组同时工作，共五个轮灌组，干管各管段流量及设计流量采用值见表 6-9。

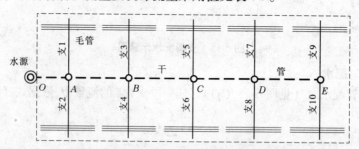

图 6-16　典型微灌工程系统平面布置

表 6-9　轮灌运行时各干管段流量

管段	同时工作的支管编号					管段设计流量
	支 1、支 10	支 3、支 8	支 5、支 6	支 7、支 4	支 9、支 2	
OA	$Q_{z1}+Q_{z10}$	$Q_{z3}+Q_{z8}$	$Q_{z5}+Q_{z6}$	$Q_{z4}+Q_{z7}$	$Q_{z9}+Q_{z2}$	max $\{ Q_{z1}+Q_{z10},\ Q_{z3}+Q_{z8},\ Q_{z5}+Q_{z6},\ Q_{z4}+Q_{z7},\ Q_{z9}+Q_{z2} \}$
AB	Q_{z10}	$Q_{z3}+Q_{z8}$	$Q_{z5}+Q_{z6}$	$Q_{z4}+Q_{z7}$	Q_{z9}	max $\{ Q_{z10},\ Q_{z3}+Q_{z8},\ Q_{z5}+Q_{z6},\ Q_{z4}+Q_{z7},\ Q_{z9} \}$
BC	Q_{z10}	Q_{z8}	$Q_{z5}+Q_{z6}$	Q_{z7}	Q_{z9}	max $\{ Q_{z10},\ Q_{z8},\ Q_{z5}+Q_{z6},\ Q_{z7},\ Q_{z9} \}$
CD	Q_{z10}	Q_{z8}	0	Q_{z7}	Q_{z9}	max $\{ Q_{z10},\ Q_{z8},\ 0,\ Q_{z7},\ Q_{z9} \}$
DE	Q_{z10}	Q_{z8}	0	Q_{z7}	Q_{z9}	max $\{ Q_{z10},\ Q_{z8},\ 0,\ Q_{z7},\ Q_{z9} \}$

注：max $\{ Q_{z1}+Q_{z10},\ Q_{z3}+Q_{z8},\ Q_{z5}+Q_{z6},\ Q_{z4}+Q_{z7},\ Q_{z9}+Q_{z2} \}$ 表示在 $Q_{z1}+Q_{z10}$、$Q_{z3}+Q_{z8}$、$Q_{z5}+Q_{z6}$、$Q_{z4}+Q_{z7}$、$Q_{z9}+Q_{z2}$ 五个值中求最大值，其余类同。

（二）续灌时干管流量

任一干管段的设计流量等于该段干管以下支管流量之和。如图 6-15 所示，某微灌工程采用续灌工作制度时，干管段 DE 的流量为

$$Q_{gDE} = Q_{z9} + Q_{z10}$$

干管段 CD 流量为

$$Q_{gCD} = Q_{z7} + Q_{z8} + Q_{gDE} = Q_{z7} + Q_{z8} + Q_{z9} + Q_{z10}$$

依次类推，干管段 OA 流量为

$$Q_{gOA} = Q_{z1} + Q_{z2} + Q_{gAB} = Q_{z1} + Q_{z2} + Q_{z3} + \cdots + Q_{z9} + Q_{z10}$$

第六节　管道水力计算

管道水头损失计算是压力管网设计非常重要的内容，在系统布置完成之后，需要确定干、支管和毛管管径，均衡各控制点压力以及计算首部加压系统的扬程。

一、管道沿程水头损失计算常用公式

（一）单出水口管道沿程水头损失计算

《微灌工程技术规范》（GB/T 50485—2009）推荐公式为

$$h_f = f \frac{Q_g^m}{d^b} L \tag{6-25}$$

式中　m、b、f——流量指数、管径指数和摩阻系数，微灌用塑料管时，可查阅表 6-10 选用；

　　　L——管道长度，m；

　　　Q_g——管道流量；

　　　其余符号意义同前。

表 6-10　微灌管道沿程水头损失计算系数、指数

管材			f	m	b
硬塑料管			0.464	1.77	4.77
微灌用聚乙烯管	$d>8$ mm		0.505	1.75	4.75
	$d \leqslant 8$ mm	$Re>2\,320$	0.595	1.69	4.69
		$Re \leqslant 2\,320$	1.75	1	4

注：1. 微灌用聚乙烯管的 f 值相应于水温 10 ℃，其他温度时应修正；

　　2. d 为管道内径，Re 为雷诺数。

（二）多出水口管道沿程水头损失计算

多出水口管道在微灌系统中一般是指毛管和支管，分两种情况计算。

1. 同径、等距、等量分流时沿程水头损失计算

因为毛管和支管均属多出水口管，为简化计算，先假设所有的水流都通过管道全长，计算出该管路的沿程水头损失，然后乘以多口系数。目前，等距、等流量多出水口

管的多口系数近似计算通用公式为

$$F = \frac{N\left(\dfrac{1}{m+1} + \dfrac{1}{2N} + \dfrac{\sqrt{m-1}}{6N^2}\right) - 1 + x}{N - 1 + x} \tag{6-26}$$

式中　F——多口系数，当 $N \leqslant 100$ 时可查表 6-11 选用；

N——管道上出水口数目；

m——流量指数，层流 $m = 1$，光滑紊流层流 $m = 1.75$，完全紊流 $m = 2$；

x——进口端至第一个出水口的距离与孔口间距之比。

全等距、等出水量多出水口管的多口系数近似公式，当总孔数 $N \geqslant 3$ 时为

$$F = \frac{1}{m+1}\left(\frac{N + 0.48}{N}\right)^{m+1} \tag{6-27}$$

式中符号意义同前。

支、毛管为等距多孔管时，其沿程水头损失可按式（6-28）计算：

$$h'_f = h_f \cdot F \tag{6-28}$$

式中　h'_f——等距多孔管沿程水头损失，m；

其余符号意义同前。

表 6-11　微灌管道沿程水头损失计算用多口系数 F 值

N	$m = 1.75$		N	$m = 1.75$		N	$m = 1.75$	
	$x = 1$	$x = 0.5$		$x = 1$	$x = 0.5$		$x = 1$	$x = 0.5$
2	0.650	0.533	15	0.398	0.377	28	0.382	0.370
3	0.546	0.456	16	0.395	0.376	29	0.381	0.370
4	0.498	0.426	17	0.394	0.375	30	0.380	0.370
5	0.469	0.410	18	0.392	0.374	32	0.379	0.370
6	0.451	0.401	19	0.390	0.374	34	0.378	0.369
7	0.438	0.395	20	0.389	0.373	36	0.378	0.369
8	0.428	0.390	21	0.388	0.373	40	0.376	0.368
9	0.421	0.387	22	0.387	0.372	45	0.375	0.368
10	0.415	0.384	23	0.386	0.372	50	0.374	0.367
11	0.410	0.382	24	0.385	0.372	60	0.372	0.367
12	0.406	0.380	25	0.384	0.371	70	0.371	0.366
13	0.403	0.379	26	0.383	0.371	80	0.370	0.366
14	0.400	0.378	27	0.382	0.371	100	0.369	0.365

2. 变径多出水口管道水头损失计算

由于多出水口管道内的流量沿水流方向逐渐减小，为了节省管材，减少工程投资，通常可把干管和支管分段设计成几种直径，即沿水流方向逐渐减小管道直径，如图 6-17 所示。

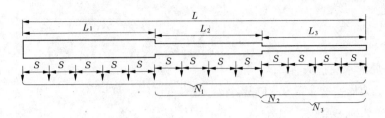

$L_1 \sim L_3$—管段分段长度；$N_1 \sim N_3$—对应 $L_1 \sim L_3$ 各管段上的出水口数目；S—出水口间距

图6-17　变径多出水口管道水力计算示意图

当计算某段多出水口管道的水头损失时，可将该段及其以下的长度看成与计算段直径相同的管道，计算多口出流管道水头损失，然后减去与该管段直径相同、长度是其以下管道长度的多出水口管道水头损失，即

$$\Delta H_i = \Delta H'_i - \Delta H'_{i+1} \tag{6-29}$$

式中　ΔH_i——第 i 段多出水口管道的水头损失，m；

　　　$\Delta H'_i$——第 i 段多出水口管道及其以下管长的水头损失，m；

　　　$\Delta H'_{i+1}$——与第 i 段直径相同的第 i 段多出水口管道以下长度的水头损失，m。

对于最末一段支管，则按均一管径多口出流管道计算。采用勃拉休斯公式（适用于 PE 管）计算水头损失得

$$\Delta H_i = 1.47\nu^{0.25} \frac{Q_i^{1.75}L'_iF'_i - Q_{i+1}^{1.75}L'_{i+1}F'_{i+1}}{d_i^{4.75}} \tag{6-30}$$

若各出水口流量相等，每个出水口的流量为 q，则

$$\Delta H_i = 1.47\nu^{0.25}q^{1.75} \frac{N_i^{1.75}L'_iF'_i - N_{i+1}^{1.75}L'_{i+1}F'_{i+1}}{d_i^{4.75}} \tag{6-31}$$

式中　Q_i、Q_{i+1}——第 i 段和第 $i+1$ 段支管进口流量，L/h；

　　　F'_i、F'_{i+1}——第 i 段和第 $i+1$ 段支管及其以下管道的多口系数；

　　　L'_i、L'_{i+1}——第 i 段和第 $i+1$ 段支管及其以下管道总长度，m；

　　　N_i、N_{i+1}——第 i 段和第 $i+1$ 段支管及其以下管道出水口数目；

　　　d_i——第 i 段多出水口管道内径，mm；

　　　ν——黏滞系数；

　　　其余符号意义同前。

二、管道局部水头损失

管道局部水头损失发生在水流边界条件突然变化、均匀流被破坏的流段。由于水流边界突然变形而使水流运动状态紊乱，从而引起水流内部摩擦而消耗机械能。在微灌系统中，各种连接管件如接头、旁通、三通、弯头、阀门等，以及水泵、过滤器、肥料罐等装置都产生局部水头损失。局部水头损失对微灌系统灌水均匀性的影响是比较大的，在进行微灌系统水力计算时必须给予高度重视。

管道局部水头损失可以用一个系数与流速水头乘积来计算，见式（6-32）。流速 v 为发生局部水头损失以后（或以前）的断面平均流速，计算局部损失系数 ξ 时应注意

流速 v 的位置。

$$h_j = \sum \xi \frac{v^2}{2g} \tag{6-32}$$

式中　h_j——局部水头损失，m；

　　　g——重力加速度，取 9.81 m/s^2；

　　　ξ——局部损失系数。

由于微灌管网系统大小管件种类繁多，逐一计算难度较大，为方便起见，管道局部水头损失一般可根据系统大小及地形复杂情况，取沿程损失的 5% ~ 10% 计算。

三、管道水锤压力验算与防护

在压力管道中，水的流动速度突然变化时会引起管道内压力的急剧变化称为水锤。微灌系统运行中关闭或开启阀门时，管道内的有压水流突然停止，升高的压力先发生在阀门附近，然后沿管道在水中传播。在微灌系统设计时，应依据式（6-33）和式（6-34）对干管进行水锤压力验算。当计入水锤后的管道工作压力大于塑料管 1.5 倍允许压力或产生负压时，应采取限制管道内流速在 2.5 ~ 3 m/s、延长阀门关闭或开启时间、安装水锤消除阀等措施防护。

$$\Delta H = \frac{C \cdot \Delta v}{g} \tag{6-33}$$

$$C = \frac{1\,435}{\sqrt{1 + \dfrac{2\,100(D - e)}{E_s e}}} \tag{6-34}$$

式中　ΔH——直接水锤的压力水头增加值，m；

　　　C——水锤波在管中的传播速度，m/s；

　　　Δv——管中流速变化值，为初流速减去末流速，m/s；

　　　D——管道外径，mm；

　　　e——管壁厚度，mm；

　　　E_s——管材的弹性模量，MPa，聚氯乙烯 E_s = 2 500 ~ 3 000 MPa，高密度聚乙烯管 E_s = 750 ~ 850 MPa，低密度聚乙烯管 E_s = 180 ~ 210 MPa；

　　　其余符号意义同前。

第七节　支、毛管设计

一、支、毛管水力特征

为便于施工安装，微灌系统设计中支、毛管一般采用等径多孔管。了解支、毛管的压力分布、最大及最小工作水头孔口位置等水力特征是进行支、毛管设计的基础。

（一）压力分布

假定沿管道有 N 个出口，沿水流方向孔口编号为 1、2、…、i、…、N，对应每个

出口的流量为 q_1、q_2、$\cdots$、q_i、$\cdots$、q_N，各出水口相应压力为 h_1、h_2、$\cdots$、h_i、$\cdots$、h_N，假设出流孔间距相等且 $q_1 = q_2 = \cdots = q_i = \cdots = q_N = q_d$，则其摩损比可近似用式（6-35）表示，相应压力水头可用式（6-36）表示。由式（6-35）可以绘制出能量坡度线图，如图 6-18 所示。由于分流的影响，实际上在每个孔口有一个水头跌落，从上游孔至下游孔跌落值逐渐减小。靠近上游，管道内流量较大，压力水头损失值大，压力水头线斜率大；沿管道流量逐渐减小，各段压力水头损失也逐渐减小，压力水头线斜率减小，压力水头线趋于平缓。N 个孔平均压力 h_d 在管道中的位置随 N 值不同而不同：当 $N > 100$ 时，可近似认为 h_d 在 $0.38L$ 处，相应的摩损比 $R = 0.73$；当 $N \leqslant 100$ 时，h_d 在 $(0.3 \sim 0.4)L$ 处，相应的摩损比根据 N 值大小查阅表 6-12。

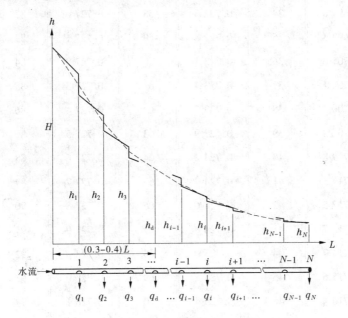

图6-18　多孔管能量坡度线图

$$R_i = 1 - \left(1 - \frac{i}{N + 0.487}\right)^{m+1} \tag{6-35}$$

$$h_i = H - R_i \Delta H \pm \Delta H'_i \tag{6-36}$$

式中　R_i——第 i 孔的摩损比；

　　　　i——孔口编号；

　　　　N——孔口总数；

　　　　m——计算 ΔH 时所采用公式中的流量指数；

　　　　h_i——孔口 i 断面处的压力水头，m；

　　　　H——管道进口处的压力水头，m；

　　　　ΔH——管道全长的摩阻损失；

　　　　$\Delta H'_i$——管道进口处与 i 断面处地形高差，顺坡为"$+$"、逆坡为"$-$"，m。

（二）最大工作水头孔口的位置

在均匀坡条件下（地形坡度为 J，平坡 $J = 0$、逆坡 $J < 0$、顺坡 $J > 0$），多出水口

最大工作水头孔口的位置可能出现在管道沿水流方向第 1 个孔或第 N 个孔（孔编号同

表6-12　平均摩损比（$m = 1.75$）

N	R	N	R	N	R	N	R
5	0.651 3	29	0.720 6	53	0.726 4	77	0.728 6
6	0.666 4	30	0.721 0	54	0.726 6	78	0.728 7
7	0.676 8	31	0.721 4	55	0.726 7	79	0.728 7
8	0.684 4	32	0.721 8	56	0.726 8	80	0.728 8
9	0.690 2	33	0.722 1	57	0.726 9	81	0.728 8
10	0.694 8	34	0.722 5	58	0.727 0	82	0.728 9
11	0.698 5	35	0.722 8	59	0.727 1	83	0.728 9
12	0.701 6	36	0.723 1	60	0.727 2	84	0.729 0
13	0.704 1	37	0.723 4	61	0.727 3	85	0.729 1
14	0.706 3	38	0.723 7	62	0.727 4	86	0.729 1
15	0.708 2	39	0.723 9	63	0.727 5	87	0.729 1
16	0.709 8	40	0.724 2	64	0.727 6	88	0.729 2
17	0.711 3	41	0.724 4	65	0.727 7	89	0.729 2
18	0.712 5	42	0.724 6	66	0.727 8	90	0.729 3
19	0.713 7	43	0.724 8	67	0.727 9	91	0.729 3
20	0.714 7	44	0.725 0	68	0.728 0	92	0.729 4
21	0.715 6	45	0.725 2	69	0.728 0	93	0.729 4
22	0.716 4	46	0.725 4	70	0.728 1	94	0.729 5
23	0.717 2	47	0.725 5	71	0.728 2	95	0.729 5
24	0.717 8	48	0.725 7	72	0.728 3	96	0.729 5
25	0.718 5	49	0.725 9	73	0.728 3	97	0.729 6
26	0.719 1	50	0.726 0	74	0.728 4	98	0.729 6
27	0.719 6	51	0.726 2	75	0.728 5	99	0.729 7
28	0.720 1	52	0.726 3	76	0.728 5	100	0.729 7

图6-15），其判别条件为：

（1）当 $J \leqslant 0$ 时，$h_1 = h_{max}$，$P_{max} = 1$。

（2）当 $J > 0$ 时

$$\frac{kfq_d^{1.75}(N - 0.52)^{2.75}}{2.75Jd^{4.75}(N - 1)}\begin{cases} > 1, h_1 > h_N, h_1 = h_{max}, P_{max} = 1 \\ = 1, h_1 = h_N = h_{max}, P_{max} = 1 \text{ 或 } N \\ < 1, h_1 < h_N, h_N = h_{max}, P_{max} = N \end{cases} \quad (6\text{-}37)$$

式中 k——毛管水头损失扩大系数，$k = 1.1 \sim 1.2$；

      d——管道内径，mm；

      h_{max}——毛管上孔口的最大工作水头，m；

      h_1——毛管上第 1 孔压力，m；

      h_N——管道上第 N 孔压力，m；

      P_{max}——最大工作水头孔口编号；

      其余符号意义同前。

（三）最小工作水头孔口的位置

一条毛管上最小工作水头分流孔的位置可用以下方法判定：

（1）当降比 $\dfrac{Jd^{4.75}}{kfq_d^{1.75}} \leqslant 1$ 时，$P_{min} = N$。

（2）当降比 $\dfrac{Jd^{4.75}}{kfq_d^{1.75}} > 1$ 时，按式（6-38）计算：

$$P_{min} = N - \mathrm{INT}\left[\left(\frac{Jd^{4.75}}{kfq_d^{1.75}}\right)^{0.571}\right] \tag{6-38}$$

式中 P_{min}——最小工作水头孔口编号；

      其余符号意义同前。

（四）各孔口的最大水头偏差

一条多孔管上各孔口的最大水头偏差用下列方法计算：

（1）当降比 $\dfrac{Jd^{4.75}}{kfq_d^{1.75}} \leqslant 1$ 时（即 $P_{max} = 1$，$P_{min} = N$），按式（6-39）计算。$\Delta h_{max} = h_1 - h_N$，即

$$\Delta h_{max} = \frac{kfSq_d^{1.75}(N - 0.52)^{2.75}}{2.75d^{4.75}} - JS(N - 1) \tag{6-39}$$

（2）当降比 $\dfrac{Jd^{4.75}}{kfq_d^{1.75}} > 1$ 且 $P_{max} = N$ 时，按式（6-40）计算。$\Delta h_{max} = h_N - h_{P_{min}} = \Delta H'_{P_{min} \to N} - \Delta H_{P_{max} \to N}$，即

$$\Delta h_{max} = JS(N - P_{min}) - \frac{kfSq_d^{1.75}(N - P_{min} + 0.48)^{2.75}}{2.75d^{4.75}} \tag{6-40}$$

（3）当降比 $\dfrac{Jd^{4.75}}{kfq_d^{1.75}} > 1$ 且 $P_{max} = 1$ 时，按式（6-41）计算。$\Delta h_{max} = h_1 - h_{P_{min}} = \Delta H_{1 \to P_{min}} - \Delta H'_{1 \to P_{min}}$，即

$$\Delta h_{max} = \frac{kfSq_d^{1.75}\left[(N - 0.52)^{2.75} - (N - P_{min} + 0.48)^{2.75}\right]}{2.75d^{4.75}} - JS(P_{min} - 1) \tag{6-41}$$

式中 Δh_{max}——一条多孔管上各孔口最大水头偏差；

      S——分流孔的间距，m；

      其余符号意义同前。

二、支、毛管设计水力要求

微灌系统由支管和毛管构成，并由装置控制的灌溉单元（即灌水小区）组成。灌水小区是构成管网及系统运行的基本单元，灌水小区内灌水器流量的平均值，应等于灌水器设计流量，灌水小区内流量或水头偏差率应满足式（6-42）或式（6-43）。

$$q_v \leqslant [q_v] \tag{6-42}$$

或
$$h_v \leqslant [h_v] \tag{6-43}$$

式中　q_v——灌水小区内灌水器流量偏差率（%）；

　　　$[q_v]$——灌水小区内灌水器设计允许流量偏差率（%），不应大于20%；

　　　h_v——灌水小区内灌水器工作水头偏差率（%）；

　　　$[h_v]$——灌水小区内灌水器设计允许工作水头偏差率（%）。

灌水小区内灌水器流量和水头偏差率按式（6-44）和式（6-45）计算。灌水器工作水头偏差率与流量偏差率之间的关系可由式（6-46）表达。

$$q_v = \frac{q_{max} - q_{min}}{q_d} \times 100 \tag{6-44}$$

$$h_v = \frac{h_{max} - h_{min}}{h_d} \times 100 \tag{6-45}$$

$$h_v = \frac{q_v}{x} \left(1 + 0.15 \frac{1-x}{x} q_v \right) \tag{6-46}$$

式中　q_{max}——灌水器最大流量，L/h；

　　　q_{min}——灌水器最小流量，L/h；

　　　h_{max}——灌水器最大工作水头，m；

　　　h_{min}——灌水器最小工作水头，m；

　　　h_d——灌水器设计工作水头，m；

　　　x——灌水器流态指数；

其余符号意义同前。

三、毛管设计

根据微灌系统采用的灌水器类型的不同，毛管设计主要有两种方式：一种是采用非补偿式灌水器，但压力变化不能超出允许的范围，以便满足设计灌水均匀度要求；另一种是采用补偿式灌水器，毛管铺设长度由灌水器的工作压力范围、地形等条件进行方案比较后综合分析确定。前一种设计方式应用较为普遍，故进行重点介绍。

（一）采用非压力补偿式灌水器时毛管设计

1. 毛管极限孔数 N_m

（1）毛管铺设方向为平坡时 N_m 依据式（6-47）计算：

$$N_m = INT \left[\left(\frac{5.446 [\Delta h_z] d^{4.75}}{k S_e q_d^{1.75}} \right)^{0.364} + 0.52 \right] \tag{6-47}$$

式中　N_m——毛管的极限分流孔数；

INT [ ] ——将括号内实数舍去小数成整数；

k——水头损失扩大系数；

其余符号意义同前。

（2）毛管铺设方向为均匀坡时，N_m 按下列步骤计算：

（1）降比 r 为沿毛管的地形比降与毛管最下游段水力比降的比值，按式（6-48）计算：

$$r = \frac{Jd^{4.75}}{kfq_d^{1.75}}$$　　　　　　　　　　　（6-48）

（2）压比 G 为毛管最下游管段总水头损失与孔口设计水头损失的比值，按式（6-49）计算：

$$G = \frac{kfSq_d^{1.75}}{h_d d^{4.75}}$$　　　　　　　　　　　（6-49）

（3）计算极限孔数。

①当降比 $r \leqslant 1$ 时，按式（6-50）试算：

$$\frac{[\Delta h_2]}{Gh_d} = \frac{(N_m - 0.52)^{2.75}}{2.75} - r(N_m - 1)$$　　　　　（6-50）

②当降比 $r > 1$ 时，按下述方法确定极限孔数：

第一步，按式（6-51）计算 P_n'：

$$P_n' = \text{INT}(1 + r^{0.571})$$　　　　　　　　　（6-51）

第二步，按式（6-52）计算 Φ：

$$\Phi = \frac{[\Delta h_2]}{Gh_d} \times \frac{1}{r(P_n' - 1) - \frac{(P_n' - 0.52)^{2.75}}{2.75}}$$　　　　（6-52）

第三步，根据 Φ 值，按式（6-53）和式（6-54）试算 N_m：

当 $\Phi \geqslant 1$ 时

$$\frac{[\Delta h_2]}{Gh_d} = \frac{1}{2.75}(N_m - 0.52)^{2.75} - \frac{1}{2.75}(P_n' - 0.52)^{2.75} - r(N_m - P_n')$$　　（6-53）

当 $\Phi < 1$ 时

$$\frac{[\Delta h_2]}{Gh_d} = r(N_m - 1) - \frac{(N_m - 0.52)^{2.75}}{2.75}$$　　　　　（6-54）

2. 毛管极限长度 L_m

按式（6-55）计算毛管极限长度：

$$L_m = S(N_m - 1) + S_0$$　　　　　　　　　（6-55）

3. 毛管实际长度及水头损失

在进行田间管网布置时，毛管铺设的实际长度必须小于极限长度，但很多情况下需按照田块的尺寸结合支管的布置进行适当的调整来确定毛管的实际铺设长度，由式（6-39）~式（6-41）按不同情况计算毛管灌水器实际最大工作水头偏差。

（二）采用压力补偿式灌水器时的毛管设计

压力补偿式灌水器的压力补偿功能是在一定压力范围内灌水器流量保持稳定。在毛管设计时，结合地形、灌水器工作压力范围、毛管进口压力及轮灌组划分等因素，列出可能的毛管铺设长度设计方案，找出灌水小区内最小压力和最大压力值点，校核是否超出该补偿式灌水器的工作压力范围，如未超出即满足要求，但应尽可能降低灌水器最高工作压力，降低实际运行成本。

四、支管设计

支管设计的任务是计算支管的水头损失、沿支管的水头分布，确定支管长度和管径。

一般支管设计应按以下两种情况分别考虑：

（1）采用非压力补偿式灌水器且毛管入口处未安装稳流调压装置时，根据灌水小区设计分配给支管的允许压力差进行支管设计。绝大多数微灌系统属此种类型。

（2）毛管入口处安装稳流调压装置时，支管设计只要保证每一毛管入口处的支管压力在稳流调压装置的工作范围内，且满足毛管进口要求的水头即可。

（一）灌水小区设计分配给支管允许压力差时的支管设计

1. 支管管径确定及水头损失计算

灌水小区总水头偏差可由式（6-56）计算求得，支管允许水头损失按式（6-57）计算。当支管长度已定、灌水小区分配给支管的允许的压力差确定的情况下，支管管径按式（6-37）~式（6-41）计算，取 $\Delta h_{max} \leq [\Delta h_z]$ 时的 D_Z 为确定值，查管材技术标准，选承压级大于支管进口工作压力 1.5 倍的直径为选用的直径。

$$[\Delta h] = [h_v] h_d \tag{6-56}$$

$$[\Delta h_z] = [\Delta h] - \Delta h_2 \tag{6-57}$$

式中　　$[\Delta h]$ ——灌水器允许的水头偏差，m；

　　　　$[\Delta h_z]$ ——支管允许水头损失，m；

　　　　Δh_2 ——毛管实际最大水头差，m。

2. 支管进口设计工作水头计算

支管进口设计工作水头计算可采用平均水头法或经验系数法。经验系数法计算误差相对较小，故推荐采用经验系数法。

均匀坡度上等间距多出水口管上灌水器最大、最小流量与设计流量之间关系可表达为式（6-58）和式（6-59）。

$$q_{max} = (1 + 0.65 q_v) q_d \tag{6-58}$$

$$q_{min} = (1 - 0.35 q_v) q_d \tag{6-59}$$

并由此导出：

$$h_{max} = (1 + 0.65 q_v)^{1/x} h_d \tag{6-60}$$

$$h_{min} = (1 - 0.35 q_v)^{1/x} h_d \tag{6-61}$$

$$q_v = \frac{\sqrt{1 + 0.6(1-x)h_v} - 1}{0.3} \frac{x}{1-x} \quad (x \neq 1) \tag{6-62}$$

式中符号意义同前。

上述公式中的0.65和0.35便是经验系数。对于管坡为 $-0.05 \sim 0.05$ 范围内的均匀坡，它们有足够的实用精度。

灌水小区支、毛管布置如图6-19所示，0为小区进口，毛管顺支管流向编号 $(1, 2, 3, \cdots, n-1,$ $n)$ 示于右侧。灌水器顺流向编号为 $1, 2, 3, \cdots,$ $N-1, N$；$J_支$ 与 $J_毛$ 分别表示沿支管、毛管的地形坡度。

众所周知，灌水小区流量偏差率是由支管和毛管上的水头偏差形成的，因此可将小区流量偏差率分成支管流量偏差率 q_{vz} 和毛管流量偏差率 q_{vm}，即 $q_v = q_{vz} + q_{vm}$。此时支管上必定有流量最大和最小的出水口号（即毛管编号），按流量偏差率的定义，则

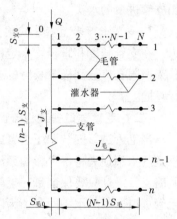

$$q_{vz} = \frac{Nq_{amax} - Nq_{amin}}{Nq_d} = \frac{q_{amax} - q_{amin}}{q_d} \tag{6-63}$$

图 6-19　灌水小区支、毛管布置

式中　q_{amax}——流量最大毛管的滴头平均流量，L/h；

　　　q_{amin}——流量最小毛管的滴头平均流量，L/h；

　　　其余符号意义同前。

由式（6-63）知，支管的流量偏差率即为灌水小区各毛管滴头平均流量的偏差率。毛管的流量偏差率 q_{vm} 仍由灌水器平均流量等于小区灌水器设计流量的毛管（平均流量毛管）的流量偏差率来表达，即该毛管上灌水器最大与最小流量之差除以该小区灌水器设计流量（即该毛管的灌水器平均流量）。

设想将各条毛管上平均流量的灌水器连成一条虚拟的多出水口出流管，其各出水口出流量分别为相应毛管的灌水器平均流量，出水口间距为毛管间距，暂称为平均流量支管，并把实际支管的水头偏差近似地作为其水头偏差。由此可以得出，灌水小区的流量偏差率可由平均流量支管与平均流量毛管的流量偏差率之和来表示。

对于虚拟的平均流量支管，由式（6-58）可得灌水小区内流量最大毛管的滴头平均流量：

$$q_{amax} = (1 + 0.65q_{vz})q_d \tag{6-64}$$

小区内最大流量滴头必定位于流量最大（流量）毛管上，根据式（6-58）和式（6-64），其流量值为

$$q_{max} = (1 + 0.65q_{vm})q_{amax} = (1 + 0.65q_{vm})(1 + 0.65q_{vz})q_d \tag{6-65}$$

式中　q_{vz}——支、毛管布置后，实际采用支管的流量偏差率；

　　　q_{vm}——支、毛管布置后，实际采用毛管的流量偏差率；

　　　其余符号意义同前。

根据式（6-60），流量最大灌水器的工作水头 h_{max} 可由下式求出：

$$h_{max} = (1 + 0.65q_{vm})^{1/x}(1 + 0.65q_{vz})^{1/x}h_d \qquad (6\text{-}66)$$

式（6-65）为按经验系数法推求的灌水小区灌水器最大流量与灌水器设计流量的关系，式（6-66）为灌水小区灌水器最大工作水头与设计工作水头的关系。

求得灌水器最大工作水头之后，再根据判定的工作水头最大的灌水器位置，即可求出支管进口的水头。

3. 支管长度和直径未定时设计

在支管长度和直径均未定的情况下，可根据经验由管材系列参数选择合适的直径，代入极限孔口数和极限长度的公式计算（参见式（6-47）~式（6-55），支管进口压力计算同上）。

（二）毛管进口安装稳流调压装置时的支管设计

当毛管进口安装调压装置或流态指数为零的流调器时，调压装置或流调器上游各级管道的水头损失将不再影响系统的流量偏差，灌水小区允许水头差将全部分配给毛管，此时支管设计只要保证每一毛管入口处的支管压力在流调器的工作压力范围内，且满足毛管进口要求的水头即可。为了保证系统每一毛管入口处的支管压力处于流调器工作压力范围内，需要求出支管最小、最大压力孔号，并将下限水头置于最小压力孔号来推求支管最大压力孔号的工作水头与支管进口水头。同一轮灌组所有支管最大压力孔号的工作水头不得大于流调器工作水头上限。

第八节　干管设计

干管是将灌溉水输送并分配给支管的管道，其作用是输送所属轮灌组工作时相应设计流量，并满足下一级管道工作压力需求。干管管径一般较大，灌溉地块较大时，还可分为总干管和各级分干管。对于一个微灌系统来说，可以有若干个符合水力学要求的干管管径、管材和布置方案，并有相应造价。干管设计主要任务是确定设计方案相应的管径和节点即进口工作水头。设计时要对比设计方案，进行优选。

一、干管设计应考虑的因素

（1）微灌系统干管材质应综合各种因素（如系统设计工作压力、管道价格、安装方便程度、管件配套及市场供应情况以及运输距离等因素）来确定，一般情况下可选用塑料管材。

（2）对于加压微灌系统，根据当地所采用的能源价格和微灌系统管网的造价进行具体分析计算确定，在满足下一级管道流量和压力的前提下按年费用最小原则进行设计。特别是在微灌系统年工作时间长的干旱地区和能源费用较高的地区，必须坚持低能耗原则，尽可能降低设计工作水头。

（3）对于自压微灌系统，在运行安全和管理方便的前提下，应尽可能地利用自然水头实现灌溉。

（4）管道流速不应小于不淤流速（一般取 0.5 m/s），不应大于最大允许流速（通常限制在 2.5~3.0 m/s）。

二、干管设计方法

依据地形条件、工作压力、毛管和支管的田间布置等条件对干管进行布置。管径确定是干管设计的主要内容，应以系统运行费用与投资费用之和最小来判定，并根据承受压力确定各管段的管径，用常规的设计方法很难做到这一点，目前设计中常用两种方法：一种是通过方案比较选择；另一种是通过计算机，在布置形式或运行方案已定的条件下进行优化设计。一般情况下，可以采用经验公式法、经济管径法或能坡线法求出初选管径，然后根据压力要求、分流条件和布置情况进行调整、对比后确定管径。

（一）经验公式法

对于规模不大的微灌系统，可采用式（6-67）或式（6-68）估算干管管径。

当 $Q < 120$ m³/h 时

$$d = 13\sqrt{Q} \tag{6-67}$$

当 $Q \geqslant 120$ m³/h 时

$$d = 11.5\sqrt{Q} \tag{6-68}$$

式中　d——干管内径，mm。

（二）经济管径法

采用电力为动力、管材为硬聚氯乙烯（PVC–U）时，经济管径（内径）计算采用式（6-69）：

$$d' = 10(t_n x_n)^{0.15}\left(\frac{Q_g}{1\,000}\right)^{0.43} \tag{6-69}$$

由于管材价格变化，需用式（6-70）将管径修正：

$$d = (3\,900/Y')^{0.15} d' \tag{6-70}$$

式中　t_n——年运行时间，h，作物不同，灌溉制度不同，系统年运行时间不同，取值不同；

x_n——电费，元/（kW·h）；

Y'——PVC–U 管现行价格，元/t；

其余符号意义同前。

（三）能坡线法

当干管纵剖面线、流量、进口压力和所需的工作压力（即允许损失的水头）已知时，如自压微灌系统，将勃拉休斯公式变换后，采用式（6-71）和式（6-72）计算管径。

$$i = \frac{\Delta H}{\Delta L} \tag{6-71}$$

$$d = \left(\frac{1.47 v^{0.25} Q^{1.75}}{i}\right)^{\frac{1}{4.75}} \tag{6-72}$$

式中　i——能量坡度；

ΔH——管段允许的水头损失，m；

ΔL——管段长度，m；

其余符号意义同前。

第九节　首部枢纽配置与水泵选型

首部枢纽设计就是根据系统设计工作水头和流量、水质条件等因素，正确选择和合理配置相关设备与设施，以保证微灌系统实现设计目标。

微灌系统首部枢纽设计包括水泵选型、过滤、施肥、控制、量测和安全设备配置等。过滤、施肥、控制、量测和安全设备配置选型参见相关章节，本章只介绍水泵选型内容。

水泵是微灌工程中的加压设备，除少数利用自然高差实现自压微灌外，绝大多数微灌工程都需要配置水泵。

微灌工程常用中小型离心泵和潜水电泵，常用离心泵、潜水电泵和管道泵规格与性能参数可参照制造商产品目录或其他参考资料选择。

一、水泵选型原则

（1）在设计扬程下，流量满足微灌系统设计流量要求，选用系列化、标准化以及更新换代产品。

（2）在长期运行过程中，水泵平均工作效率要高，且经常在最高效率点的右侧运行为最好。

（3）便于运行和管理。

二、水泵扬程计算与水泵选型

（一）微灌系统设计水头

微灌系统设计水头，应在最不利灌溉条件下按式（6-73）计算：

$$H = Z_\mathrm{p} - Z_\mathrm{b} + h_0 + \sum h_\mathrm{f} + \sum h_\mathrm{j} \tag{6-73}$$

式中　H——系统设计水头，m；

Z_p——典型灌水小区管网进口的高程，m；

Z_b——系统水源的设计水位，m；

h_0——典型灌水小区进口工作水头，m；

$\sum h_\mathrm{f}$——系统进口至典型灌水小区进口的管道沿程水头损失（含首部枢纽沿程水头损失），m；

$\sum h_\mathrm{j}$——系统进口至典型灌水小区进口的管道局部水头损失（含首部枢纽局部水头损失），m；

其余符号意义同前。

（二）水泵扬程计算

选水泵时可按微灌系统设计水头计算水泵设计扬程，然后校核水泵在各个轮灌组工作时的工况点。

采用离心泵时

$$H_\text{泵} = H + \Delta Z + f_\text{进} \tag{6-74}$$

采用潜水泵时

$$H_\text{泵} = H + h_1 + h_2 \tag{6-75}$$

式中　$H_\text{泵}$——系统总扬程，m；

　　　ΔZ——水泵出口轴心高程与水源水位平均高程之差，m；

　　　$f_\text{进}$——进水管水头损失，m；

　　　h_1——井下管路水头损失，m；

　　　h_2——井的动水位到井口的高程差，m；

　　　其余符号意义同前。

（三）水泵选型

根据微灌系统设计流量和系统总扬程，查阅水泵生产厂家的水泵技术参数表，选出合适的水泵及配套动力。一般水源设计水位或最低水位与水泵安装高度（泵轴）间的高度差超过吸程以上时，宜选用潜水泵；反之，则可选用离心泵。当选择水泵配套动力机时，应保证水泵和动力机功率相等或动力机功率稍大于水泵功率。各种水泵的性能特点及配套动力机选型的基本要求等可参照相关文献。

三、水泵工况点确定与校核

水泵铭牌上的流量和扬程是水泵的额定流量和额定扬程。在不同的管路条件下，系统需要水泵提供的流量和扬程是不同的，即工况点不同。比如某微灌系统配备流量为 200 m³/h、扬程为 28 m 的水泵，在系统工作时，不同的轮灌组要求水泵提供的流量和扬程均不同，因此水泵工况点需用水泵的流量—扬程（$Q \sim H$）曲线与微灌系统不同轮灌组时需要扬程曲线来共同确定。

一般来说，在无调压设施与变频装置条件下，不同轮灌组水泵的工况点不同。水泵的 $Q \sim H_\text{水泵}$ 曲线由水泵制造厂家提供，系统的需要扬程曲线即 $Q \sim H_\text{需}$ 曲线在微灌管网系统与轮灌组确定的条件下求得，一个轮灌组有一条曲线，如图 6-20 所示，n 个灌组有 n 条曲线，与水泵性能曲线 $Q \sim H_\text{水泵}$ 有 n 个交点，即 1，2，…，n 个工况点，均在高效区即可。

四、水泵安装高程确定

水泵安装高程是指满足水泵不发生汽蚀的水泵基准面（对于卧式离心泵是指通过水泵轴线的水平面，对于立式离心泵是指通过第一级叶轮出口中心的水平面）高程，根据水泵工况点对应的水泵允许吸上真空高度和水源水位来确定。水泵的允许吸上真空高度可用必需汽蚀余量（$NPSH$），或允许吸上真空高度计算，水泵制造厂家提供的必需汽蚀余量（$NPSH$），是额定转速的值，需用工作转速修正；而允许吸上真空高度是在标准状况下，以清水在额定转速下试验得出的，须进行转速、气压和温度修正得到水泵允许吸上高度，然后参照式（6-76）计算水泵安装高程：

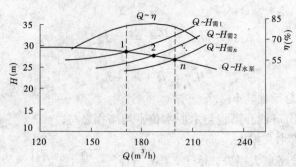

$Q \sim \eta$—水泵流量、效率曲线；$Q \sim H_{水泵}$—水泵的性能曲线；

$Q \sim H_{需1}$、$Q \sim H_{需2}$、$\cdots$、$Q \sim H_{需n}$—第一轮灌组、

第二轮灌组、$\cdots$、第 n 轮灌组的需要扬程曲线

图 6-20　水泵工况点确定与校核图

$$\nabla_{安} = H_{允许} + \nabla_{min} \tag{6-76}$$

式中　$\nabla_{安}$——水泵安装基准面高程，m；

∇_{min}——水泵取水点最低工作水位高程，m；

$H_{允许}$——水泵允许吸上真空高度，m，可参考有关专业资料。

第七章 微灌系统水处理

第一节 水质与系统堵塞

一、微灌水质指标

目前，国内外尚未见到正式颁布的微灌用水水质标准，但在实际工程应用中，总结出了一些很适用的微灌水质指标，供工程技术人员参考使用，主要包括：①Bucks 的水质标准分类法；②分级法；③《微灌工程技术规范》（GB/T 50485—2009）提供的微灌水质评价指标；④对碳酸盐沉积的评价。

（一）国内外常用水质分类标准

1. 国内常用水质分类标准

《微灌工程技术规范》（GB/T 50485—2009）对微灌水质进行了规定，并提出了微灌水质评价表（详见表 7-1）。标准要求微灌水质应符合《农田灌溉水质标准》（GB 5084—2005）的规定；当使用微咸水、再生水等特殊水质进行微灌时，应有论证，参照表 7-1，分析灌水器堵塞的可能性，并根据分析结果作相应的水质处理。此外，进入微灌管网的水不应有大粒径泥沙、杂草、鱼卵、藻类等物质，不应有油。

表 7-1 国内微灌堵塞程度的水质评价指标

水质分析指标	单位	堵塞的可能性		
		低	中	高
悬浮固体物	mg/L	<50	50～100	>100
硬度	mg/L	<150	150～300	>300
可溶固体	mg/L	<500	500～2 000	>2 000
pH 值		5.5～7.0	7.0～8.0	>8.0
全部铁含量	mg/L	<0.1	0.1～1.5	>1.5
锰含量	mg/L	<0.1	0.1～1.5	>1.5
硫化氢含量	mg/L	<0.1	0.1～1.0	—

2. 国外常用水质分类标准

20 世纪 70 年代，美国学者 Bucks 和 Nakayama 等对微灌的堵塞进行了系统的研究，并于 1980 年提出了表明微灌系统中水质与堵塞状况的分类方法，被世界各国广泛参考采用。具体指标详见表 7-2。

表 7-2　国外微灌堵塞程度的水质指标

水质分析指标	轻	中	严重
物理因素			
悬浮固形物	< 50	50 ~ 100	> 100
化学因素			
pH 值	< 7.0	7.0 ~ 8.0	> 8.0
溶解物（mg/L）	< 500	500 ~ 2 000	> 2 000
锰（mg/L）	< 0.1	0.1 ~ 1.5	> 1.5
全部铁（mg/L）	< 0.2	0.2 ~ 1.5	> 1.5
硫化氢（mg/L）	< 0.2	0.2 ~ 2.0	> 2.0
生物因素			
细菌含量（个/mL）	< 10 000	10 000 ~ 50 000	> 50 000

（二）分级法

在以色列等国家，微灌设备生产商在工程应用中还提出了另一种表示水质状况的方法，称为分级法，即将水的物理、化学、生物特性划分成 11 个不同等级，如表 7-3 所示，0 - 0 - 0 级表示水质非常好，10 - 10 - 10 级表示水质极差。几种常见水源水质分级见表 7-4。

表 7-3　滴灌水质分级

水质级别	无机悬浮固形物含量（mg/L）	化学物质含量		细菌含量（个/mL）
		溶解物（mg/L）	铁或锰（mg/L）	
0 - 0 - 0	< 10	< 100	< 0.1	< 10^2
1 - 1 - 1	10 ~ 20	100 ~ 200	0.1 ~ 0.2	$10^2 ~ 10^3$
2 - 2 - 2	20 ~ 30	200 ~ 300	0.2 ~ 0.3	$10^3 ~ 2 \times 10^3$
3 - 3 - 3	30 ~ 40	300 ~ 400	0.3 ~ 0.4	$2 \times 10^3 ~ 3 \times 10^3$
4 - 4 - 4	40 ~ 50	400 ~ 500	0.4 ~ 0.5	$3 \times 10^3 ~ 4 \times 10^3$
5 - 5 - 5	50 ~ 60	500 ~ 600	0.5 ~ 0.6	$4 \times 10^3 ~ 5 \times 10^3$
6 - 6 - 6	60 ~ 80	600 ~ 800	0.6 ~ 0.7	$5 \times 10^3 ~ 10^4$
7 - 7 - 7	80 ~ 100	800 ~ 1 000	0.7 ~ 0.8	$10^4 ~ 2 \times 10^4$
8 - 8 - 8	100 ~ 120	1 000 ~ 1 200	0.8 ~ 0.9	$2 \times 10^4 ~ 3 \times 10^4$
9 - 9 - 9	120 ~ 140	1 200 ~ 1 400	0.9 ~ 1.0	$3 \times 10^4 ~ 4 \times 10^4$
10 - 10 - 10	> 140	> 1 400	> 1.0	> 4×10^4

注：1. 对于化学物质而言，这种分类是指溶解固形物、铁、锰等的最大浓度。

2. 若水的 pH 值超过 7.5，化学作用加剧，分级成倍增加。

3. 如水中包含大量田螺，因其繁殖及排泄的增加，分级成四倍增加；另外由于水质经常变化，应经常测定。

4. 水质级别说明：水质级别 0 - 0 - 0 中第 1 位表示无机悬浮固形物含量，第 2 位表示化学物质含量，第 3 位表示细菌含量。

表7-4　几种常见水源水质分级

水源	最大悬浮固形物含量（mg/L）	最大溶解固形物含量（mg/L）	最大细菌含量（个/mL）	水质等级	水源	最大悬浮固形物含量（mg/L）	最大溶解固形物含量（mg/L）	最大细菌含量（个/mL）	水质等级
饮用水	1	500	10	0 - 4 - 0	河流	70	900	4 000	6 - 7 - 4
地表径流	300	50	10 000	10 - 0 - 6	井水	1	1 650	40 000	0 - 10 - 9

二、微灌系统堵塞

微灌系统的堵塞包括过滤器堵塞、管网堵塞和灌水器堵塞等，其中最常见的堵塞是灌水器堵塞。

（一）灌水器堵塞过程

从堵塞现象的本质上讲，微灌灌水器的堵塞是一个物理现象，按照堵塞特点可分为渐变堵塞和随机堵塞两类。两者的区别在于渐变堵塞是逐渐堵塞流道，随机堵塞是在短暂时间内使灌水器发生致命性堵塞。渐变堵塞是指较小的杂质颗粒受到外力作用，在灌水器流道内逐渐沉淀或沉积，随着时间的推移由薄到厚、由少到多，使流道断面逐渐变窄的堵塞过程。常见的有碳酸钙氧化铁的沉淀、固体泥沙颗粒沉积和有机颗粒的沉积等。随机堵塞是一种机械性堵塞，一种情况是单一杂质或复合体颗粒的尺寸大于灌水器的流道尺寸，颗粒直接堵在灌水器的流道内，使灌水器失灵；另一种情况是略小于流道尺寸的杂质颗粒进入灌水器的流道，在流道转弯或拐角处停留产生堵塞，有时也可能是由多个杂质的组合体直接堵塞流道。因施工与维护不当、过滤器严重故障等使较大杂质进入管网往往产生随机堵塞。

碳酸钙的沉淀主要受水温变化的影响，研究认为其沉积过程主要是在灌水器不工作时，管道内部剩余水的温度升高，使钙离子发生化合反应产生沉淀。一般现象是连续灌水的灌水器沉淀堵塞较轻，频繁灌水的灌水器沉淀堵塞较重。碳酸钙沉淀一般速度较慢，产生的直接危害并不严重，间接作用危害较大，它使灌水器流道壁面变得粗糙，其他颗粒杂质更容易沉积和滞留，从而产生堵塞。氧化铁的沉淀与铁瘤菌的活动有关，也是常见的细菌堵塞因素之一。

固体颗粒的沉积主要是指较小的颗粒（100 μm 以下）进入灌水器流道后流速变慢，受重力因素的影响，下降沉积到流道壁面上，当壁面光滑时，它可能被水流带走，当壁面粗糙时，就停止下来，随后到来的颗粒一部分被水带走，另一部分继续停留下来，带走的那部分颗粒随着下游流速的变缓又形成新的沉积，随着时间推移，颗粒越积越多，流道的断面不断被缩小，日复一日灌水器堵塞从流道进口逐渐向下游推进，直至整个流道全部被堵塞。泥沙含量高的水质或含粉细沙的井水容易产生此类堵塞，此时采用棍棒轻轻敲击灌水器可以将流道内的泥沙排除。

有机颗粒的堵塞主要是由于黏性颗粒、微生物团粒、代谢分泌物和油渍等引起的，这些颗粒的形状不规则，有球状、丝状、带状和棒状，它们一般具有黏性，在水中运动过程中，容易相互黏结、缠绕和聚合，同时它们还吸附一些较小的颗粒从而形成较大尺寸的杂质，这些杂质一般比重较轻，容易被水流带走或穿过灌水器进入田间。但是当某一个杂质黏附在流道的壁面上时，它会黏结其他的过路杂质，进而逐渐堵塞流道。微生物和有机物含量高的水质容易产生此类堵塞。与固体颗粒沉积不同的是，有机颗粒的沉积位置是不定的，它是随机的，而不是从灌水器流道入口开始。

此外，还有一些堵塞是无法通过水质处理防治的，常见的堵塞现象有作物根系对地下滴灌灌水器的入侵，地下滴灌灌水器的负压堵塞，昆虫或小动物在地面上布设的微喷头和滴头流道内寄居等。

综上分析，灌水器的堵塞主要包括粒径较大颗粒的随机堵塞和离子沉淀、微小固体颗粒沉积等渐变堵塞。其中，微小固体颗粒沉积和较大颗粒随机堵塞是物理堵塞，通常采用沉淀、过滤的方法进行处理，加强工程施工与运行管理也是预防和解决此类堵塞的有效措施。而离子沉淀是化学堵塞，有机颗粒沉积堵塞则是生物、化学和物理多方面复合因素的作用，此类堵塞只能采用化学处理方法才能奏效。但是经验证明采用化学药剂处理方法是不经济和不易控制的，一般情况不要轻易使用化学处理手段，如采用化学处理，应严格按照操作规程办事，避免产生意外。

固体颗粒和有机颗粒沉积堵塞是微灌解决堵塞的重点，在实际应用中采用不同类型、规格过滤装置是较为经济、适用和可行的解决办法。

（二）灌水器堵塞原因

灌水器堵塞因素较为复杂，除较明确的单因素堵塞外，如细菌、藻类等堵塞，还包括物理、化学和生物因素综合作用形成的堵塞。目前，国内外专家已经开展了大量的研究工作，最具代表性的研究成果是美国学者提出的微灌灌水器堵塞因素，分为物理因素（悬浮物）、化学因素和生物因素三种，详见表7-5。

表7-5　微灌灌水器堵塞主要因素

物理因素	化学因素	生物因素
无机悬浮颗粒： 　泥、砂等； 有机悬浮颗粒： 　塑料碎末、油污等； 水生作物： 　浮游作物、藻类； 水生动物： 　浮游动物、蜗牛	碱性氧化物： 　钙、锰、铁、镁等； 阴离子： 　锰酸盐、碳酸盐、氢氧化物、硅酸盐、硫酸盐； 肥料： 　氨水、磷、铁、锌、铜	细菌： 　铁菌、锰菌、硫菌等； 微生物分解物： 　丝状、粒状代谢物

1. 物理因素

物理堵塞主要包括无机和有机的悬浮颗粒堵塞，无机悬浮颗粒一般由砂、粉粒、黏粒等组成，按颗粒粒径大小划分如表7-6所示。表中同时列出了砂土颗粒尺寸所对应的目数大小。

表 7-6　土壤粒级分类

粒级名称	粒径（μm）	目数
非常粗的砂	1 000 ~ 2 000	10 ~ 18
粗砂	500 ~ 1 000	18 ~ 35
中等砂	250 ~ 500	35 ~ 60
细砂	100 ~ 250	60 ~ 160
粉细砂	50 ~ 100	160 ~ 270
粉粒	2 ~ 50	
黏粒	<2	

有机悬浮物主要是指水生动、植物，如浮游生物、藻类等，也包括塑料碎末、油污、作物根系及其他杂质入侵等。由于藻类和细菌也属于生物堵塞因素，将在下面的生物因素中进行详细介绍。

2. 化学因素

化学因素主要是指灌溉水中离子在外界条件发生变化时，离子之间发生化学反应产生沉淀物对灌水器造成堵塞的因素。pH 值是重要的因素之一，当 pH 值超过 7.5 的硬水，钙或镁可停留在过滤器、支管和灌水器中；当碳酸钙的饱和指标大于 0.5 且硬度大于 300 mg/L 时，存在堵塞的危险。水中铁、硫化锰或金属氢氧化物的浓度较大时，这些铁、硫化锰或金属氢氧化物形成积垢停留在管道壁或灌水器流道上。当实施微灌施肥作业时，所使用化肥的一些成分可能与水中其他溶解物质发生反应形成沉淀堵塞。水温的升高使碳酸钙的溶解度减小，也会引起水中二氧化碳的释放，生成碳酸钙并滞留在管壁上，这一过程因 PE 管对二氧化碳有可渗透性而得到加强。在灌水器中沉淀的化合物成分很可能随季节的变化而改变，在冬季和春季，硅酸铝的百分比可能较大；在夏季，磷和钙的百分比可能较高。防治化学堵塞的方法是对水质进行化学处理，这将在后面的一节中进行详细分析。

3. 生物因素

1）浮游作物——藻类

浮游作物是以单细胞集群或丝束状形式出现的。藻类是水体中食物链的基本要素。藻类对微灌系统最具破坏性的特点是在管道中、水中形成胶凝质和黏基质。这些基质被用于细菌黏质物的生长，并且能与悬浮物一起形成堆集，从而引起堵塞。藻类堵塞对过滤器和灌水器的破坏性很大，常常造成灌溉系统的瘫痪。

如同其他微生物体一样，藻类繁殖也需要无机化合物养分。藻类需要的主要营养是二氧化碳、氮、磷和微量元素（如铁、铜和钼）。藻类的发育有季节性循环的特征。当光少并且温度较低时，藻类的生长受阻。在春夏季，当温度升高、光照增加、可用养分也增加时，藻类生长旺盛期出现。由于灌溉季节一般是较温暖的天气，这更有利于灌溉系统内部藻类生物的活动，从而容易引起微灌系统的堵塞。表 7-7 列出了一些常见的引起过滤器堵塞的藻类。

表 7-7　可能导致过滤器堵塞的藻类尺寸

纲名	种名	尺寸 (μm)	
		单体	集群
硅藻	1. 小球藻	11	11
	2. 桥弯藻	12	20
	3. 脆杆藻	5 ~ 8	60 ~ 100
	4. 直链藻	10	20
	5. 舟形藻	3 ~ 5	70 ~ 100
	6. 针杆藻	1 ~ 5	90 ~ 150
绿藻	7. 水绵	10 ~ 20	
	8. 转板藻	6 ~ 20	
蓝藻	9. 颤藻	3 ~ 8	
鞭毛藻	10. 多甲藻	42 ~ 52	44 ~ 52

2）细菌黏质物

细菌黏质物的种类很多，研究表明引起微灌系统堵塞的主要有下列 3 种：

（1）硫黏质物。当水中含有超过 0.1 mg/L 全硫的硫化氢时会出现硫黏质物。

（2）铁黏质物。当水中含有超过 0.1 mg/L 铁时可能出现铁黏质物。

（3）未定义黏质物。呈细丝状或其他形状。

影响细菌和黏质物生长发育的主要因素是水的 pH 值、水温和有机碳来源。需氧的硫黏质物是在硫化氢向元素硫转换的过程中由各种只需微量氧的细菌活动而形成的，其最佳的 pH 值为 6.7 ~ 7.2，这些细菌产生白色的软黏质物团块。借助于对可溶氧化亚铁的氧化过程，细菌可促进形成不可溶的三氧化二铁，其形式是固定的。

3）浮游动物

浮游动物的尺寸在 0.2 ~ 30 mm 范围变化。食物链中首先被养育的是素食浮游动物，包括原生动物、轮虫类、小的甲壳纲动物和鱼类。这些浮游动物产生的虫卵对微灌系统同样带来堵塞的危害，因为这些虫卵在微灌系统中成长和孵化，使其体积变大以至于堵塞灌水器。浮游动物的发育也有季节性循环的特点。在春季开始时，一般浮游动物以小密度出现（有时低于每升 1 只），然后在上部水层中轮虫类开始发展（每升可达4 000只），最后轮虫类的数量下降，小甲壳纲动物数量上升，到了夏初时水蚤繁殖较为旺盛。

4）其他生物物质

其他生物物质有幼小动物、虫卵、作物屑粒和腐殖质（如木质素和纤维素）等。

4. 其他原因

（1）爬行动物在灌水器流道内筑巢产卵等常常造成微喷灌灌水器的堵塞。

（2）管道因地势产生的负压容易将泥土吸入地下滴灌灌水器堵塞流道。

（3）对于地下滴灌，由于作物根系向水性作用，根系将围绕滴灌管增长、扩散，细小根系向管内伸展而造成堵塞。

第二节　过滤设备分类

过滤可定义为两项或多项流体中悬浮物进入一组设备后被分离的过程。采用何种过滤方式取决于流体和分离物质的特性（如密度、颗粒尺寸及化学电磁性质等）。一般情况下，微灌系统的过滤装置由两种以上的过滤器配合使用。

由于微灌用过滤器内水流流速大，过滤介质被杂质颗粒堵塞的频率较高，所以过滤器的冲洗功能与过滤同样重要。在运行中，出现了下述情况时，必须对过滤介质进行冲洗。

（1）系统流量减小。部分堵塞了的过滤器将使流量下降，使得过滤系统下游在较低压力下运行，在此情况下，若保持供应相同的流量，系统的性能曲线需向较高压力方向移动，导致能耗增加。

（2）过滤器压差增大。过滤元件上下游压差的增大可能迫使沉积的固形物挤进过滤器介质中，对网式过滤器可导致几乎是永久的堵塞状态，清理起来难度大。在有些情况下，过滤器进出口过大的压差还可能造成筛网的物理损坏。

微灌工程中常用的过滤器有砂过滤器、网式过滤器、叠片式过滤器和旋流水砂分离器等几种类型，如图 7-1 所示，每一种类型的过滤器基于不同的原理与水源水质对应完成不同的过滤任务。常用过滤器的规格型号与性能参数见附表 28～附表 33。

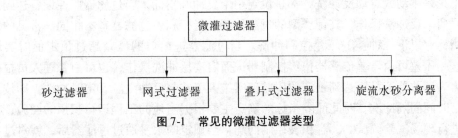

图 7-1　常见的微灌过滤器类型

一、砂过滤器

（一）结构与分类

1. 结构

砂过滤器基本组成包括过滤罐、反冲洗机构、压力流量监控设备和进出水管等。图 7-2 是一个过滤罐的基本结构示意图，主要包括进出水口、滤料、集水箱（管）和滤料支撑板等，此外，过滤罐上面还有填砂孔和检修孔等辅助设施。

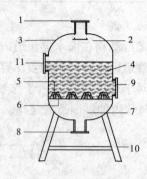

1—进水口；2—布水板；3—外壳；4—滤料；5—滤头；6—滤料支撑板；

7—集水箱；8—出水口；9—出料口；10—支座；11—装料口

图 7-2　砂过滤器结构示意图

2. 分类

砂过滤器按组合、规模大小分为单罐单独运行和多罐并联运行两类，过滤罐的结构有立式和卧式两种。单罐过滤器结构简单、操作方便，但冲洗时需要停止向系统供水。多罐过滤器结构相对比较复杂，操作较烦琐，一般应用自动控制系统自动化程度比较高，能够持续向系统供水。

按冲洗控制方式分类，可分为手动反冲洗砂过滤器和自动反冲洗砂过滤器。手动反冲洗是指靠人力操作进行滤料的清洗，一般步骤是首先切断被清洗过滤罐的进水阀，然后打开反冲洗阀门和排污阀，于是其他罐的滤后水形成反向水流，使滤料膨胀运动，最后夹有杂质水从排污阀中流出，就完成单个过滤罐反冲洗过程。自动反冲洗是指利用专门自动控制机构对过滤器实施反冲洗操作。

不论是手动或自动反冲洗，都是设定一个反冲洗指标，当过滤器监控设备达到这个指标时启动反冲洗操作，其他类型的过滤器清洗指标和砂过滤器基本相同。常见的冲洗控制指标有以下几种：①压差控制冲洗。当过滤器进出口的压差超过预定值时实施冲洗。这一压差可由压差传感器传给控制器进而启动反冲洗操作，也可由管理人员根据两块压力表读数差值是否达到预定的压差值实施人工控制反冲洗。②定时冲洗。即按设置的固定时间间隔冲洗。时间间隔指标的确定主要根据当地的工程运行积累的经验，必要时要进行现场试验调试。③容积表控制冲洗。当预定的水量通过过滤器后，就对过滤器实施反冲洗。水量预定值主要由工程技术人员依据水质和调试的具体情况而定，其测量仪器主要靠计量表。

我国微灌工程上推荐的砂过滤器的规格型号如图 7-3 所示，从规格型号上可以看出过滤器的最大压力、最大流量、滤料型号等指标情况。

（二）工作原理与特点

如图 7-4 和图 7-5 所示，是一个典型的双罐自动反冲洗砂过滤器的过滤、反冲洗模式示意图。过滤时水从两过滤罐上部进入并经石英砂滤层同时过滤，图中带箭头的线表示水流方向示意图，过滤罐上游安装有反冲洗三向阀，通过调整三向阀的启闭可实现过

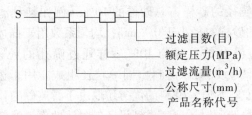

图7-3　砂过滤器的规格型号分类

滤和反冲洗的转换。过滤模式时两个罐并联工作（见图7-4）。反冲洗时，由其中一个罐承担过滤工作，过滤后的水一部分继续流向大田灌溉作物，另一部分水形成反向水流，用于冲洗另一个过滤罐（见图7-5）。两个罐交替冲洗，全部冲洗结束后重新回到过滤状态。多罐组合时过滤与反冲洗原理相类似。

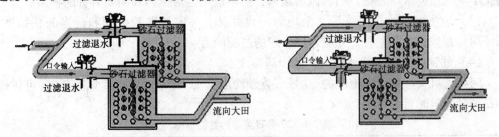

图7-4　过滤模式　　　　　　　　　　图7-5　反冲洗模式

作为灌溉系统的主要过滤设备，同其他类型的过滤器比较，砂过滤器具有很高的去除各种污物的能力，是含有有机物和淤泥杂质水源的最适宜过滤器。它适用于水库、明渠、池塘、河道、排水渠及其他含污物的水源。但是，砂过滤器也存在不足，一是对分离粒径在 $1 \sim 10 \ \mu m$ 范围的污粒，其过滤效率低于15%，大于 $10 \ \mu m$ 的污粒通过砂过滤器的效率高于50%；二是砂过滤设备的体积较大和管理成本较高；三是反冲洗用水量较大。

（三）石英砂滤料选择

微灌过滤器常用砂有石英砂和花岗岩砂两种，但由于花岗岩碎砂中常常含有铁、锰和云母等矿物质，对微灌用水可能产生不利影响，因此大多情况下是选用石英砂作为过滤介质，我国微灌砂过滤器滤料95%以上采用石英砂。按照石英砂的来源不同，有河砂和原岩粉碎砂两种类型。河砂是天然风化并经水流挟带堆积而成的，经过沿途磨损，砂的棱角已基本消失，颗粒浑圆，孔隙率较小。另外，河砂中混有各种质地的泥沙和泥土等物，很不容易将它们分离出去，因此必须经过清洗后才能用做过滤砂。而人工石英砂是石英矿经人工粉碎的颗粒，具有质地纯正、棱角多、孔隙率大等优点，且能按照要求筛分出各种规格和级配的专用砂，其货源较广、市场价格便宜、采购方便，因此它是过滤用砂的理想原料。在微灌工程上考虑灌水器流道尺寸与堵塞的关系，常用的是16号、20号和30号石英砂。其中，16号石英砂（平均粒径：825 μm）可截留的悬浮固体颗粒尺寸大于75 μm。20号石英砂（平均粒径：550 μm）可截留的悬浮固体颗粒尺寸大于40 μm。30号石英砂（平均粒径：340 μm）可截留的悬浮固体颗粒尺寸大于20 μm。

石英砂滤料主要用平均有效粒径和均匀系数两个指标来分类，平均有效粒径是指某种砂石滤料中小于这种粒径的砂样占总砂样的 10%，例如某种滤料的有效粒径为 0.8 mm，是指其中有 10% 的砂样粒径小于 0.8 mm；均匀系数用于描述砂石滤料的粒径变化情况，以 60% 砂样通过筛孔的粒径与 10% 砂样通过筛孔的粒径的比值来表示（即 d_{60}/d_{10}），若此比值等于 1，说明该滤料由同一粒径组成。用于微灌系统的砂过滤器，滤料的均匀系数在 1.5 左右为宜。滤料的优劣还取决于石英砂的化学性质和形状、粒径粗细等物理指标，在滤料选配时还要考虑到设备的过滤效率、滤料成本等其他因素，需要满足以下具体要求：

（1）具有足够的机械强度，以防在过滤和反冲洗时滤料产生磨损和破碎现象。

（2）具有足够的化学稳定性，由于要利用微灌系统施肥和施药，以及为了防止系统堵塞要对系统进行氯处理和酸处理，要求滤料在上述工作环境下不与弱酸弱碱溶液产生化学反应而使水质恶化，引起微灌堵塞，更不能产生对作物和动物有害的物质。

（3）应尽可能地在颗粒尺寸上均匀一致并具有一定的颗粒级配和适当的孔隙率，保证均匀系数在 1.5 左右，并能达到一定的过滤能力。

（4）滤料应尽可能就地取材，减少运输成本。

河南省巩义市某厂家生产的 20 号石英砂性能见表 7-8，理化指标见表 7-9，可供选择石英砂滤料时对照参考。

表 7-8　20 号石英砂的性能指标

规格	比重 γ（g/cm³）	孔隙率 m（%）	球型度系数 ψ	有效粒径 d_{10}（mm）	均匀系数
20 号	2.65	0.42	0.80	0.59	1.42

表 7-9　20 号石英砂的理化指标

分析项目	测试数据	分析项目	测试数据
SiO_2	≥99%	莫式硬度	7.5
破碎率	<0.35%	密度	2.66 g/cm³
磨损率	<0.3%	堆密度	1.75 g/cm³
孔隙率	45%	沸点	2 550 ℃
盐酸可溶性	0.2%	熔点	1 480 ℃

（四）基本参数

1. 滤料的厚度和粒径

滤料的厚度主要考虑过滤效果和过滤阻力两个因素，这两个因素是反向关联的，砂滤层越厚过滤过程越有效，但同时砂滤层越厚过滤器的水头损失就越大。试验表明，对于微灌砂过滤器来说，滤层的水头损失主要集中在滤层的上部 30 cm 内，即真正起到过滤作用的砂滤层是上面的 30 cm 厚度，30 cm 以下的滤料所起的过滤作用很小。但是为了防止滤层表面出现坑洼现象需要一定的安全厚度，所以滤层的厚度一般取 50 cm 以上。

砂滤料颗粒粒径的选择主要与滤料能够滤除掉的固体颗粒的粒径有关，在微灌工程上允许通过灌水器流道的固体悬浮颗粒粒径为流道尺寸的 $1/10 \sim 1/6$，假如流道的尺寸为 8 mm，则需要滤除掉的颗粒粒径就是 $80 \sim 133$ μm。如前面所言，16 号石英砂可截留的悬浮固体颗粒尺寸是 75 μm，20 号石英砂可截留的悬浮固体颗粒尺寸是 40 μm。这时选择 16 号石英砂较为合适。

滤料的厚度和粒径因素是两个反向关联的参数，对于低流速过滤器，滤层厚度为 $80 \sim 100$ cm，砂石滤料粒径应采用较细粒径（$0.1 \sim 0.8$ mm）。对于高流速过滤器，滤层厚度应为 $50 \sim 80$ cm，滤料粒径宜选用较大尺寸（粒径 $1.0 \sim 2.0$ mm）。

2. 过滤参数

1）过滤器的流量和流速

过滤器流量是指过滤器在单位时间内过滤的水量，单位是 m^3/h，有时也采用单位面积单位时间过滤水量表示，单位是 $m^3/(h \cdot m^2)$。流速是指通过滤层的水流平均速度，它是指滤层的过滤速度，常用单位为 m/h。流量直接与流速相关，流速越高流量就越大。由于影响流速的因素很多，所以没有一个确切的标准，实际应用中根据具体情况确定。建议流速范围为 $40 \sim 70$ m/h，即过流量范围为 $40 \sim 70$ $m^3/(h \cdot m^2)$。

2）过滤器的压差指标

压差指标主要包括清洁压降和反冲洗压降两个指标。清洁压降是指在没有过滤负荷的条件下过滤器在额定流量下其进出口之间的水头损失或压降值，它是衡量过滤器质量优劣的一个重要指标。反冲洗压降是指过滤器滤层需要进行清洗时进出口之间的水头损失或压降值，它是过滤器在应用中最重要的控制管理指标之一。

3. 反冲洗参数

1）反冲洗流量和流速

反冲洗速度是表示反冲洗强度的指标，是指砂过滤器进行滤料反清洗时需要的反向水流流速。它是一个流速范围，因为反冲洗流量（流速）过大往往会把滤料冲出，过小又会使冲洗强度不够，无法达到预期的冲洗效果。

2）反冲洗时间

反冲洗时间是指清洗单个过滤罐所需要的时间。试验表明，反冲洗时间与反冲洗速度并不呈正比关系，下面是一组试验结果图（见图7-6），它反映了冲洗时间与冲洗效果（排污水的浊度）的关系。

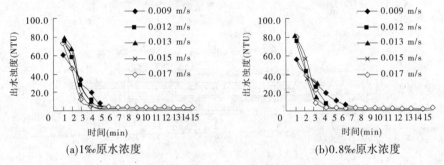

图7-6 不同反冲洗速度下出水浊度随时间变化趋势线

从图 7-6 中可以看出：①随着反冲洗流速的加大，出水浊度接近清水浊度的时间缩短，说明加大反冲洗流速可以缩短反冲洗时间。②在一定流速范围内不论反冲洗流速大小，冲洗 6 min 后出水浊度和清水浊度就非常接近，延长冲洗时间不起什么作用。即反冲洗时间一般控制在 6 min 左右。

3）反冲洗用水量

反冲洗用水量是反映过滤器反冲洗所需水量大小的指标。一般采用反冲洗所需的总水量和上次反冲洗之后过滤的总水量的百分比来衡量反冲洗用水量指标的优劣。砂过滤器反冲洗用水量的比例指标为 4%～6%。单罐反冲洗砂过滤器技术参数参考值见附表 28。

二、网式过滤器

（一）结构与分类

1. 结构

手动网式过滤器的基本构件包括筛网网芯和过滤器外壳两部分（见图 7-7）。全自动网式过滤器增加了滤网清洗机构，吸污管式全自动网式过滤器是常见的自动冲洗过滤器之一，其冲洗结构独特，工作原理见图 7-8。

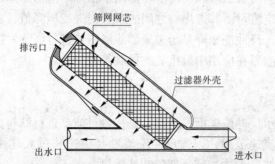

图 7-7　手动网式过滤器的结构与工作原理

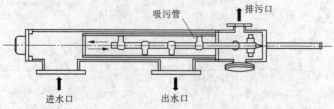

图 7-8　吸污管式全自动网式过滤器结构与工作原理

2. 分类

一般按照过滤器外壳材料分为塑料过滤器和钢制过滤器两类，较小流量规格的过滤器多采用塑料外壳，大流量过滤时则多采用钢制外壳。无论是钢制过滤器或塑料过滤器，其过滤芯必须采用不锈材料制作。网式过滤器按照滤网清洗的方式分为手动清洗过滤器和自动清洗过滤器两种，其中自动清洗过滤器又分为反冲洗式和吸污管式两种。

（二）原理

筛网过滤原理就是通常的机械筛分作用，当水悬浮颗粒超过网孔的尺寸后被截留，小于或等于网孔的尺寸的杂物易通过筛网进入微灌系统。网式过滤器的过滤性能主要取决于所使用的滤网的规格和产品质量，当然滤芯的结构设计也很重要。

当一定数量的污物积累在筛网上，过滤器后的压力表显示的压力值显著下降到规定值时，这时应对滤网实施冲洗。网式过滤器的清洗主要是对滤芯的手动清洗和自动清洗。手动清洗需要取出滤芯进行刷洗或水力冲洗。自动清洗包括反向水流清洗和吸污管清洗两种，实践证明，不取出滤芯仅靠反向水流的清洗效果是很有限的，因此自动清洗网式过滤器一般是指吸污管式清洗过滤器，该过滤器的滤芯结构独特，过滤和清洗效率大大提高。它的清洗流程是压差增大达到预定值时，清洗机构启动，吸污管旋转并沿轴向移动扫描吸附环形滤网表面黏附的杂质，然后把杂质排出过滤器体外。

（三）目数定义

网式过滤器的过滤程度常被定义为筛网的标准目数，其计算公式为

$$M = 1/(D + a) \tag{7-1}$$

式中　M——目数；

　　　D——网丝直径，in[1]；

　　　a——网孔有效尺寸，指网孔的净边长，in。

在系统设计中常用过滤器的目数来表示过滤器的过滤精度，但过滤器目数受网丝直径影响，过滤器选择时应根据网孔尺寸大小来确定。

（四）基本参数

1. 过滤参数

清洁压降指在没有过滤负荷条件下过滤器进出口之间的水头损失值，一般规定清洁压降小于 30 kPa，反冲洗压降要小于 50～70 kPa，压差过大容易使滤芯发生变形。单位面积过滤流量网式过滤器的流量范围较大，它受筛网目数、滤网面积、网孔面积百分比、清洗周期和允许压降等因素的影响，建议最大过水量小于 0.14 $m^3/(s \cdot m^2)$，比较适中的过水流量是 0.028～0.068 $m^3/(s \cdot m^2)$。网式过滤器技术参数参考值见附表29。

2. 反冲洗参数

人工反冲洗用水数量视具体情况确定，一般是视排污水的清洁度而定。自动反冲洗原则是使过滤压降值回归到清洁压降指标。吸污管式自清洗网式过滤器的清洗流量与厂家的产品质量有关，高质量的产品清洗时间为 10 多 s，一次用水不到 100 L。

---

[1]　1 in = 2.54 cm。

三、叠片式过滤器

(一) 发展概况

20 世纪 60 年代，英国人为波音公司发明了叠片式过滤器，并取得了专利。最初的叠片由不锈钢和铜制成，将叠片的两面机械加工出细小的沟槽，一组叠片叠加起来后形成中空的圆柱体组成滤芯。后来为了降低造价并便于现场维护，塑料叠片开始被普遍使用。20 世纪 60 年代，以色列一家公司获得了这项专利，并且开始生产叠片式过滤器用以微灌系统的过滤。

叠片式过滤器在微灌系统应用有近 30 年的历史，其性能结构也得到了很大改进，尤其是全自动冲洗式叠片式过滤器和多滤芯复合式叠片式过滤器的产生，大大地提高了叠片式过滤器在微灌工程上推广的速度。目前，叠片式过滤器在发达国家的应用已相当普遍。

叠片式过滤器的过滤精度有 20 μm、55 μm、100 μm、130 μm、200 μm、400 μm 等多种规格可选，单个过滤系统的每小时流量可达数千立方米；控制系统可完全实现自动化，单个单元的反冲洗时间只有十几秒，几乎不影响系统的出水量。另外，叠片式过滤器的反冲洗用水量很小，过滤精确可靠，全自动反冲洗式叠片式过滤器采用模块化设计，可按过滤单元进行多种组合使用，一个反冲洗控制器可控制一个站或多个站，以满足不同应用场合的实际需要。控制器操作简单，可根据压差、时间或两者组合对过滤器或工作站进行全面控制。

随着科技的进步，各种新材料与控制技术的研制与生产，叠片式过滤器已拓展到许多新的领域，如市政与民用废水处理、工业废水处理、纺织厂、钢铁厂、食品加工、工业用水冷却、工业水处理、海水淡化及其他制造与加工业，所以叠片式过滤器可扩展性能更使其呈现出越来越广阔的应用前景。

(二) 工作原理与结构特点

1. 工作原理

一串同种模式的塑料片叠压在特别设计的内撑上，通过弹簧和液体压力压紧时，叠片之间的沟槽交叉，从而形成一系列独特过滤单元，这个过滤单元装在一个耐压耐腐蚀的滤筒中形成叠片式过滤器。在过滤时，过滤叠片通过弹簧和流体压力压紧，压差越大，压紧力越强，保证了自锁性高效过滤。液体由叠片外缘通过沟槽流向叠片内缘，形成独特的介质过滤。过滤结束后通过手工或液压使叠片之间松开进行清洗。叠片式过滤器的过滤芯由增强聚酰胺塑料制造，防腐耐磨。塑料叠片材质为聚丙烯塑料，进出水及排水管路为镀锌钢管或复合材料管。

叠片式过滤器过滤—反冲洗流程：原水从进水口进入之后，通过叠片外围，在水压作用下通过盘片间的沟槽渗透入盘片中央，水中杂质颗粒（包含砂石、漂浮物、微生物尸体及海藻等）被截留在盘片交叉点，经过过滤后的水从过滤器出口流出。当过滤器工作一段时间后，被拦截的固体颗粒黏附在过滤芯外围或叠片夹缝里，过滤器进出压力差逐渐增加，致使压力损失增大和系统流量减小。此时系统通过压差感应器，启动反冲洗阀门，切换水流方向，使原进水口变为出水口，水进入盘片中央。在压力水的作用下，原紧缩的弹簧被拉伸，叠片松开，在切向水流的作用下，附在盘片上的杂质颗粒被冲刷掉，并随水流出排污口。叠片式过滤器过滤和反冲洗状态见图7-9。

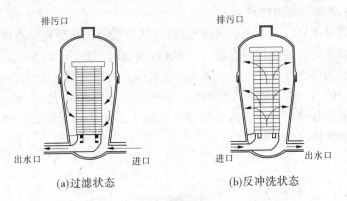

(a)过滤状态　　　　　　　(b)反冲洗状态

图7-9　叠片式过滤器结构与工作原理

2. 结构特点

叠片式过滤器是由滤芯、外壳、冲洗机构和控制机构组成的。如前所述，滤芯由一组压紧的带有微细流道的环状塑料片组成。结构简单轻便（见图7-10），维护方便。叠片式过滤器的冲洗分为手动和自动两种方式，可用压力表或压差传感器指导冲洗操作。冲洗时一般采用反向水流冲洗方式，将压紧的叠片芯松开，利用水流将叠片之间滞留的污物彻底冲洗干净并排出。

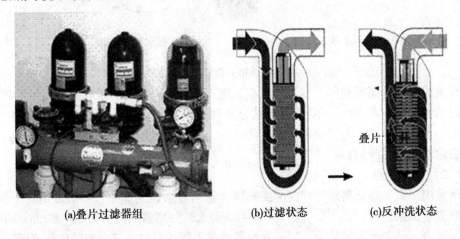

(a)叠片过滤器组　　　　(b)过滤状态　　　　(c)反冲洗状态

图7-10　自动反冲洗叠片式过滤器

（三）性能参数

叠片式过滤器的过滤精度主要取决于塑料片上沟槽的尺寸大小、形状和叠加状况等，通常也用目数的多少来表示过滤器的过滤精度，其流量与叠片目数密切相关，一般过滤流量参数以单元（或单个）滤芯来定义，如单元设计过滤流量（m^3/h）、单元反冲洗流量（m^3/h）等，其他参数还有最小反冲压力、系统压力损失和反冲洗单元耗液量等。叠片式过滤器技术参数参考值见附表30。DF系列过滤器过流量对应水头损失参考值见附表31。

四、旋流式水砂分离器

（一）工作原理与结构特点

旋流式水砂分离器（又叫离心式过滤器），其结构与工作原理示意图见图7-11。它的工作原理是将需分离的两相混合液（一般指水和砂）以一定的流速从旋流水砂分离器圆筒体上部的切向进料口注入，从而在旋流水砂分离器内部形成强烈的旋转运动，由于砂粒与水所受的离心力及液体曳力的大小不同，大部分水通过向上运动的内旋流从溢流口排出，而大部分砂粒及残余的水沿器壁随向下运动的外旋流汇流到底部的集污箱中，并被定期清洗排出。

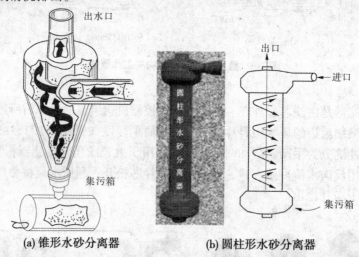

(a) 锥形水砂分离器　　　　　　(b) 圆柱形水砂分离器

图 7-11　旋流式水砂分离器结构与工作原理

旋流式水砂分离器利用了旋流和离心原理，能够分离清除的砂粒数量相当于200目网式过滤器清除量的98%，但只有当被分离颗粒的比重高于水的比重时才是有效的，对比重小于水的颗粒和有机物杂质仍不能清除，因此一般作为过滤系统的第一级处理设备，去除水中的泥沙和石屑。

（二）性能参数

微灌用旋流水砂分离器不存在冲洗问题，它的参数较为简单，一般要由厂家提供：流量范围（如某公司产品 LX – 400 – 100 – 80 型水砂分离器的流量为 30 ~ 80 m^3/h）、额定工作压力、最大水头损失等。同一套设备通过不同流量时，其分离的效果不同。旋流式水砂分离器结构简单，使用维护方便。旋流水砂分离器技术参数参考值见附表32。

第三节　过滤器选型

一、过滤器参数确定

（一）过滤器精度指标确定

一般选择过滤器的原则是过滤器网孔的尺寸不应大于灌水器流道尺寸的1/10 ~ 1/7。

【例7-1】　灌水器流道有效直径为 1.0 mm，给定过滤元件为 120 目，当粒径为 130 μm 时，求网孔尺寸是否满足灌水器防堵塞的要求。

解　按照式（7-1）计算网孔的尺寸：

$$D + a = 1/M = 1/120 = 0.008\ 33(in) = 0.21(mm)$$

$$D = 130\ \mu m = 0.13\ mm$$

$$a = 0.21\ mm - 0.13\ mm = 0.08\ mm$$

由于网孔的尺寸小于流道尺寸的 1/10（0.08 mm < 0.1 mm），故采用 120 目、粒径 130 μm 时可以满足灌水器防止堵塞的要求。

为了简便起见，砂过滤器、叠片式过滤器和旋流水砂分离器也参照网式过滤器用目数的多少来表示过滤精度，但不适宜用式（7-1）进行计算，这里的"目"只是一个等价的概念。试验表明，对于滴灌系统，其控制过滤器为 120 目时即可以满足要求，而微喷灌系统过滤器精度在 40~100 目即可以满足要求。在这一过滤条件下，灌水器仍然发生堵塞时，其主要是化学堵塞和生物堵塞。对于使用一次性滴灌带的系统，根据流道尺寸和水质情况，在有试验数据的情况下可适当降低过滤要求。

一般而言，微喷头流量为 60 L/h 以下时，过滤精度不小于 80 目；流量为 70~120 L/h 时，过滤精度为 60~80 目；大于 160 L/h 时，过滤精度可小于 60 目。

（二）过滤器流量确定

设计过滤系统时，过滤器流量有一定的限制。对于砂过滤器，流量过大意味着流速增加，将对介质的稳定性起破坏作用。对于网式过滤器，过高的流速会使杂物挤入网孔，产生永久性堵塞。根据国外的经验，建议采取下述流量和流速范围：①单罐砂过滤器：20~100 m³/h；②单个网式过滤器：5~60 m³/h；③单元叠片式过滤器：5~30 m³/h；④旋流式水砂分离器：1.5~5 m³/s。

清水流速与堵塞后的流速差异很大，如果流速过高，发生堵塞时有效过流能力降低明显。当设计过滤系统承受的水力负荷较低（水只有轻度污染）时，过滤器设计流量可根据厂商提供的数据而定，当水力负荷预计较高（即水的污染程度较高或有多种污染物）时，过滤器设计流量只能取额定流量的 75%，某些情况下甚至低于 50%。

二、过滤器选型

（一）单个过滤器选择

表 7-10 总结了不同类型过滤器对去除灌溉水中不同污物的有效性，过滤器可以根据它们对各种污物的有效过滤程度来选择。对于具有相同过滤效果的不同过滤器来说，选择的依据主要考虑价格高低。

表 7-10　过滤器的类型选择

污物类型	污染程度	定量标准（mg/L）	旋流式过滤器	砂过滤器	叠片式过滤器	自动冲洗网式过滤器	控制过滤器的选择
土壤颗粒	低	≤50	A	B		C	网式
	高	50	A	B		C	网式

续表 7-10

污物类型	污染程度	定量标准（mg/L）	旋流式过滤器	砂过滤器	叠片式过滤器	自动冲洗网式过滤器	控制过滤器的选择
悬浮固形物	低	≤50		A	B	C	叠片式
	高	>50		A	B		叠片式
藻类	低			B	A	C	叠片式
	高			A	B	C	叠片式
氧化铁和锰	低	≤0.5		B	A	A	叠片式
	高	>0.5		A	B	B	叠片式

注： 控制过滤器指田间二级过滤器。A 为第一选择方案、B 为第二选择方案、C 为第三选择方案。

（二）过滤器组合选择

　　过滤器组合应根据水质状况进行选择。根据杂质颗粒的浓度及粒径大小，推荐的过滤器类型及组合方式见表 7-11。旋流水砂分离器与网式组合过滤器参数参考值见附表 33。

表 7-11　过滤器组合选择参考

水质状况			过滤器类型及组合方式
无机物	含量	<10 mg/L	宜采用网式过滤器（或叠片式过滤器）
	粒径	<80 μm	或砂过滤器 + 网式过滤器（或叠片式过滤器）
	含量	10~100 mg/L	宜采用旋流水砂分离器 + 网式过滤器（或叠片式过滤器）
	粒径	80~500 μm	或旋流水砂分离器 + 砂过滤器 + 网式过滤器（或叠片式过滤器）
	含量	>100 mg/L	宜采用沉淀池 + 网式过滤器（或叠片式过滤器）
	粒径	>500 μm	或沉淀池 + 砂过滤器 + 网式过滤器（或叠片式过滤器）
有机物		<10 mg/L	宜采用砂过滤器 + 网式过滤器（或叠片式过滤器）
		>10 mg/L	宜采用拦污栅 + 砂过滤器 + 网式过滤器（或叠片式过滤器）

　　图 7-12 是新疆维吾尔自治区呼图壁县 3 万亩滴灌工程首部枢纽组合式过滤器，过滤后通过自压给 30 个滴灌系统供水，流量为 200~6 000 m^3/h。

图 7-12　典型微灌首部组合式过滤器

第四节　过滤器的养护

一、过滤器的养护

定期检查过滤罐内外部的防锈涂层的状况，出水管、阀门和管件等设备的锈蚀情况等。检查控制和监测设备的灵敏度、准确度情况，并定期记录分析各仪表的读数值。一般情况下灌水季节前后和每次灌水前后都要检查维护。

网式过滤器的管理维护与叠片的要求相近似。要定期检查滤芯的工作情况，定期更换滤网或滤芯，灌溉结束最好取出滤芯。吸污管式自清洗网式过滤器还要检查冲洗机构的状况和性能。

旋流式水砂分离器管理与维护较简单，重点是防止内部锈蚀和外部机械破坏等，使用过程中注意定期排除被分离出来的泥沙颗粒杂质。

二、滤料的维护

应定期去除滤料表层最受污染的滤料，根据不同的水源每年进行 1~6 次不等的滤料清理与补充工作，一般每经过两个灌溉季节砂石滤料应全部更换一次，补充或替换滤料以后要对过滤器反复清洗数次，以便清除掉一些颗粒杂质。非均质滤料在反冲洗过程中常发生砂滤料颗粒水力分级现象，由于反冲洗水流较大造成大的滤料颗粒靠近滤层的底部，小的颗粒则停留在滤层的上部，这样上层滤料就会在短时期内被堵死，过滤周期被大大缩短，出现这种情况需要人工拌匀滤料。微灌工程中最好使用均一级配的砂石滤料作为过滤材料。

在滤床表面形成有机物层特别是藻类时，将会出现表层过滤现象，从而使过流量减小，过滤效率降低。在灌溉季节结束的时候，为防止藻类生长，过滤器应将水排空，否则藻类或其他有机物可能引起过滤介质堵塞。必要时可在过滤器内加入含有适当剂量氯或酸的水，并放置约 24 h 后进行反冲洗，直到流出清水，排空备用。

三、过滤水质管理

由于降雨等因素的影响，不同的季节灌溉水源的水质是不同的，每次开机前一定要对水源的水质情况进行检查，当水源水质不适合微灌工程使用时，应采取必要的手段对水质进行预处理，然后才能进入过滤系统。如果发生水质突然被污染的情况，应立即停止过滤器的过滤工作，以免造成过滤系统甚至灌溉系统的破坏。

第五节　沉沙池设计

对于以地表水为灌溉水源的微灌工程，对泥沙处理是必不可少的，而沉沙池正是处理泥沙水最常用、最有效的工程措施，微灌用沉沙池如图7-13所示。

图 7-13　微灌用沉沙池

一、沉沙池流场分布与工程设计

（一）沉沙池流场分布及原理

沉沙池沉沙的主要原理是在水流进入沉沙池后，显著减小流速，使得水流挟沙力大大降低，达到沉沙目的。因此，沉沙池流场分布是沉沙池运行好坏的关键因素，流场分布越均匀，沉淀效果就越好。

河水一般由渠道经渐变段流入沉沙池，渠道的截面宽度要比沉沙池的截面宽度小得多，若不采取工程措施，水由渠道进入沉沙池后，容易在沉沙池中间形成主流、两侧形成回流，造成水流流速分布不均匀，并且紊动比较大，不利于泥沙沉降。从水力学角度来说，只要渐变段有足够长度满足水流扩散或通过多层格栅来调整水流流态，就可以使沉沙池的水流分布变得均匀，但这样无疑会增加造价，并且渐变段加长就会相应减少工作段的长度，这对泥沙的沉降也是不利的。这一问题可以通过在沉沙池工作段的首部位置设置调流墙来解决。设置调流墙的目的是在渠道来流后，在很短的时间内调整沉沙池内的水流结构，使水流流速分布尽可能均匀，在工程总体长度不增加的情况下，最大限度地增加有效沉沙长度，提高沉沙池的沉沙效率。

图 7-14 和图 7-15 分别为新疆维吾尔自治区生产建设兵团 222 团应用修建矩形断面和梯形断面沉沙池调流墙形式。

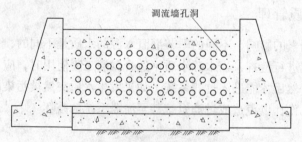

图 7-14　矩形断面调流墙示意图

（二）调流墙调节水流机制分析

调流墙对水流调节示意图如图 7-16 所示。调流墙的作用是消能和对水流流场进行调节。经过渡段调节后进入工作段的水流紊动仍比较剧烈，具有较大的动能，调流墙将

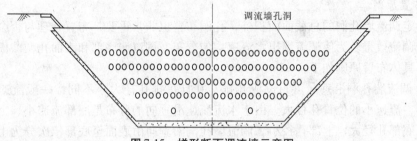

图 7-15　梯形断面调流墙示意图

对这种具有较大动能和紊动强度的水流产生拦截作用，减缓其运动趋势，迫使其动能和紊动强度都有所降低，并对水流流场进行调节，使调节后的流场分布更有利于泥沙的沉降。在沉沙池工作段首部设置调流墙后，水流直接顶冲调流墙，调流墙迫使主流向两侧横向扩散，甚至向底部扩散，使水流扩散充分。当主流顶冲调流墙时，针对主流流速底部小、上部大的特点，经过水力学分析，在调流墙上布设不同孔径的孔洞作为出水口来调节水流沿横向和垂向分布，调节后的水流流场更利于泥沙沉降。

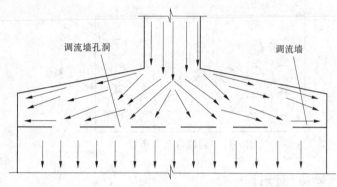

图 7-16　调流墙对水流调节示意图

（三）调流墙工程设计

1. 结构尺寸

调流墙结构尺寸包括调流墙截面面积和孔洞总截面面积，其中调流墙截面面积一般与沉淀室截面面积相等，并且结构形状也与沉淀室相同。

调流墙孔洞总截面面积应根据沉沙池设计参数计算确定。总截面面积过大就会使调流墙对水流的调节效果不明显，而且总截面面积过大，还会使调流墙的强度降低；若总截面面积过小，大部分水流可能来不及通过孔洞流出，造成调流墙前有很高的壅水，调流墙就会失去作用，达不到对水流调节的目的。试验中发现当调流墙前后水位差超过 20 cm 时，调流墙孔洞水流流速比较大并且紊动剧烈，此时调流墙调流效果不明显；而且过高压力水头还会使调流墙变形较大，降低调流墙调流效果。因此，调流墙前后水位差不宜过大，一般应不超过 20 cm。在保证调流墙强度和前后水位差在允许范围内的前提下，调流墙孔洞总截面面积应控制在一定范围内，经计算，调流墙孔洞总截面面积 A_c 与调流墙总面积 A_T 比值（A_c/A_T）在 5% ~ 20% 范围内比较合适。

2. 布置原则

除确定调流墙孔洞的总截面面积外，孔洞布置也非常重要，布置合理与否会直接影响调流墙调流效果。为使调流墙出水流速均匀分布，调流墙底部和表面孔洞截面面积应该变化，具体布置原则如下：

（1）调流墙孔洞沿垂向可布设成几排，并且每排孔径大小不同，一般流速大的位置孔径小，流速小的位置孔径大。由于水流流速沿垂向的分布是底部流速小、上部流速大，所以底部孔径大、上部孔径小。调流墙孔洞沿垂向由表面至底部依次分为上孔、中孔和底孔，上孔一般可布设 1~2 排，中孔和底孔可布设 2~3 排。

（2）调流墙沿横向同一排孔径也应不同，中间主流流速大的相应孔径小，两侧水流流速小的相应孔径大，并且两侧对称分布，避免出现偏流现象。沿横向同一排孔的孔径数量不能太多，一般不要多于 4~6 个。

（3）设计调流墙孔洞时还要考虑强度问题，即在满足过水流量的要求下，既不能使调流墙上下游的水位差过大，也不能过多设置孔洞的种类和数量，否则不但降低调流墙强度，而且增加施工难度，具体布置可参考图 7-17。

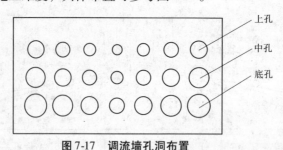

图 7-17　调流墙孔洞布置

二、沉沙池溢流堰设计

（一）沉沙池溢流堰工作原理

1. 沉沙池运行特点

在水利工程中，一般都在沉沙池后半段设置溢流堰引取表层清水，含沙水流中的泥沙经过沉沙池沉淀后，水流中大部分泥沙被除去，含沙量大大降低。

在沉沙池运行过程中，流经溢流堰的水流，可能吸出水面以下一定深度范围内泥沙。实测资料表明，沉沙池内悬移质泥沙的含沙量沿垂线分布是上小下大，即越靠近水表面，含沙量越小，泥沙颗粒越细，在接近床面处含沙量最大，泥沙颗粒也较粗。因此，为满足微灌用水质要求，必须尽可能取沉沙池表层清水，即尽可能降低溢流堰水流的吸出高度，如图 7-18 所示。

2. 溢流堰水流的吸出高度

溢流堰水流的吸出高度指在溢流堰运行过程中，可能吸取的堰前自水面向下一定的水层深度，一般应通过试验确定。实测资料试验研究表明：溢流堰水流的吸出高度，在来水流量和泥沙特性及溢流堰形式一定的情况下，只与溢流堰的长度有关。溢流堰长度越长，溢流堰水流吸出高度就越低，出池水流含沙量就越小。

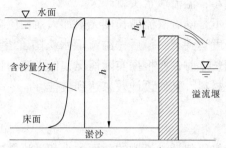

图 7-18　溢流堰出池水流示意图

因可设置的溢流槽长度有限，可以通过在沉沙池工作段的尾端溢流堰区沿水流方向加设溢流槽来间接增加溢流堰的长度，达到有效降低溢流堰水流的吸出高度，从而减少溢流堰出池水流含沙量的目的，加设溢流槽后沉沙池溢流堰出池水流示意图如图 7-19 所示。

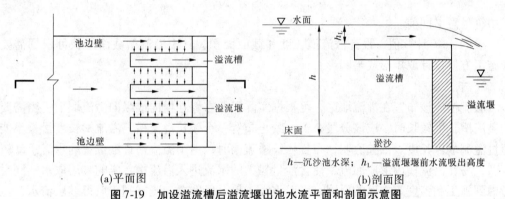

(a)平面图　　　　　　　　　　　　　　　　(b)剖面图
图 7-19　加设溢流槽后溢流堰出池水流平面和剖面示意图

3. 溢流槽长度与溢流堰水头的定量关系

在沉沙池溢流堰区加设溢流槽后，能够有效降低溢流堰水头。对于沉沙池溢流堰过流能力计算，可采用宽顶堰流公式，由公式可知在沉沙池过流量一定的情况下，溢流堰水头降低，溢流堰的有效长度必然增大。

通过理论分析结合试验研究，可得出溢流堰水头与溢流槽长度的关系式：

$$h_{\mathrm{L}} \approx 8.5 \left(\frac{\rho Q^2}{\Delta \rho g}\right)^{\frac{1}{3}} \left(\frac{A_{\mathrm{t}}}{L}\right)^{0.38} \tag{7-2}$$

式中　h_{L}——溢流堰堰前水流吸出高度，m；

　　　ρ——浑水密度，kg/m^3；

　　　$\Delta \rho$——浑水和清水的密度差，kg/m^3；

　　　Q——过堰流量，m^3/s；

　　　A_{t}——溢流槽的截面面积，m^2；

　　　L——溢流槽长度，m。

由式（7-2）可知，在沉沙池设计流量一定、溢流槽截面形式（截面面积）一定、来水水沙条件一定时，溢流堰水头就只与溢流槽长度有关。溢流槽长度越大，溢流堰水头就越小；溢流槽长度越小，溢流堰水头就越大。

　　实际上溢流堰水头并不是随着溢流槽长度无限加大而相应减小，而是当来水流量达到某一值时，在溢流槽长度达到某一值后，溢流堰水头随着溢流槽长度增加不再变化。所以，在设计加入溢流槽长度时，应根据实际情况，使溢流槽长度与溢流堰水头关系能满足式（7-2），既不浪费材料，又使设计效果达到最佳。

（二）溢流槽设计

1. 结构尺寸

　　溢流槽结构尺寸设计主要包括溢流槽的截面大小和溢流槽的长度。可以用溢流堰堰前水头的吸出高度 h_L 来控制堰顶水深，我国沉沙池设计规范要求 h_L 一般不超过 0.1 m。计算时根据设计溢流堰堰前水流吸出高度 h_L 采用式（7-2）反算，即可得出溢流槽单位长度过流能力计算公式：

$$\frac{A_t}{L} = 0.004 h_L^{2.63} \left(\frac{\rho Q^2}{\Delta \rho g}\right)^{0.88} \tag{7-3}$$

式中符号意义同前。

　　根据 A_t/L 计算值，设计溢流槽长度和截面面积，其中溢流槽截面形状可根据需要和施工方便设计成矩形或半圆形。

2. 布置原则

　　溢流槽应该布置在溢流堰区，可根据实际需要布置在横向或纵向溢流堰上；当需要的溢流槽长度较长时，应该分段布置，禁止布置一个较长溢流槽，溢流槽长度最长不能超过溢流堰区长度。试验表明，布置较长溢流槽时，由于溢流槽首端位置的水流紊动较剧烈，易在溢流槽内形成回流，使含沙量较大的水流进入溢流槽，影响表层取水；同时考虑到施工和强度等方面的原因，可以将溢流槽分段布置，既有利于取得表层清水，也易满足施工和强度等方面的要求。

第八章　微灌施肥

第一节　施肥原理与应用

一、微灌施肥技术特点

利用微灌系统可以施用多种营养物质、除草剂、杀虫剂等，这就是通常所说的施化灌溉（Chemigation）。在施化灌溉中，运用最多的是施肥灌溉（Fertigation）。施肥灌溉是微灌技术的重要组成部分。

微灌施肥具有以下优点：

（1）简化田间施肥作业，减少施肥用工。

①施肥时人不进入田间操作，避免人工施肥或机具活动压实土壤。

②避免作物生长期内常规方法施肥造成的根、茎、叶的损伤，特别是对于温室大棚栽培作物，其好处更为显著。

③滴灌施肥仅需增添一些必要设备，就可以做到自动化施肥。

（2）节约用肥，提高施肥效果。

①水肥同步输送到根系发达部位，有利于作物吸收，且肥料供应集中在根系发达区域内，养分在根系层内的土壤剖面上分布均匀，防止肥料深层淋失而造成的浪费。微灌施肥一般可节约化肥用量 25% ~ 30%。

②可以按作物生育阶段的需求，及时补充营养，做到准确配置肥料，实现精量施肥。

（3）滴灌施肥可用于多种作物栽培条件。

①在砂质土壤地区或沙漠地区，由于土壤保持水肥能力很差，作物很难生长，国外已有利用滴灌施肥开发沙漠，进行商品化种植的成功经验。

②在温室大棚条件下，作物种植在栽培基上，采用滴灌和滴灌施肥比较普遍。

③膜下滴灌施肥。干旱地区，如新疆和甘肃等地，在露天条件下种植棉花、加工番茄等经济作物，膜下滴灌发展很快，滴灌施肥解决了大面积追肥的困难。

（4）施用农药。随着滴灌的发展，有的国家和地区把化肥、杀真菌剂、除草剂、杀虫剂注入滴灌系统中，实现了滴灌施用农药。

（5）防止土壤和环境的污染。严格控制灌溉用水量及施用化肥剂量，可避免将化肥淋洗到深层土壤，造成土壤和地下水的污染。

微灌施肥具有以下局限性：

（1）有可能污染灌溉水源。施肥设备与供水管道连通后，在正常的情况下，肥液被灌溉水带到田间，但若发生特殊情况如事故、停电等，系统内会产生回流现象，肥液可能被带入水源处。此外，当饮用水与灌溉水用同一主管网时，如无适当保护措施，肥液也可能进入饮用水系统，这些都会造成对水源的污染。但在设计和应用时采取一定的安全措施如安装逆止阀、真空破坏阀等，就可避免污染发生。

（2）某些化肥不易在水中快速溶解，因而会造成灌水器、过滤器等的堵塞，故不能应用难溶和不溶于水的化肥。

（3）有些化肥，如磷酸盐类化肥，在一定的 pH 值条件下易在管内产生沉淀，使系统出现堵塞现象。因此，采用微灌施肥应事先对化肥特性了解清楚，并对可能出现的沉淀问题采取防治措施。

二、微灌施肥养分监测

微灌施肥开辟了一个控制养分可利用程度的新方法，土壤溶液的营养成分可以在时间和数量上实现微观管理。微灌系统可以根据作物需求精确供给养分，这也要求在生育期内监测作物和土壤的养分状况，以便确定施肥种类、施肥量和施肥时间。随着养分测试与管理技术的不断进步，可在作物整个生育期内经常和及时测试土壤和作物的营养状况。

微灌施肥条件下养分监测的对象一般包括土壤样品、土壤溶液、作物组织和液流、灌溉水等。

（一）土壤样品测试

土壤样品可在实验室测试，也可在田间测试。实验室常规测试指标包括 pH 值、电导率（EC）、阳离子交换能力（CEC）、大量元素（即氮、磷、钾）、次大量元素（硫、钙、镁）及微量元素（如锌、铁、铜、硼、锰、钼、氯）。随着便携式测试仪器的问世，可以在田间快速测试的指标越来越多，常见的测试指标有 pH 值、电导率、氮、磷和钾。此外，还可以利用更精密的仪器在田间分析 SO_4^{2-}、有机质、锌、铜、镁和铁。实验室测试的优点是测试结果准确，而田间测试由于测试迅速、费用较低深受农民欢迎。

不同作物的营养需求不同，因此提出一个适用于每一种作物的绝对量化的标准是不可能的。此外，除养分以外的其他因素，如 pH 值、土壤透气性、土壤类型、微生物活性、温度也影响着作物对养分吸收的有效性。表8-1 给出了判断土壤养分是否亏缺的参考指标，可供实际应用中参考。

有时需要计算土样的钙与镁的比例。如果这一比例下降到 2:1 以下，则作物生长会受到影响。对马铃薯种植尤其如此，作物中钙的水平低会导致开花腐烂。一般来说，适宜的土壤钙与镁的比至少为 5:1。

（二）土壤溶液测试

在生育期内，可以利用土壤溶液提取器每周或间隔更短时间提取一次土壤溶液以检测有效养分，根据土壤溶液检测结果，可以利用滴灌施肥小剂量施入养分来迅速满足作物需要。

表 8-1　土壤养分亏缺指标

土壤养分指标	参考标准
NO_3—N	< 10 mg/kg 时亏缺，> 20 mg/kg 时充足
Ca	Ca 应占阳离子交换能力（CEC）的 65% ~ 75%，如果 Ca/Mg < 2/1，可能出现 Ca 亏缺
Mg	Mg 应占阳离子交换能力（CEC）的 10% ~ 15%，如果 Ca/Mg > 20/1，可能出现 Mg 亏缺
K	K 应占阳离子交换能力（CEC）的 2.5% ~ 7%

分析土壤溶液中的养分既可以在实验室完成，也可以在田间完成。实验室可以测试土壤溶液中的所有养分、pH 值、电导率，田间土壤溶液测试根据测试设备的不同，可以测定 NO_3^-、磷、钾、钙、镁、氯、SO_4^{2-}、pH 值、电导率等指标。

最常见的是用土壤溶液测试检测土壤中氮是否充足，一般认为土壤溶液硝态氮（NO_3—N）浓度超过 50 ~ 75 mg/L 意味着对大多数作物的前半生育期（此时作物吸氮少，土壤中残留的氮多）来说氮是充足的。但是，目前由于滴灌施肥灌溉还是一种新技术，尚没有一个判断氮是否充足的标准。

土壤溶液养分检测对减少施氮量和最大程度地利用残留氮十分有益，因为土壤溶液浓度可以精确地告诉种植者多少氮已经转化，多少氮还保留在土壤溶液中。例如，如果土壤溶液中氮的含量为 25 mg/L，而作物需要土壤溶液的含氮量为 50 mg/L，那么在土壤溶液中需要加入 25 mg/L 的氮。

通过土壤溶液测试进行养分管理时，应注意土壤溶液中 NO_3^- 的减少不一定意味着作物的吸收；相反，这种结果也可能是过量灌溉或灌水均匀度低造成了养分淋失。此外，土壤溶液测试结果与提取器埋置深度及其与灌水器和湿润土体边缘的相对位置有密切关系，因为滴灌施肥时硝态氮会向湿润体边缘累积。

三、微灌施肥灌溉制度制定

通过微灌施肥技术可以适时适量地向作物补充水分和养分，为了充分利用这一优势，及时满足作物对各种营养物质的需求，应采用较高的施肥频率。许多研究表明，采用较高的施肥频率有利于提高产量和改善品质，也可避免由于一次大量施氮造成的硝态氮淋失。对大多数作物来说，较适宜的施肥频率为 1 周左右一次，施肥频率确定后，即可根据作物的养分需求规律拟定微灌施肥灌溉制度。

对微灌系统来说，为了防止施肥造成灌水器堵塞和管网腐蚀，在施肥结束后还需要及时用清水冲洗。对作物生长、产量、品质及氮素残留的模拟和试验结果大多推荐采用 1/4 - 1/2 - 1/4 的运行程序，即在灌溉施肥的前 1/4 时段灌清水，使系统运行稳定，接下来的 1/2 时段施肥，最后的 1/4 时间用来冲洗管网。

第二节　肥料养分含量和肥液浓度的确定

一、肥料养分含量计算

肥料中的养分主要指肥料中氮（N）、磷（P_2O_5）、钾（K_2O）的含量，即对作物有营养功能的部分。固体肥料中养分含量都是用质量百分比表示的；液体肥料中的养分含量有两种表示方法：第一种是用质量比表示，第二种是用每升中养分克数（g/L）表示。

（一）由实物肥料求养分量

由实物肥料求养分量的公式如下：

$$养分量 = 实物肥料 \times 养分含量（质量\% 或 g/L） \tag{8-1}$$

例如：施用尿素 15 kg，尿素中 N 含量为 46%，投入的养分氮（N）量为

$$15 \ kg \times 46\% = 6.9 \ kg$$

又如：某液体肥料 20 L，其养分氮（N）含量为 350 g/L，则氮养分量为

$$20 \ L \times 350 \ g/L = 7 \ 000 \ g$$

（二）由养分量求实物肥料量

由养分量求实物肥料量的公式如下：

$$实物肥料量 = 养分量 \div 养分含量（质量\% 或 g/L）$$

例如：根据配方需要 6.5 kg 氮（N），以尿素做肥料，应施尿素量为

$$6.5 \ kg \div 46\% = 14.13 \ kg$$

又如：已知液体肥料养分氮（N）含量为 350 g/L，要求加入系统 10 kg 氮（N），应施用液体肥料的量为

$$10 \ 000 \ g \div 350 \ g/L = 28.6 \ L$$

二、灌溉水养分浓度和用肥量的计算

（一）灌溉水中养分浓度的计算

1. 固体肥料或液体肥料中养分含量以质量百分比表示时的计算

肥料注入灌溉水中后，灌溉水中养分浓度的计算公式如下：

$$C = \frac{P \times W \times 10 \ 000}{D} \tag{8-2}$$

式中　C——灌溉水中的养分浓度，mg/L；

　　　P——加入肥料的养分含量，质量%；

　　　W——加入肥料的质量，kg；

　　　D——同期加入系统的灌溉水量，L。

例如：将 15 kg 总养分浓度为 28%（N 16%、P_2O_5 4%、K_2O 8%）的固体肥料溶解后（或液体肥料）注入系统，灌水量为 12 m^3（12 000 L），灌溉水中的养分浓度为

$$C = \frac{28 \times 15 \times 10\ 000}{12\ 000} = 350(\text{mg/L})$$

灌溉水中 N、P_2O_5、K_2O 的浓度分别为

$$N = \frac{16 \times 15 \times 10\ 000}{12\ 000} = 200\ (\text{mg/L})$$

$$P_2O_5 = \frac{4 \times 15 \times 10\ 000}{12\ 000} = 50\ (\text{mg/L})$$

$$K_2O = \frac{8 \times 15 \times 10\ 000}{12\ 000} = 100\ (\text{mg/L})$$

2. 液体肥料的养分含量以克/升（g/L）表示时的计算

灌溉水中养分浓度的计算公式为

$$C = \frac{P \times W \times 1\ 000}{D} \tag{8-3}$$

式中 C——灌溉水中的养分浓度，mg/L；

P——加入液体肥料的养分含量，g/L；

W——加入肥料的质量，L；

D——同期加入系统的灌溉水量，L。

例如：将 15 L 含氮（N）300 g/L 的液体肥料注入系统，灌水量为 12 m^3（12 000 L），灌溉水的养分浓度为

$$C = \frac{300 \times 15 \times 1\ 000}{12\ 000} = 375(\text{mg/L})$$

溶解固体肥料和液体肥料所用的水量很小，对灌溉水养分浓度的影响可以忽略不计。

（二）给定灌溉水量时施肥量的确定

在已经确定灌水量的条件下，要求以某养分的指定浓度对作物灌溉施肥，用下式计算需加入的肥料量：

$$W = \frac{C \times D}{P \times 10\ 000} \tag{8-4}$$

例如：计划亩灌水 15 m^3（15 000 L），要求灌溉水养分浓度为含氮（N）200 mg/L，所用肥料的养分含量为 N16%、$P_2O_5$4%、K_2O8%，需要的肥料量为：

$$W = \frac{200 \times 15\ 000}{16 \times 10\ 000} = 18.75(\text{kg})$$

如果使用液体肥料，液体肥料中的养分浓度以 g/L 表示，可以先求出所需加入肥料的质量（kg），然后根据上述方法换算。

（三）给定灌溉水养分浓度和加肥数量时求稀释水量

当要求以给定的养分浓度施肥，加入固体肥料和液体肥料时，应灌溉的水量等于加入液体肥料的养分含量与肥料稀释倍数的乘积，计算公式如下：

$$B = \frac{P \times 10\ 000}{C} \tag{8-5}$$

例如：某温室灌溉施肥亩养分含量为 50% 的专用肥 12 kg，要求灌溉水养分浓度保

持在 600 mg/L，求每亩的灌溉水量。

先计算加入肥料的稀释倍数：

$$B = \frac{50 \times 10\ 000}{600} = 833（倍）$$

则灌溉水量为

$$D = 12 \times 833 = 9\ 996（kg）= 9\ 996（L）$$

三、施肥设备设计与运行控制计算

（一）储肥罐容积计算

在微灌施肥实践中，固体或液体肥料都要事先在储液罐内加水配制成一定浓度的肥液，然后由施肥设备注入系统。储液罐的容积应根据施肥面积、单位面积施肥量和储液罐中的肥液初始浓度按下式计算：

$$V = \frac{F \cdot A}{C_{初始}} \tag{8-6}$$

式中 .V——储液罐容积，L；

    F——每次施肥单位面积施肥量，kg/hm^2；

    A——施肥面积，hm^2；

    $C_{初始}$——储液罐中肥液的初始浓度，kg/L。

例如：微灌施肥面积 2 hm^2，每次施肥量为 75 kg/hm^2，储肥罐中肥液的初始浓度为 0.5 kg/L，则所需储液罐的容积为

$$V = \frac{75 \times 2}{0.5} = 300（L）$$

（二）注肥流量计算

注肥流量是指在单位时间内注入系统肥液的体积，它是选择注肥设备的重要参数，计算公式如下：

$$q = \frac{L \cdot A}{t} \tag{8-7}$$

式中 q——注肥流量，L/h；

    L——单位面积注入的肥液量，L/hm^2；

    A——施肥面积，hm^2；

    t——设计注肥时间，h。

例如：某灌区面积 20 hm^2，每公顷注肥流量为 150 L/h，要求注肥在 3 h 内完成，则泵的注肥流量为 $q = \dfrac{150 \times 20}{3} = 1\ 000（L/h）$。

第三节　施肥设备

一、施肥设备

微灌施肥设备可分为两大类，一类是可以保持肥液注入浓度恒定的装置，如文丘里注

肥器、各种注肥泵等；另一类是注肥过程中肥液浓度逐渐减小的装置，如压差式施肥罐。

（一）文丘里注肥器

文丘里装置的工作原理是液体流经缩小过流断面的喉部时流速加大，产生负压，利用在喉部处的负压吸取开敞式容器中的肥液。文丘里注肥器的优点是装置简单，没有运动部件，不需要额外动力，成本低廉，肥料溶液存放在开敞容器中，通过软管与文丘里喉部连接，即可将肥液吸入滴灌管道。缺点是在吸肥过程中压力水头损失较大，只有当文丘里管的进出口压力的差值达到一定值时才能吸肥，一般要损失 1/3 的进口压力；工作时对压力和流量的变化较为敏感，其运行工况的波动会造成水肥混合比的波动。因此，这种吸肥方式适用于管道中的水压力较充足，经过文丘里管后，余压足以维持滴灌系统正常运行及压力和流量能保持恒定的微灌工程系统。为防止停止供水后主管道中的水进入肥液罐，应设置止回阀。文丘里注肥装置可配流量阀，以便率定和监测肥液流量。文丘里注肥装置如图 8-1 所示。

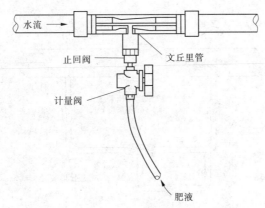

图 8-1　文丘里注肥装置

文丘里注肥器主要适用于小型微灌系统（如温室微灌），向管道注入肥料或农药。串联连接方式一般需要 7~14 m 水头损失，才能把肥液吸入滴灌管道系统。由于滴灌系统工作压力较低，仅为吸入肥液损失这么大的水头，在经济上不合算。为了克服这一缺点，实际应用中通常采用将文丘里注肥器与管道并联安装的方法来减少水头损失，图 8-2 是文丘里注肥器与管道并联连接方式。

滴灌系统运行压力较低时，只能使用较小的压差来吸入肥料。为了达到减小压力损失的目的，可采用如图 8-3 所示的管道与两级文丘里管并联的连接方式。这时二级文丘里管的进口连接在一级文丘里管的进水管上，其出口连接到一级文丘里管的喉口段上，经过两次喉口的吸力作用，将肥液吸入主管道。为了在文丘里管的上下游造成压差，实践中常用的做法是通过阀门调节流量。这种方法的缺点是阀门下游水流紊乱，虽可将肥液吸入，但肥料的分布不均匀。为了克服这一缺点，有时用砂滤料形成水阻代替阀门。水流经过砂隔离器可以形成非常稳定的上下游压差。

目前国内文丘里注肥器的型号很多，不同厂家产品的启动压差、吸肥量等指标相差很多，图 8-4 给出了额定吸肥量相近的四种典型文丘里注肥器的实测性能曲线，A、B和 C、D 的性能曲线差别很大，A、B 的启动压差和吸肥流量的稳定性明显优于 C、D。

因此，在选用文丘里注肥器时一定要注意了解产品的性能。

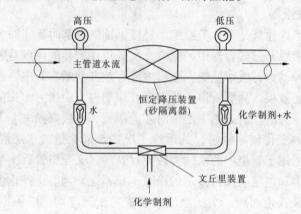

图 8-2　文丘里注肥器与管道并联连接方式

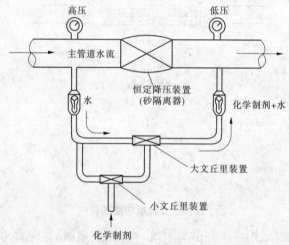

图 8-3　管道与两级文丘里管并联连接方式

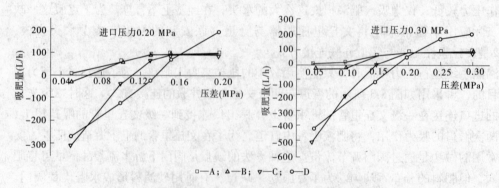

图 8-4　典型文丘里注肥器的实测性能曲线

（二）压差式施肥装置

压差式施肥装置一般由储液罐、进水管、注肥液管以及主管道上施肥阀组成（见图 8-5）。其工作原理是储液罐与灌溉主管道并联连接，适度关闭节制阀使肥液罐进水点与排液点之间形成压差（1～2 m 水头），使节制阀前的一部分水流通过进水管进入储液罐，进水管道直达罐底，掺混肥液，再由排肥液管注入节制阀后的主管道。使用时必须保证肥液不能倒流入主管网，可在压差式施肥罐前方安装一单向阀。储液罐为承压容器，应能承受滴灌系统的工作压力，并应选用耐腐蚀、抗压能力强的塑料或金属材料制造。储液罐的容积应根据控制施肥面积、单位面积施肥量和化肥溶液浓度等因素确定。

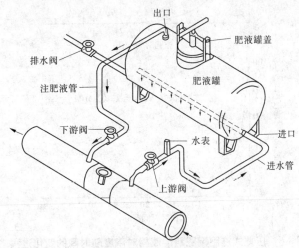

图8-5　压差式施肥装置

　　压差式施肥装置的优点是结构比较简单，操作较方便，不需外加动力，造价较低，体积较小，移动方便；缺点是施肥过程中肥液被逐渐稀释，浓度不能保持恒定。

　　图8-6 给出了压差式施肥罐肥料溶液相对浓度（某一时刻浓度与初始浓度之比）随时间的变化过程，施肥开始后肥液浓度随时间急剧减小。影响肥液浓度变化规律的微灌系统运行参数是储液罐上下游的压力差和施肥量，肥液浓度与这些因素之间关系可用幂函数表示：

$$\frac{C}{C_0} = \mathrm{e}^{-\beta t} \tag{8-8}$$

$$\beta = 2.911 \times 10^{-3} M^{-0.644} \Delta P^{0.516} D^{3.228} V^{-0.552} \tag{8-9}$$

式中　C——t 时刻肥液浓度，g/L；

　　　C_0——肥液的初始浓度，g/L；

　　　M——施肥量，kg，变化范围 2～26 kg；

　　　ΔP——压差，MPa，为 0.05～0.30 MPa；

　　　D——储液罐进口直径，mm，为 10～25 mm；

　　　V——施肥罐容积，L，为 10～65 L。

　　储液罐进口直径对肥液浓度影响最大，然后依次是施肥量、储液罐容积和压差。增大储液罐容积或减小储液罐上下游压差可以使肥液浓度的变化过程更趋于平稳。

　　施肥罐肥液浓度衰减至零（施肥结束）的时间是微灌施肥灌溉系统运行管理的重要指标，因为系统冲洗时间的确定与这一指标密切相关。通过大量试验建立的施肥结束时间 $T_{C=0}$（min）与施肥量、压差、施肥罐容积、施肥罐进口直径之间的多元回归关系

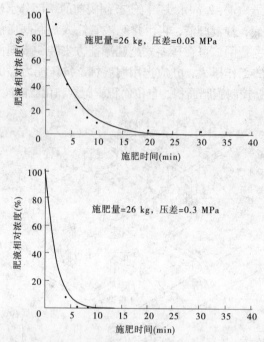

图 8-6　压差式施肥罐肥料溶液相对浓度随时间的变化过程

（储液罐容积 65 L，所用肥料为硫酸钾）

可供确定微灌施肥灌溉系统运行参数时参考：

$$T_{C=0} = 1.384 \times 10^5 M^{0.434} \Delta P^{-0.873} D^{-7.335} V^{2.905} \tag{8-10}$$

上式显示，肥液浓度变为零的时间 $T_{C=0}$ 随施肥量和施肥罐容积的增大而增大，随压差和施肥罐进口直径的增大而减小。在没有实测资料时，也可用表 8-2 中的数据估计施肥需要的大致时间。

表 8-2　不同容积压差式施肥罐不同压差时的施肥时间参考值

压差（MPa）	施肥时间（h）			
	60 L 施肥罐	90 L 施肥罐	120 L 施肥罐	220 L 施肥罐
0.05	1 ~ 1.25	1.75 ~ 2	2 ~ 2.5	3.75 ~ 4.5
0.1	0.75 ~ 1	1.25 ~ 1.5	1.5 ~ 2	2.5 ~ 2.75
0.2	0.5 ~ 0.75	0.75 ~ 1	1 ~ 1.5	1.75 ~ 2.25
0.4	0.33 ~ 0.55	0.5 ~ 0.75	0.75 ~ 1.25	1.25 ~ 1.5

压差式施肥装置应按以下步骤操作：

（1）若使用液态肥可直接倒入肥液罐，灌注肥料溶液使肥液达到罐口边缘，扣紧罐盖。在罐上必须装配进气阀，在停止供水后打开以防肥液回流。若使用固体肥料，最好是先单独溶解再通过过滤网倒入施肥罐；当直接将固体肥料倒入罐内时，最大量不得超过罐高的2/3。如果灌溉过程中需要添加肥料，由于罐内存在高压，需要利用排气阀将压力释放后，再注入肥料。

（2）检查进水、排肥液管的调节阀是否都关闭，节制阀是否打开，然后打开主管的供水阀开始供水。

（3）打开进水、排肥液管的控制阀，然后缓慢地关闭节制阀，并注意观察压力表，直到达到所需的压差。

为了克服压差式施肥罐肥液浓度无法保持恒定的缺点，可采用在储液罐内内置一橡胶袋的改进型设计（见图8-7）。肥料溶液被注入橡胶袋，从而防止了金属罐的腐蚀。主管道的水进入罐与胶囊之间，因进口压力比出口压力大1~2 m水头，囊内液体受到压缩，内部溶液被平缓地挤压出来，沿位于罐顶的出流管流出囊袋，肥料溶液浓度可保持不变，在压差稳定的情况下，可与灌溉流量保持精确的比例。

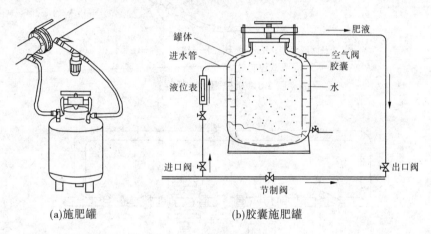

(a)施肥罐   (b)胶囊施肥罐

图8-7 压差式施肥罐

压差式施肥罐技术参数参考值见附表34。

（三）注肥泵

一般采用注射泵向微灌系统输水干管注入调制好的肥液，在整个注肥过程中肥液浓度保持不变。

根据注肥泵的动力来源，注肥泵包括水力驱动和机械驱动两种形式。图8-8为机械驱动注肥装置，利用外加动力的活塞泵完成肥液注入；图8-9为水力驱动注肥装置，利用管道水压驱动的隔膜式水动泵向主管道中注入肥液。活塞式注肥泵依靠外力驱动，应耐腐蚀并便于移动，其最大优点是供肥液浓度不受输水主管道中压力变化的影响，缺点是运行过程中无法调节供肥液的流量，需要停泵后通过调整活塞冲程、校核流量等反复过程才能达到所需的流量。隔膜式水动注肥泵的最大优点是可以在注肥过程中调节肥液和水的比例，缺点是当输水管道中的压力和流量变化剧烈时，很难维持恒定的注入肥液流量。图8-10为一隔膜式水动比例注肥泵的性能曲线，在适宜的流量范围内，该装置能够准确地按照设定的比例向输水管道注入肥液，但是一旦比例泵的进口流量超过其工作范围，注肥比例将严重偏离设定值。

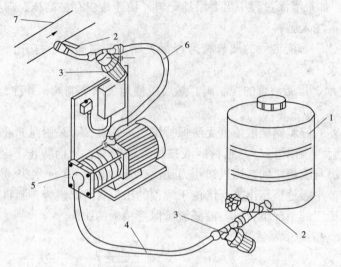

1—储液容器；2—施肥阀；3—过滤器；4—注肥管；

5—活塞式注肥泵；6—注肥管；7—输水管

图 8-8　机械驱动注肥装置

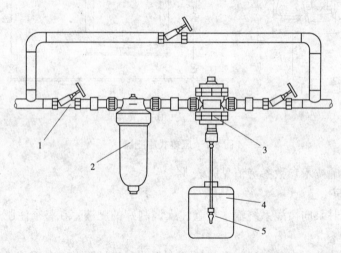

1—逆止阀；2—过滤器；3—隔膜式水动注肥泵；4—储液容器；5—肥液吸头

图 8-9　水力驱动注肥装置

二、安全保护设施

（一）安全保护设备

滴灌施肥是在一定的压力下，将肥料溶液或其他化学制剂（酸类或农药）注入滴灌管道，随滴灌水被送到田间作物根系层而实现的。当灌水结束或因突然事故停泵时，管路中的肥液（或其他化学制剂）有可能返流到水源，造成水源污染，特别是当灌溉与人饮工程共用同一水源时，可能对人身健康造成严重危害。此外，在操作和设置上要防止化学制剂溢出储液罐以及向空管网内注入化学制剂的意外事件发生。在工作条件上，要保持注入设施范围内环境整洁，有利于化学制剂的处置，及时发现渗漏和溢出。

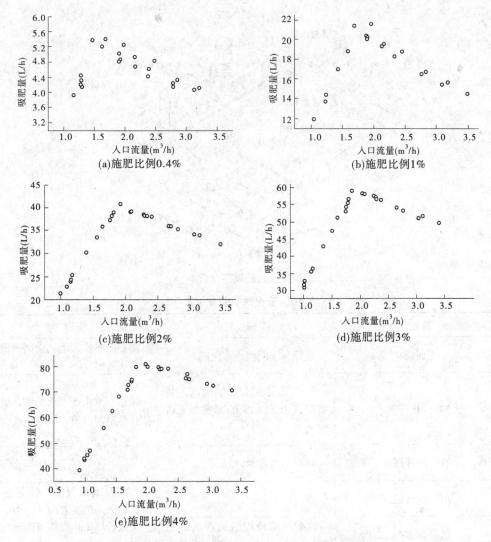

图 8-10　隔膜式水动比例注肥泵的性能曲线

当需要混合化学制剂时，须慎重对待，要严格按产品说明进行操作，在注入前可进行小剂量的混合试验，有疑问时向有关专业人士咨询。

为保障安全，在滴灌施肥系统中需安装安全保护装置。不同的滴灌系统和不同的注肥方式，采用的防护设施也不一样，但最基本的要求是：设置止回阀，防止化学剂回流进入水源，造成污染；设置进排气阀保障管道安全运行；闸阀齐全，便于操作控制。图 8-11 为以机泵为动力，严格防范污染井水的较大面积的施肥系统安全保护设备的配置。

表 8-3 列出了美国环保局推荐的水源为地下水时的安全保护装置配置，可供微灌施肥灌溉系统设计时参考。当无水源污染的威胁（如注肥点距水源较远）时，所需装备可适当简化。

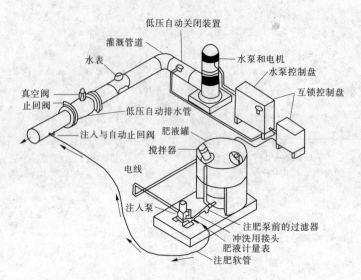

图 8-11　施肥设施配置图

表 8-3　安全保护装置配置

装置	安装位置	作用
止回阀	水源与施肥注入点之间	防止肥料或其他化学制剂回流进入水源
注肥管止回阀	装在施肥点上的单向阀，装有荷载为 14 kPa 的弹簧，无压时关闭	防止回流水进入化肥罐，致使化学制剂溢出
真空破坏阀	止回阀与水源之间	关泵后，进入空气，破坏真空，防止回流
低压切断装置	灌溉管道上	当灌溉水压降到一定限度时，切断注肥装置的动力源
低压排水阀	水源与灌溉管道的止回阀之间	关泵后排干止回阀可能渗出的水
常规电磁常关闸阀	注肥泵与储液罐之间	关泵后防止储液罐还继续排出肥液
互锁装置	注肥泵与灌溉泵互锁	水泵关掉后，防止注肥泵仍继续注入的事故发生

（二）施肥操作注意事项

1. 人身安全

施用液态肥料时不需要搅动或混合，而固态肥料则需要与水混合搅动成液肥。大多数氨肥在施用中不存在人身安全问题，但当注入酸或农药时需要特别小心，防止发生危险反应。使用农药时要严格遵照农药使用说明，注意保护人身安全。

2. 剂量控制

施肥时要掌握剂量，如注入肥液的适宜强度大约为灌溉流量的 0.1%，灌溉管道流量为 50 m³/h，则注入肥液大约为 50 L/h。除草剂、杀虫剂要以非常低的速度注入，一般要小于注入肥料强度的 10%。每次施用肥料要掌握好用量，由于设备和操作人员失误，造成过量施用，可能使作物致死及环境污染。

3. 安全施用

为了防止施肥堵塞灌水器和施肥造成养分淋失，注肥过程最好按三个阶段进行，首先用不含肥的水湿润土壤，然后施用肥料溶液滴灌，最后用不含肥的水对微灌管网进行冲洗。三个阶段一般按 1/4—1/2—1/4 的比例安排。

4. 过滤水肥防止滴头堵塞

滴灌灌水器出水口很小，一般直径仅有 1 mm 左右，滴水滴肥时容易出现堵塞现象。为保障系统安全，对灌溉水和肥液进行过滤处理极为重要，一般滴灌系统常用的过滤器的筛网为 120 目。往管道注入肥液的部位应安放在过滤器的上游，使灌溉水和肥液都经过过滤，从而使灌溉系统能够安全运行。当注入酸时，这种方式会损坏过滤器，为解决这一矛盾，可在过滤器下游注入酸，在过滤器前投放化学制剂，但在过滤器冲洗过程的前一段时间应停止投放化学制剂。

5. 安全警示

在施用农药之前应出示警示牌，告知微灌系统正在滴灌施药，禁止饮用灌溉水。

第九章　微灌自动控制系统

第一节　微灌自动控制系统类型

灌溉自动控制技术经历了就地定时控制、集中控制、分布式控制几个阶段。目前，现场总线控制技术已成为自动控制技术发展的新趋势。

随着微电子技术、计算机技术和数据通信技术的飞速发展，自动控制灌溉系统的功能不断完善，早期的机械和电子定时控制装置仅能够进行简单的就地控制，具有多种控制功能和数据处理能力的可编程控制器（PLC）的出现使控制系统能够执行复杂的多任务和多设备集中控制，计算机和现代通信技术的应用使可编程控制器能够与通用计算机连接构成自动控制网络，实现"集中管理、分散控制"的分布式控制系统。随着数字化和网络化技术的发展，目前出现的现场总线控制技术，为智能现场设备、自动化系统之间提供了一个全数字化双向多节点的通信链接，控制系统成为具有测量、控制和执行过程诊断的综合能力的控制网络，技术性能有明显的提高，控制功能更加强大。

一、简单定时控制系统

简单定时控制系统主要是通过定时控制器对灌溉设备进行简单的定时开启和关闭，控制操作实现灌溉的自动运行。这是一种开路控制系统，没有数据采集、处理和反馈功能。定时控制系统的运行通常是通过简单的定时控制装置控制运行预先设定的灌溉计划，灌溉计划决策需要人工制定，然后在控制器中输入灌溉计划控制参数。控制参数既可以是灌溉运行时间长度，也可以安装水表进行定量的灌溉控制。简单的定时控制虽然是较早出现的控制技术，但其操作简单，成本经济，目前仍存在应用潜力，适用于温室大棚以及小型地块的简单灌溉控制。

二、高级闭路可编程控制系统

高级闭路可编程控制系统是通过高级的可编程控制器以及一系列的控制参数设定完成灌溉控制运行，其既具有简单的定时控制功能，又具有数据反馈和逻辑判断等控制功能，可以实现复杂的灌溉控制过程。高级的闭路可编程控制系统能够通过传感器系统获取数据反馈，用户仅需要在可编程控制器软件中设置控制基本原则和控制要求，一旦控制基本要求确定，控制系统根据传感器系统反馈的数据信息作出具体的灌溉计划，并通过控制模块在必要时运行灌溉设备，实现自动实施过程。

高级闭路可编程控制系统是目前使用最为广泛的一种自动控制系统，可以连接和处理各种工业标准传感器，通过传感器反馈数据实时优化控制和调节灌溉运行，使灌溉过程的控制更加准确。同时它的数据采集、存储与处理功能，使其能够完成数据存储、计算分析和各种报表生成、打印等任务，可以对灌溉进行过程监控和报警。可编程控制系统大多数都采用了现代通信、网络技术，使其可以连接通用计算机，用户不需要专业培训即可通过计算机进行操作，简单方便。此外，系统内多台可编程控制器之间可以通过通信网络相连构成控制网络，以实现数据信息的交换，完成灌溉远程控制以及不同的灌溉系统的大规模的复杂控制。

高级闭路可编程控制器的主要特点如下：

（1）高可靠性和抗干扰能力，可适应恶劣的现场环境。

（2）I/O模块化，智能化，方便组合和扩展。可编程控制器通常采用I/O模块化结构，组合和扩展非常方便，通过不同I/O模块的自由组合来完成不同的灌溉控制任务。同时可编程控制器是系列化产品，具有多种系列化机型，同系列的不同机型彼此之间兼容性强，可以灵活组合应用。

（3）编程简单方便。在可编程控制器上进行灌溉应用控制程序设置非常简单，不需要太多的计算机编程知识。编程设置既可以在控制器上进行，又可在任何与其连接的兼容个人计算机上进行。

（4）完善的监视和诊断功能。可编程控制器中应用自诊断技术和运行过程监视技术，使其能够智能诊断运行和系统设置错误，实时监测控制运行过程。

（5）安装、维修简单。可编程控制器的安装不需要特殊机房和严格的屏蔽。使用时只要各种控制设备连接正确，系统便可工作，控制器设有运行和故障指示装置，软件程序具有故障提示信息，便于查找故障，大多数模块可以方便地插拔、更换，使用户可以在最短的时间内检查和排除故障，最大限度地压缩故障停机时间，减少对灌溉正常运行的影响。

高级的闭路可编程控制系统与简单的定时控制系统相比，其强大的控制功能使灌溉控制调节更加精准，有利于提高灌溉水的利用率。它具有的网络通信能力能够使控制器或远程控制模块尽可能放置在现场就近控制，同时可以采用网络通信将多个控制器或控制设备连接起来构成集中管理的分布式网络控制系统，满足大规模的灌溉集中和分散控制要求。可编程控制器通过不断的发展，目前仍然是微灌最常用的自动控制系统，随着自动控制技术、计算机技术和微电子技术的迅猛发展，可编程控制器不断融入新的先进技术，一方面向体积更小、速度更快、功能更强和价格更低的微小型方面发展，继续开发简易经济的小型产品；另一方面向大型网络化、多功能、系列化、标准化、智能化发展，特别是可编程控制器与现场总线技术的融合，使其具有更广阔的发展前景。

三、现场总线控制系统

现场总线控制系统（FCS）是信息数字化、控制分散化、系统开放化和设备间相互可操作的新一代自动化控制系统。它具有完全的开放性，在遵循统一的技术标准条件下，用户可以把不同品牌功能相同的产品集成在同一个控制系统内，构成一个集成的现场总线控制系统（FCS），在同一个系统内具有相同功能的不同产品之间能够进行自由的相互替换，使用户具有了自动化控制设备选择和集成的主动权。现场总线控制系统真正实现了现场设备智能化，彻底的控制分散化，使微灌控制系统功能不需要依赖控制中心的计算机或主控制装置可以就近在现场完成控制功能，简化了系统结构，提高了可靠性和方便性。采用数字化通信，提高了信号传输的可靠性和精度，利用现场总线控制技术能够形成完全分散、全数字化的微灌控制网络。

现场总线技术顺应了当今自控技术发展的"智能化、数字化、信息化、网络化、分散化"的主流，使传统的控制系统无论在结构上还是在性能上都出现巨大的飞跃，是未来微灌应用自动控制技术发展的方向。但是现场总线控制系统目前还处在发展过程之中，现场总线控制的技术标准、现场总线仪表和控制设备的智能化等方面还不是十分完善，进入市场的成熟的智能化现场设备和仪表还不是很多，且与常规设备相比价格仍然较贵，因此目前在微灌领域的应用还处于初始阶段。

第二节　微灌自动控制系统构成

一、简单的定时控制灌溉系统

定时控制灌溉系统构成非常简单，其基本组成见图9-1。定时控制灌溉系统主要由定时器或时序控制器、控制命令电缆、电磁阀和继电器构成。定时器或时序控制器是系统的核心部件，通常安装在项目现场的合适部位。定时控制系统规模较小，控制设备数量不多，控制距离较近，控制命令通常通过控制电缆传送到执行设备。

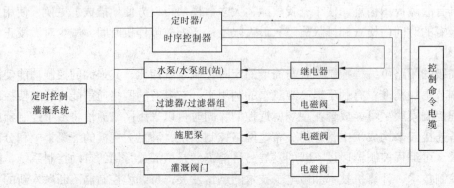

图9-1　定时控制灌溉系统基本组成

定时控制灌溉系统的运行过程是通过灌溉管理人员预先将开始灌溉时间、每站灌水运行时间和运行方式等参数输入控制器，控制器自动执行并发出控制命令自动启闭水泵、阀门，按设定的规定时间和轮灌顺序进行灌溉，实现自动化灌溉。

定时控制灌溉系统在灌溉中的应用减少了手动操作的随意性，提高了灌溉运行时间的准确性和灌溉运行的有序性，但由于没有信息反馈和控制调节，灌溉过程完全按照预设的固定模式执行，缺乏灵活性，控制程序的设置依赖于管理人员的经验和相关参考数据，灌水量精确性的把握有所不足。

二、中央计算机控制灌溉系统

中央计算机控制灌溉系统是以可编程控制器为核心的高级智能灌溉控制系统，可编程控制器控制功能强，具有数据采集处理和通信联网能力，向上拓展可以连接通用的中央计算机，向下拓展可以连接不同的远程控制模块和现场控制设备，同时可以选择各种智能测量控制传感器进行系统集成，形成一个具有完整调控功能的灌溉控制系统。

中央计算机控制灌溉系统主要由中央计算机、可编程控制器（PLC）、田间远程控制单元（RTU）、电磁阀、传感器、数据信息和控制命令传输系统等控制部件构成。中央计算机控制灌溉系统基本组成见图9-2。

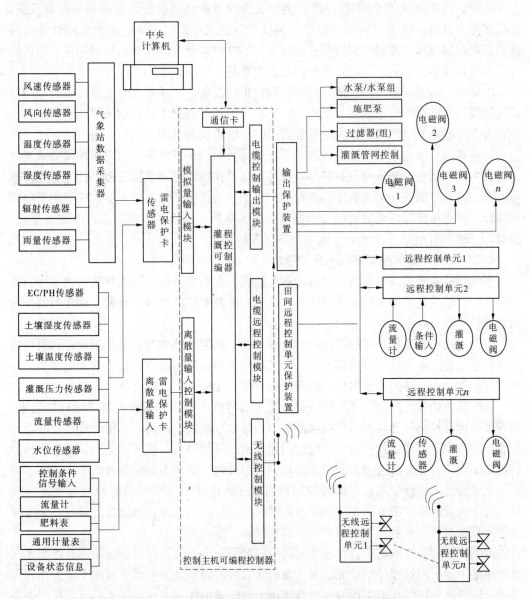

图9-2 中央计算机控制灌溉系统基本组成示意图

（一）中央计算机控制灌溉系统的构成

可编程控制器（PLC）：是智能化灌溉中央计算机控制系统的核心，可编程控制器因其高可靠性，可适应恶劣的现场环境，成为目前使用最为广泛的一种自动灌溉控制装置，它既具有定时控制功能，又具有条件反馈和调节控制功能，可以实现复杂的灌溉控制过程。

中央计算机：中央计算机安装控制程序，能够与核心控制器进行双向实时通信，通过核心控制器实现对现场设备的控制操作。中央计算机提供操作简单友好的动态人机运行界面，实现数据信息长期存储，可以作为网络化控制的服务中心。

田间远程控制单元（RTU）：是为实现大规模的灌溉控制而设计的现场控制设备，能够接受来自灌溉控制器的执行指令，实行现场就近控制，保证控制的准确性和可靠性。高级的田间远程控制单元既具有连接水泵、电磁阀等控制执行机构的功能，还可以连接各类传感器和仪表，实现现场数据信息的采集。

电磁阀：是实现田间灌溉阀门自动控制的枢纽设备，它通过电缆直接连接到中心可编程控制器或就近的田间远程控制单元，根据可编程控制器上设置的灌溉施肥程序自动执行来自控制器的运行指令，实现灌溉阀门的自动启动和关闭。

传感器和仪表是系统用于监控灌溉系统运行状况的传感设备，可以采集灌溉系统本身的设备运行信息、土壤和气象等环境信息，以及作物的生理反馈信息，传感器或仪表可以作为灌溉控制条件实现智能灌溉控制。灌溉自动控制系统的传感器和仪表主要包括液位计、压力传感器、温度湿度传感器、雨量传感器、风速风向传感器、电磁流量计、流量计、EC/PH 计、土壤水分、电器设备状态传感器。

（二）中央计算机控制灌溉系统的通信

可编程控制器可以应用各种现有的通信连接方式实现短途或远程数据传输和控制命令传送，可以满足不同规模、不同布局和地形的灌溉系统的要求。目前，最常用的控制通信连接方式有以下三种：

电缆连接：这是最普通的控制通信连接方式，控制系统中每一个控制设备和测量传感设备通过控制电缆接入可编程控制器，实现传感器采集的数据信息传输到控制器进行处理和控制命令传送到执行机构。电缆连接适用于距离短，连接无障碍的系统。

有线连接的远程控制：通过同一根电缆可以将许多个田间远程控制单元连接起来，实现田间远程控制单元与可编程控制器之间的远程双向通信。每一个田间远程控制单元安装在距离测量传感器和控制设备较近的地方来现场控制执行设备的运行，采集传感器的数据信息。这种方法适用于测量和控制设备距离远、灌溉布局较复杂的系统。

无线连接的远程控制：可编程控制器通过无线电通信方式与田间控制单元进行通信，每个无线远程控制单元安装在距离控制设备较近的地方来控制设备的运行。无线连接的远程控制适用于远程控制和电缆铺设有障碍的灌溉系统。

可编程控制器通过电缆直接连接现场控制和测量设备，也可以任意使用有线和无线远程连接多台田间远程控制单元，每一个田间远程控制单元又可以连接多个电磁阀和传感器，这样一台可编程控制器通过组合使用上述的通信连接方式将需要的灌溉控制设备和传感器设备集成为一个有机的控制系统，从而满足不同规模的草坪绿地灌溉系统的自动控制要求。

此外，不同的可编程控制器可以通过通信网络连接到同一台中央计算机，形成

"集中管理、分散控制"的分布式集群控制网络，以便完成更大规模的灌溉控制，其构成模式见图9-3。中央计算机可以按照用户的要求安装在合适的位置，控制网络中的每一台可编程控制器安装在项目现场作为独立的灌溉控制系统，不同的控制系统联网构成一个集中监控网络。

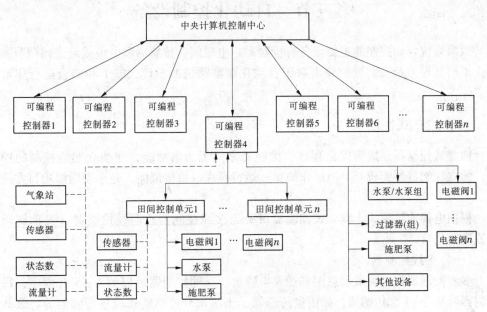

图9-3　分布式集群控制网络基本组成

三、微灌自动控制灌溉系统选择

微灌自动化控制项目规划设计时应该按照系统的实际需要选择适宜的控制系统。微灌自动化控制设计原则如下：

（1）技术先进，可靠性高。满足农业大田环境条件，故障少，运行可靠。

（2）经济性原则。按照经济适用原则，选择设备，确定控制方案。

（3）易用性原则。操作简单方便，易学易用。

（4）安全性原则。保证系统运行安全，操作安全。

（5）扩展性原则。系统具有扩展能力，方便后期扩展应用。

具体选择产品时还应注意以下几点问题：

（1）根据项目规模和控制要求因地制宜地选择控制类型：规模小的灌溉项目，控制要求简单，选择简单的定时控制系统；规模较大的灌溉项目，控制要求较复杂，可能既需要满足本地控制要求又需要满足远程控制要求，应选择中央计算机控制灌溉系统。

（2）根据控制任务选择合适性能的控制器：目前大多数控制器生产厂家都拥有不同型号的系列化的控制产品，用户应该根据项目控制任务的复杂程度和控制任务的要求、项目需要的控制设备和传感设备的数量，选择合适的控制器和系统配置。

（3）不同的控制产品以及不同的控制系统构成决定了控制项目的成本差异。在满足控制功能和项目规模要求的条件下，选择最经济的控制系统。例如，对于一个规模较大的灌溉项目，可以选择电缆直接连接控制灌溉阀门，也可以选择田间远程控制单元现场控制灌溉阀门，田间远程控制单元可以选择有线连接也可以选择无线连接。因此，需要对各种不同控制模式下系统构成的成本进行比较，选择最经济的一种。

第三节　自动化控制设备

微灌系统自动控制的主要设备有控制器、电磁阀、传感器和电缆线及变频调节装置等，了解其性能及安装维护要求对于自动化微灌系统的设计、施工和安全运行非常重要。

一、独立式控制器

独立式控制器是指带固化程序，控制器之间无通信功能，能独立实施控制的控制器。独立控制器性能较差，但操作简单、运行可靠、价格低廉，是小型微灌项目常选设备。

根据电线连接形式，独立式控制器可分为多线控制器及两线控制器（又称解码器式控制器）。

（一）多线控制器

多线控制器控制关系示意图如图9-4所示。这种控制器可以编4~5套程序，每台控制器可接3~4个传感器，如雨量传感器、土壤水分传感器和流量传感器等。最新的控制器实现了模块化、遥控化，便于站点扩展，当灌溉面积增加需要扩展控制范围时，在原控制器上加站点扩展模块即可。

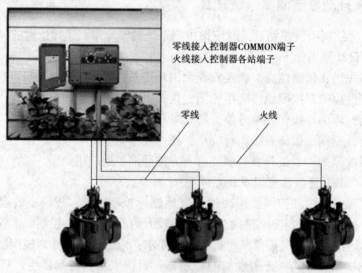

零线接入控制器COMMON端子
火线接入控制器各站端子

零线　　　火线

图9-4　多线控制器控制关系示意图

控制器根据预先编好的微灌程序，定时开启、关闭水泵及电磁阀进行灌溉；根据微灌条件变化情况，由传感器输入相应的信号，调整微灌方式，如土壤干旱时增加微灌次数和微灌灌水量，遇降雨时终止灌溉。

时间控制器有交流式，也有直流式。交流式输入电压为 220 V，输出额定电压为 24 V。直流式控制器的电池电压一般为 10 V。

采用多线时间控制器时，每个电磁阀上的一根线（火线）必须接回控制器。这种系统的缺陷是电线需求量大。多线控制器与电磁阀连接示意图见图 9-5。

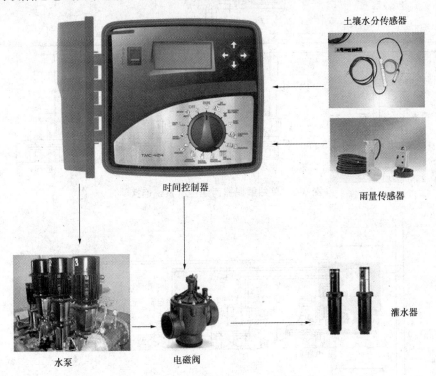

土壤水分传感器

时间控制器

雨量传感器

水泵　　　电磁阀　　　灌水器

图 9-5　多线控制器与电磁阀连接示意图

（二）两线控制器

两线控制器又称解码器系统，其控制部件有控制器、解码器、电磁阀。

两线控制器的工作原理是：当控制器打开一站时，通过两条线将电信号及数字信号发送到解码器上。每个解码器有自己的地址。当某个解码器解读到发给自己的控制信号时，给所接相应站电磁阀通电或断电。

1. 控制器

两线控制器的输出信号为直流（DC）信号或交流（AC）信号。相应电磁阀应选直流或交流电磁头。

2. 解码器

解码器是一个带微处理器的控制单元，既可传输、反馈电信号，也可传输、反馈数字信号，是两线控制器的重要部件。解码器的站数通常有 1、2、4、6 等。

3. 两线控制系统连接

单站解码器两线控制系统连接如图 9-6 所示。多站解码器两线控制系统连接如图 9-7 所示。

控制器输出线的长度取决于控制器输出参数，设计时取厂家推荐值。

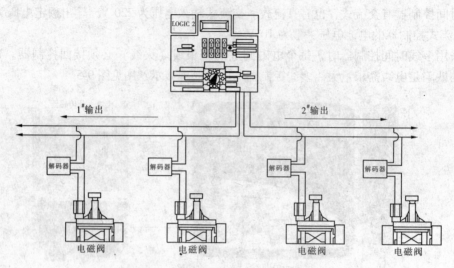

图 9-6 单站解码器两线控制系统连接

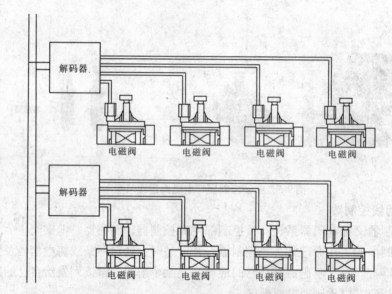

图 9-7 多站解码器两线控制系统连接

有的控制允许输出线是枝状的（见图 9-8），即不再接回控制器。有的控制器允许输出线连接为环状，即可以接回控制器。

两线控制系统有如下优点：

（1）节省电线。电磁阀只接在解码器上，不需接回控制器，电线用量可大幅度下降。

（2）节约控制器数量。一个控制器可接数百个电磁阀。

（3）减少挖沟工程量。

（4）电线故障易诊断。

（5）易增加站数。只要增加解码器，将解码器连接到控制器输出双线即可。

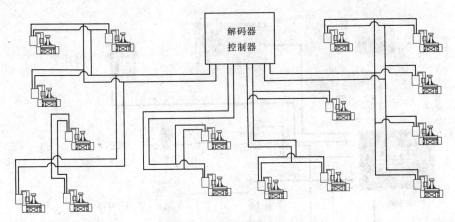

图9-8　枝状两线系统连接

两线控制器逐渐成为潮流，在全球范围推广越来越多。

4. 干电池式控制器

干电池式控制器不需要拉220 V电源线。可节约电源线投资，但有时可靠性不高，这种控制器适合于难以获得220 V电源的道路隔离带、街心花园、偏远灌片且控制面积小的微灌区。

二、中央控制灌溉系统主要配置

中央计算机控制灌溉系统的必要组成部分有计算机、专业控制软件、田间控制器（又称分控箱、卫星站等）。中央计算机控制灌溉系统可以依智能化水平不同连接以下部件：自动采集气象站、土壤水分传感器、土壤温度传感器、雨量传感器、流量传感器等。

中央计算机控制灌溉系统控制原理：在计算机上使用专业控制软件编制灌溉控制程序（人工或自动），计算机将编好的程序通过数据电缆、电话线、无线发射、光缆、互联网等不同通信传输方式将指令发给田间控制器（或解码器），控制器根据指令启闭水泵、电磁阀实施灌溉、施肥、过滤器冲洗等。

中央计算机控制灌溉系统控制关系如图9-9所示。

近年来，出现了全无线控制系统，控制器、电磁阀电源均来自太阳能电池。太阳能板将接收到的太阳能转换成电能储存在蓄电池中，供控制器使用。

三、电磁阀选择

电磁阀的额定工作电压有10 V、12 V、24 V等，可以是交流，也可以是直流，取决于控制器要求。电磁阀的主要部件有阀底、阀盖、隔膜、电磁头、调压手柄和进水孔过滤网。

电磁阀的工作原理：灌溉时，自动控制器将水泵打开，水顺着管道抵达电磁阀下腔，然后通过进水孔进入上腔。控制器给电磁阀一个电信号，在电磁作用下，将电磁头活塞提起，上腔的水经泄水孔泄到阀下游。此时上腔压力降低，下腔水将隔膜顶起，阀

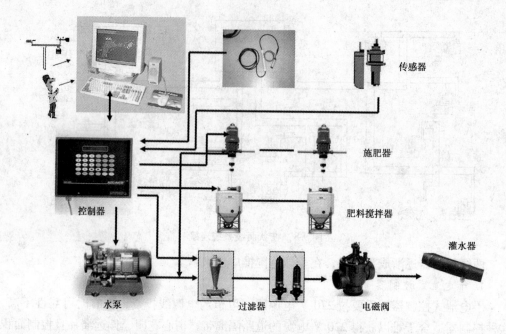

传感器

施肥器

肥料搅拌器

灌水器

控制器

水泵

过滤器

电磁阀

图 9-9　中央计算机控制灌溉系统控制关系示意图

门即打开。

运行到控制器设定的时间，控制器电流中断，电磁消失。在电磁头弹簧的作用下，活塞向下运动，顶住泄水孔。此时上、下腔压强平衡，由于隔膜上腔面面积大、压力大，隔膜被压差向下推动，堵死阀门，终止水流。

电磁阀的阀体材料包括工程塑料（ABS）、增强尼龙、聚氯乙烯（PVC）和黄铜等。黄铜及增强尼龙承压高，可达 1.5 MPa。ABS、PVC 阀承压一般在 1.0 MPa 以下。

通常压力变化大的项目区，应当考虑在电磁阀上加调压阀。

电磁阀应安装在阀门井或专用阀门箱中。直接埋入土中，会引起堵塞，影响开、关，阻碍电磁阀手动操作及维修、维护。

四、电缆线选择

（1）确定允许的电压损失值，如无厂家确切数据，通常可估算为 3 V。

（2）计算允许最大电阻值，计算公式如下：

$$R = \frac{U_0}{I} \tag{9-1}$$

式中　R——允许最大电阻值，Ω；

　　　U_0——允许电压损失值，V；

　　　I——电磁阀启动电流，A。

（3）计算出单位长度（如每 100 m）允许电阻值。

（4）确定适宜的电缆线型号。选定电缆线的电阻值应当小于计算的单位长度允许电阻值。电磁阀用电缆线的选用可参考表 9-1。

表 9-1　电磁阀用电缆线的选用　　　　　　　　　　　　（单位 m）

零线（公用线）线径（mm²）	火线（控制线）线径（mm²）						
	0.5	1.0	1.5	2.5	4.0	6.0	10.0
0.5	180	240	250	300	310	320	320
1.0	240	370	400	520	550	570	600
1.5	250	400	500	620	730	800	870
2.5	300	520	620	910	1 120	1 290	1 330
4.0	310	550	730	1 120	1 500	1 780	1 900
6.0	320	570	800	1 290	1 780	2 220	2 500
10.6	320	600	870	1 330	1 900	2 500	3 330

第四节　变频调节装置

变频调节是利用变频调节装置调节系统的水泵的供电频率，从而改变水泵电机转速继而改变水泵转速，调节水泵的流量和扬程，适应系统的恒压运行，通常应用在随机灌溉系统。

一、变频调节原理与基本组成

（一）变频调节原理

变频器调节是通过改变变频器的输出频率，即改变驱动的电动机的供电频率，从而改变电动机的转速来调整水泵转速的一种方法。水泵的特性与其转速存在一定的相关关系，水泵的转速（n）一旦改变，其流量（Q）、总扬程（H）和轴功率（P）将发生变化。如水泵转速下降 5%，则轴功率约下降 14%，电动机输入功率也随之减小。

（二）变频调节器的基本组成

在变频调速中使用最多的变频调节器是电压型变频调速器，由整流器、滤波系统和逆变器三部分组成。通过变频器可任意改变电源输出频率，从而实现平滑的无级调速。

二、影响变频调速的因素

（一）水泵机组的特性

随着转速的下降，水泵轴功率会随之下降，但电机输出功率过度下降，会影响电机效率和运行安全。另外，对水泵本身也存在一个合理的调速范围，一般认为，变频调速范围最好为额定转速的 75%～110%，不宜低于额定转速的 50%，并应结合实际确定。

恒压微灌系统中，一般配置 1～3 台水泵，但只要对其中一台进行变频调速，就可以达到整个系统恒压给水的目的。当一台变频器控制多台水泵时，水泵与变频控制柜应在适当距离内，不宜距离太远。

选择变频器时应注意变频器的容量与电动机相匹配。当电源容量受限时，采用变频器供电可能导致系统运行不稳定，应采取必要的措施。

（二）管路特性

改变水泵性能曲线是水泵节能的主要方式。在不同的管路特性曲线中，调速节能效果的差别十分明显。为了直观起见，采用图 9-10 来说明。若采用阀门调节，当流量由 Q_1 变为 Q_2 时，工况点由 A_1 变为 A_2，浪费扬程 $\Delta H = H_2 - H_3 = \Delta H_1 + \Delta H_2$。若采用变频恒压供水，则自动将转速调至 n_2，工况点处于 B_2 点，水泵扬程为 H_3。由于变频调速是无级变速，可以实现流量的连续调节、机组的稳定运行。

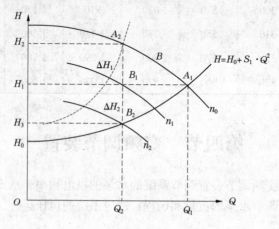

图 9-10　恒压与变压工况示意图

三、变频器的选择

（一）变频调节的主要功能

（1）压力调整，按需设定。依泵的性能进行压力设定，由调压控制钮来完成。要求的恒压设定后，使用中压力不得超出设定的压力范围；在正常用水情况下，当压力低于设定压力下限时，控制器通过调频改变水泵转速，将压力升至设定值。

（2）保护功能。当源头无水或水泵出现故障时，控制器会强制电动机停止运转；在管路漏水时，控制器将会发出漏水信号；过载保护、高低电压保护、瞬间跳电保护、逆转保护、过热保护、漏电保护、欠相保护等，自动显示故障原因。

（3）停机功能。变频调节具有故障停机和正常停机功能。

（二）变频器容量

选择适宜的变频器容量，对充分发挥变频性能和系统的安全运行至关重要。如果选用的变频器容量偏小，变频器的效率低且不能稳定运行。

变频器的容量选择应考虑如下因素：变频器容量应大于电机容量，变频器电流应大于电机电流，并考虑电机启动时对变频器容量的要求。变频器选型时，还应充分考虑所应用场合工况条件的最恶劣情况，留有足够的设计余量，并采取必要的保护措施。

四、变频控制系统的组成

常见的变频控制系统由压力传感器和变频器（含可编程控制器）等构成，组成一套中心控制装置，实现所需功能。变频控制系统工作原理见图9-11。

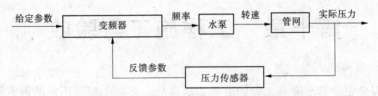

图9-11　变频控制系统的工作原理

安装在管网干线上的压力传感器，用于检测管网的水压值，将压力转化为电流信号，提供给可编程控制器与变频器。变频器是水泵电机的控制设备，按照水压恒定需要，将频率信号供给水泵电机，调整其转速。

通过变频器将压力传感器的电流信号和变频器输出频率信号转换为数字量，提供给可编程控制器，与对应的恒压系统要求的电流值、频率上限、频率下限进行比较，根据预设的程序实现泵的切换与转速的变化。

设计中，为保证供水的连续性，水压波动尽可能小，应在电器元件许可的动作周期内，使水泵在变频器和工频电网之间快速切换。此外，为了防止故障的发生，硬件上须设置闭锁保护。

第十章　工程施工与验收

微灌工程是农业节水灌溉工程的重要组成部分，多在水资源不足的地方修建。工程规模一般较小、分散、施工工期短，多由机井、塘坝、水库、泉溪等供水，其技术指标与常规明渠灌溉工程技术指标有较大区别，为此，除通用建筑物施工可参照执行小型农田水利工程施工要求外，还应根据微灌工程特点制定相应的施工要求，以保证按照设计要求，保质保量实施。

微灌工程施工主要包括水源工程与首部枢纽、土方工程、设备、管材和灌水器安装等。

第一节　施工准备

一、施工前准备

（一）认真阅读设计文件

要认真阅读工程设计文件，包括设计任务书、设计图纸、工程投资预算、施工进度要求等。熟悉工程特点、关键技术和设备，明确工程的重点和难点。

（二）施工现场踏勘

通过施工现场踏勘，了解施工现场的具体情况和条件，为施工组织设计做好准备。

（1）了解施工现场的地形、地貌，离交通主干道的距离和位置，以便为施工现场布置、铺筑临时道路、修建临时建筑物等作出整体规划。

（2）核对设计是否与灌区地形、水源、作物种植及首部枢纽位置等相符。

（3）了解施工现场距附近国家动力线的距离和位置，了解施工现场的水源状况，以便为通电、通水作出安排。

（4）必要时应测绘施工现场大比例尺（1/2 000～1/1 000）地形图，自国家水准点把高程点引向施工现场。

二、施工组织设计

施工组织设计是论述施工条件、选择施工方案，对工程施工全过程实施组织和管理的指导性文件。

施工前应与业主、监理、使用单位协商编写工程施工组织设计、进度计划，绘制施工图纸，并制订必要的安全措施。

将根据实际编写好的施工组织设计和进度计划报送监理和业主单位，经业主和监理单位同意后进行施工准备。

开工前施工组织设计主要包括以下内容。

（一）施工条件分析

施工条件包括工程条件、自然条件、物资供应条件以及社会经济条件等，主要包括：工程所在地点、对外交通运输、建筑物及特征；地形、地质、水文、气象条件，主要建筑材料来源和供应条件，当地水源、电源情况，施工占地以及与施工有关的协作条件等。施工条件分析是在简要阐明上述条件的基础上，着重分析对工程可能带来的影响和后果。

（二）主体工程

应根据各自的施工条件，对施工程序、施工方法、施工强度、施工布置、施工进度和施工机械等，进行分析比较和选择。必要时，对其中的关键技术作出专门论证和设计。

（三）施工交通运输

施工交通运输分对外交通运输和场内交通运输。

对外交通运输是根据工程对外运输总量、运输强度和重大部件的运输要求，确定对外交通运输方式，选择线路和标准，规划与国家主干线的连接，提出对外交通工程的施工进度安排。

场内交通运输应根据施工场区的地形条件，结合主体工程的施工运输，选定场内交通线路的布置和标准，提出相应的工程量和施工进度安排。

（四）施工设施和临建工程

施工设施包括土石料场和石料加工系统，混凝土拌和，机械修配，钢筋加工，预制构件以及风、水、电、通风、照明等设施系统；临建工程包括：施工、管理人员生活区，存储管材、灌水器等材料仓库等。应根据施工的任务和要求，分别确定各自的位置、规模、设备容量、生产工艺、工艺设备、平面布置、占地面积、建筑面积和土建工程量，并提出土建安装进度和分期施工计划。

（五）施工总布置

施工总布置的主要任务是根据施工场区的地形地貌、建筑物的施工方案，各项临建设施的布置要求，对施工场区进行规划；对土石方的开挖、堆弃和填筑进行综合平衡，提出布置方案，并估计施工占地，提出占地计划。

（六）施工进度

根据项目对工程投产所提出的要求，仔细分析工程规模、对外交通、资源供应、临建准备等控制因素，拟定整个工程包括准备工程、主体工程和结束工作在内的施工总进度，确定各项目起讫日期和相互间的衔接关系；对土石方、混凝土、管道安装、灌水器（包括滴管带、微喷头等）等主要工种的施工强度，劳动力、主要材料、主要机械设备的需求量，进行综合平衡，分析施工工期和工程费用的关系，制定出合理的施工进度图表。

（七）主要材料设备供应计划

根据施工进度安排和定额分析，对主要材料（如钢材、水泥、管材、灌水器等）和主要施工机械设备（如挖掘机、混凝土搅拌机等），列出总需要量和分期需要量计划。

施工组织设计应附图，如施工场外交通图，施工总布置图，土石方填筑施工程序、方法及布置示意图，水源及首部枢纽和田间首部枢纽、输配水管网、田间毛管和灌水器等施工程序、方法及布置示意图。

三、施工现场准备

施工现场准备工作主要包括通水、通电、交通通畅及平整现场，简称"三通一平"。此外还有通信、排水、施工机械、施工临建等准备工作。

（1）通水。主要解决施工用水如混凝土搅拌等以及生活饮用水。

（2）通电。从施工现场附近的国家电网上架设动力线和安装变压器，解决施工、办公和生活用电。

（3）交通。场外交通道路是连接国家交通主干道和场内交通、把施工所需设备物资运往施工工地的通道；场内交通主要为施工和场内运输道路。要根据施工组织设计的规划，提前施工并按计划完成。

（4）对施工设备机械进行检测和试运转，如不符合要求，应尽快修理或更换。

（5）平整好施工现场，作为堆料场、拌和场或预制件场以及仓库等临建场地的平整及建设。架好对外、对内的通信设施。

第二节　水源工程施工与首部枢纽安装

水源工程包括蓄水工程、引水工程和提水工程。小型水源工程包括机井、大口井、蓄水池、塘坝、集水窑（窖）及小型泵站等。本节主要介绍机井、大口井和小型泵站的施工技术和方法。

一、管井施工

（一）准备工作

管井在施工前，要做好以下准备工作。

1. 钻机的选择

应根据管井设计的孔深、孔径、地质及水文地质条件，并考虑钻机运输、施工、水电供应条件等因素，选用合适的钻机。常用钻机主要性能见表10-1。

表10-1　常用钻机主要性能

钻机类型	钻机型号	产地	开孔直径（mm）	钻孔深度（mm）	适应地层
回转式正循环	SPJ-300	上海	500	300	松散层和基岩层
	SPC-300H	天津	500	300	
	SPCT-600	天津	500	600	
	红星S-400	河南	650	400	
	红星S-600	河南	650	600	
	TSJ-1000	河北	425	1 000	
	济宁150	山东	560~800	150	黏性土和砂土类
	锅锥	河南	1 100	50	

续表 10-1

钻机类型	钻机型号	产地	开孔直径（mm）	钻孔深度（mm）	适应地层
回转式反循环	QZ－200	吉林	400～1 500	200	黏性土、砂和卵砾石层
冲击式	CZ－22	山西	750	200	松散层
	CZ－30	山西	1 000	250	
	8JC250	河北	300～800	250	黏性土、砂和卵砾石层
冲抓式	8JC 系列	浙江	600～1 500	50	黏性土、砂和卵砾石层、大漂石

2. 井孔位置的选择

井孔位置的选择要避开地埋线路和地面建筑物及设施等。一般安装钻机时井孔中心距电话线至少 10 m，距地埋电力线路及松散层旧井孔边线的距离至少 5 m（基岩钻孔不受此限制），距地下通信电缆、构筑物、管道及其他地下设施边线的水平距离至少 2 m，距高压电线的距离一般为塔高的 2 倍，与地面高层楼房及重要建筑物应保持足够的安全距离。

3. 钻机安装

施工现场达到"三通一平"以后，选定位置安装钻机，基础要坚实、安装要平稳、布局要合理、便于操作。回转钻机转盘要水平，天车、转盘及井孔中心要在一条铅直线上；冲击钻机连接牢固，钻具总重不得超过钻机说明书规定的质量，活芯应灵活，钢丝绳与活套的轴线应保持一致，防止钻进过程中位移。

4. 附属设备及材料准备

试钻前按使用规程检查钻井设备，确保各零部件完好，对有问题的零部件，及时更换。对于泥浆循环系统的泥浆池和沉沙池的容积，应该能够满足施工储浆和沉沙的要求。

（二）钻进工艺

钻进工艺应包括钻进方法、冲洗介质、泥浆质量、井孔防斜及事故预防等。

1. 钻进方法和护壁方法

钻进方法的选择：对于松散层或基岩层可采用正循环回转式钻进；石土类及砂土类松散层可采用冲击式钻进；无大块碎石、卵石的松散层，可采用反循环回转式钻进；岩层严重漏水或供水困难的基岩层可采用潜孔锤钻进。

冲洗介质应根据水文地质条件和施工情况等因素合理选用。一般在黏土或稳定地层采用清水，在松散破碎地层采用泥浆，在严重漏失地层或缺水地层采用空气钻进。

护壁方法的选择：松散层钻进时应根据钻进机具和地层岩性采取水压护壁或泥浆护壁。

基岩顶部的松散覆盖层或破碎岩层，宜采用套管护壁。

2. 钻孔用泥浆

对于一般地层，泥浆密度应为 1.1～1.2，遇高压含水层或易塌地层泥浆密度可酌情加大；对于砾石、粗砂、中砂含水层泥浆黏度应为 18 ~ 22 s；对于细砂粉砂含水层泥浆黏度应为 16 ~ 18 s。

冲击钻进时孔内泥浆含砂量应不大于 8%，回转钻进时应不大于 12%。冲击钻进时胶体率应不低于 70%，回转钻进时应不低于 80%。井孔较深时胶体率应适当提高。

停钻期间应将钻具提至安全孔段位置，并定时循环或搅动孔内泥浆，泥浆漏失必须随时补充，如孔内发生故障，应视具体情况调整泥浆指标或提出钻具。

3. 井孔倾斜度

井孔倾斜度是井孔钻进的重要参数，钻进时要合理选用钻进参数，必要时应安装钻铤和导正器。在钻进过程中，如发现孔斜征兆必须及时纠正。

（三）井孔钻进

1. 采样和编录工作

在钻进过程中要及时采样并做好地层编录工作，土样和岩样岩心必须按地层顺序存放及时描述和编录。

（1）松散层钻进时一般只采鉴别样，样本可用抽筒或钻头带取；回转无岩心钻进时，可在井口冲洗液中捞取。鉴别样要能准确反映原有地层的埋深、岩性、结构和颗粒组成。

鉴别样的数量：每层至少 1 个。含水层 2 ~ 3 m 采 1 个，非含水层与不宜利用的含水层 3 ~ 5 m 采 1 个，变层处加采 1 个。当有较多钻孔资料或进行电测时鉴别样的数量可适当减少。

探采结合井、试验井等应采颗粒分析样，在厚度大于 4 m 的含水层中，宜每 4 ~ 6 m 取 1 个；当含水层厚度小于 4 m 时，应采 1 个。岩（土）样质量（干重）不得少于：砂 1 kg，圆（角）砾 3 kg、卵（碎）石 5 kg。

（2）基岩层钻进鉴别样必须采岩心的，岩心采取率有具体要求：完整基岩为 70% 以上，构造破碎带、岩溶带和风化带为 30% 以上。取心特别困难的溶洞充填物和破碎带要求顶底板界线清楚，并取出有代表性的岩样。

土样和岩样（岩心）描述内容见表 10-2。

表 10-2 土样和岩样（岩心）描述内容

类别	描述内容
碎石土类	名称、岩性、磨圆度、分选性、粒度大小占有比例、胶结情况和充填物（砂、黏性土的含量）
砂土类	名称、颜色、分选性、粒度大小占有比例、矿物成分、胶结情况和包含物（黏性土动、植物残骸卵砾石的含量）
黏性土类	名称、颜色、湿度、有机物含量、可塑性和包含物
岩石类	名称、颜色、矿物成分、结构、构造、胶结物、化石、岩脉、包裹物、风化程度、裂隙性质、裂隙和岩溶发育程度及其填充情况

土样和岩样（岩心）取出后要编录，编录内容包括时间、地点、名称、编号、深度、采样方法和岩性描述以及分析结果。

2. 钻孔后处理

松散层中的井孔，终孔后应用疏孔器疏孔，疏孔器外径应与设计井孔直径相适应，长度一般不小于 8 m，达到上下畅通。

泥浆护壁的井孔，除高压自流水层外，应用比原钻头直径大 10～20 mm 的疏孔钻头扫孔，破除附着在开采层孔壁上的泥皮。孔底沉淀物排净后，及时向孔内送入稀泥浆，使孔内泥浆逐渐由稠变稀，不得突变。泥浆密度应小于 1.1，出孔泥浆与入孔泥浆性能接近一致，孔口捞取泥浆样应达到无粉砂沉淀的要求。

3. 井孔测试

对于松散层中的深井、地下水质和地层复杂的井、全面钻进的基岩井，井孔钻完后必须进行井孔电测校正含水层位置厚度和分析地下水矿化度。

下井管前应校正孔径、孔深和测斜。井孔直径不得小于设计孔径 20 mm，孔深偏差不得超过设计孔深的 ±2/1 000，孔斜不得超过设计要求。

（四）井管安装

1. 常用井管

井管应无残缺、断裂和弯曲等缺陷。金属井管管端和管箍的螺纹必须完整吻合。

井管每米弯曲度不得超过：钢管 1 mm，铸铁管 2 mm，钢筋混凝土管和混凝土管 3 mm。

井管的上下口平面应垂直于井管轴线。无砂混凝土井管与混凝土井管管口平面倾斜度偏差不得超过井管外径的 1.5%。井管直径偏差不得超过：无缝钢管外径 ±(1%～1.5%)，有缝钢管外径 ±2%，铸铁井管内径 ±3 mm，钢筋混凝土井管内径 ±5 mm，无砂混凝土井管内径 ±(6～9) mm；混凝土井管内径 ±(5～6) mm。

井管管壁厚度偏差不得超过：钢管和铸铁井管 ±1 mm，钢筋混凝土井管 ±2 mm，无砂混凝土井管 ±(4～6) mm，混凝土井管 ±(3～4) mm。

过滤器开孔率偏差不得超过设计开孔率的 ±10%，缠丝间距偏差不得超过设计丝距的 ±20%，缠丝至穿孔管壁的最小距离必须大于 3 mm。

含水层厚度不超过 30 m 时，滤水管可比含水层厚度稍长一些。

2. 井管安装

井管安装前必须按照钻孔的实际地层资料校正井管设计，然后进行井管组合、排列、测量长度，并按井管排列顺序编号。

下管方法应根据管材强度、下置深度和起重设备能力等因素选定：

（1）悬吊下管法，宜用于井管自重（或浮重）小于井管允许抗拉力和起重的安全负荷。

（2）托盘或浮板下管法，宜用于井管自重超过井管允许抗拉力和起重的安全负荷。

（3）多级下管法，宜用于结构复杂和下置深度过大的井管。

各类井壁管及过滤器允许一次安装长度可按表 10-3 的规定选用。

表 10-3　井壁管及过滤器允许一次安装长度　　　　　　（单位：mm）

井壁管和过滤器种类	钢制井壁管及过滤器	铸铁井壁管及过滤器	钢筋混凝土井壁管及过滤器	塑料井壁管及过滤器	混凝土井壁管及过滤器	无砂混凝土井管
允许一次吊装长度	250～500	200～250	150～200	≤150		
托盘下管允许一次安装长度			200～250		≤150	50～100

井管的连接必须做到对正接直、封闭严密，接头处的强度必须能够满足下管安全和成井质量的要求。过滤器安装位置的上下偏差不得超过 300 mm。

采用填砾过滤器的管井，井管应位于井孔中心。下井管时要安装井管扶正器，其外径比井孔直径小 30～50 mm。根据井深和井管类型确定扶正器的数量，一般间隔 3～20 m 安装一组，每井至少安装 2 组无砂混凝土管井与混凝土管井，扶正器的数量应适当增加。

井管底部一般应坐落在坚实的基础上，若下部孔段废弃不用，则必须用卵石或碎石填实。

（五）填砾和管外封闭

一般采用循环水填砾或静水填砾。填砾时必须连续均匀，及时测量填砾高度，校核数量，滤料中不合格的颗粒含量不得超过 15%，所填滤料应留样备查。

不良含水层一般用黏土球封闭，要求较高时用水泥砂浆封闭。黏土球应用优质黏土制成，直径为 25～30 mm，以半干为宜。投入前应取井孔内的泥浆做浸泡试验。

管外封闭位置要相对准确，上下偏差不得超过 300 mm。

（六）洗井和试验抽水

在填砾完毕后，要进行洗井并补填滤料。洗井方法和工具可按井的结构、管材、钻井工艺及含水层特征选择，尽量采用不同的洗井工具交错使用或联合使用。必要时，可根据井管类型选择适宜的化学药剂配合洗井。

洗井和试验抽水应达到下列要求：

（1）洗井完毕后，井底沉淀物厚度应小于井深的 5/1 000。

（2）洗井完毕后，进行试验抽水，水泵出水后 30 min 采取水样，用容积法测定含砂量。其中，中、细砂含水层不得超过 1/20 000，粗砂、砾石、卵石含水层不得超过 1/50 000。

（3）试验抽水时，一般只做一次大降深抽水，松散层地区的水位稳定延续时间不少于 8 h；基岩地区、贫水区和水文地质条件不清楚的地区，水位稳定延续时间应适当延长。有特殊要求的管井应做三次降深抽水。

（4）试验抽水应达到设计出水量，如限于设备条件不能满足要求，则应不低于设计出水量的 75%。

（5）试验抽水终止前，应采取水样，进行水质分析。

（七）竣工与验收

管井成井后应由施工单位提交竣工报告，竣工报告主要内容要包括管井结构和地层柱状图，包括岩层的名称、岩性描述、厚度和埋藏深度，钻孔及下管深度，井壁管和过滤器的规格及其组合，填砾及封闭的位置，地下水静水位和动水位，电测井资料；含水层砂样及滤料的颗粒分析成果、试验抽水成果、井水含砂量、水质分析成果以及管井配套和使用注意事项的建议等。

管井竣工后，由设计、施工、监理及使用等有关单位在现场进行验收，验收合格标准如下：

（1）井位、井深和井径符合规划设计要求。

（2）试验抽水时，管井出水量应与设计相符。如水文地质条件与原设计不符，可按修改后的设计验收。

（3）井水含砂量符合设计要求，水质符合用水标准。

（4）井底沉淀物厚度应小于井深的 5/1 000。

（5）管井轴线垂直度（即井孔倾斜度）：泵段以上顶角倾斜要求安装长轴深井泵时不得超过 1°，安装潜水电泵时不得超过 2°；泵段以下每百米顶角倾斜不得超过 2°，方位角不能突变。

二、小型泵站施工

（一）施工放线、基坑开挖

1. 施工放线

泵站施工现场应设置测量控制网，进行方位控制和高程控制，并把它保存到施工验收完毕。通过施工测量，定出建筑物的纵横轴线、基坑开挖线与建筑物的轮廓线，标明建筑物的主要部位和基坑开挖高程。

2. 基坑开挖

基坑开挖必须保证边坡稳定，根据不同土质情况采用不同的边坡系数（见表 10-4）。若基坑开挖好后不能进行下道工序，则应保留 15 ~ 30 cm 土层，待下道工序开始前挖至设计高程。泵站机组基础必须浇筑在未经松动的原状土上，当地基承载力不满足荷载要求时，应按设计要求进行加固处理。

表 10-4　基坑开挖边坡系数

土质类别	挖深小于 3 m	挖深 3 ~ 5 m	土质类别	挖深小于 3 m	挖深 3 ~ 5 m
黏土	1 : 0.25	1 : 0.33	无黏性砂土	1 : 0.75	1 : 1.0
砂质黏土	1 : 0.33	1 : 0.50	淤土	1 : 3.0	1 : 4.0
亚砂土	1 : 0.50	1 : 0.75	岩石	1 : 0	1 : 0

基坑应设置明沟或井点排水系统，将基坑积水排走，以免影响施工。

（二）泵站施工安装

1. 泵站施工

小型泵站一般采用分基型机房，即泵房墙体与机组基础是分开的。水泵与动力机应安装在同一块基础上，并要求机组和基础的公共重心与基础底面形心位于同一条垂直线上。基础底面积要足够大，保证地基应力不超过地基允许承载力。基础上顶面要高出机房地板一定高度，且基础底面应处于冻层以下。

为保证运行时机组的位置不变，并能承受机组的静荷载和振动荷载，基础应有足够的强度，为此基础通常用 C19 混凝土浇筑，并按上述要求浇筑在未松动的原状土上，此外还应符合下列要求：

（1）基础的轴线及需要预埋的地脚螺栓或二期混凝土预留孔位置应正确无误。

（2）基础浇筑完毕拆模后，应用水平尺校平，其顶部高程应正确无误。

泵房建筑物的砌筑应符合《砌体工程施工质量验收规范》（GB 50203—2002）、《建筑地基基础工程施工质量验收规范》（GB 50202—2002）《混凝土结构工程施工及验收规范》（GB 50204—2002）等有关规范的规定。

泵站基础与泵房砌筑完毕后应进行检查验收，并待砌体砂浆或混凝土凝固达到设计强度后回填。回填土干湿适宜，分层夯实，与砌体接触密实。

2. 设备安装

（1）一般要求。

① 安装人员了解设备性能、熟悉安装要求。

② 安装用的工具、材料准备齐全，安装用的机具经检查确认安全可靠。

③ 与设备安装有关的土建工程验收合格。

④ 待安装的设备按设计核对无误，检验合格，内部清理干净，不存杂物。

（2）机电设备安装。安装的顺序为：水泵—动力机—主阀门—压力表—水表—各轮灌区阀门。微灌用的化肥罐、过滤器应安装在压力表与水表之间。机电设备安装应符合下列要求：

① 直联机组安装时，水泵与动力机必须同轴，联轴器的端面间隙应符合要求。

② 非直联卧式（三角带传动）机组安装时，动力机和水泵轴线必须平行，皮带轮应在同一平面上，且中心距符合设计要求。

③ 柴油机的排气管应通向室外，且不宜过长。电动机的外壳应接地，绝缘应符合标准。

④ 各部件与管道的连接可用法兰或丝扣，但应保持同轴、平行，螺栓自由穿入，不得用强紧螺栓的方法消除歪斜。法兰连接时，须装止水垫。

⑤ 电气设备安装应由电工按接线图进行，安装后应对线路详细检查，并启动试运行，观察仪表工作是否正常。

三、蓄水池施工

蓄水池的作用是调蓄水源来水量以满足人畜饮水及灌溉用水要求。蓄水池的类型有开敞式、封闭式、圆形和矩形等。在条件允许情况下尽可能采用圆形结构，因为在周长、池深相等的情况下以圆形池容积最大。修建蓄水池应就地取材、因地制宜，以减少工程造价。对修建蓄水池的要求是池墙体稳定，池底牢固，不漏水。

（一）开敞式浆砌石圆形蓄水池

开敞式浆砌石圆形蓄水池的砌筑分为池墙砌筑、池底建造、附属设备施工安装三部分。施工前应在蓄水池旁设置高程控制点，以便对蓄水池的各部分进行高程控制。

1. 池墙砌筑

施工前应首先查看地质资料和地基承载力，并在现场进行坑探试验，若土基承载力不够，要采取加固措施，例如扩大基础或换土夯实。池墙砌筑时，要按设计图纸放出墙体大样。严格掌握垂直度、坡度和高程。

（1）石料要质地坚硬、形状大致呈方形，无尖角石片。风化石、薄片石料不宜选用。

（2）池墙砌筑要沿周边分层整体砌石，不可分段分块单独施工，以保证池墙的整体性。

（3）浆砌块石一般用灌浆法砌筑，墙两侧临空面用坐浆法砌筑密实，中间部分用灌浆法，灌浆时应插入钢钎摇动，促使灌浆密实。墙内侧块石临池面要求规则整齐，经铲凿修理后方可使用。

（4）水泥砂浆强度等级应符合设计要求，并按设计要求控制砂浆用量。砂浆应随拌随用，不得留置过久，一般不宜超过 45 min。

（5）浆砌石在外露的（地面以上部分）外侧面进行勾缝。勾缝前须将砌缝刷洗干净，并用水湿润。

（6）池墙内壁用 M10 水泥砂浆抹面 3 cm 厚，砂浆中加入防渗粉，其用量为水泥用量的 3% ~ 5%。

（7）池墙砌筑时要预留（预埋）进、出水孔（管），出水孔（管）与墙体结合处做好防渗处理。当选用硬塑管或钢管做出水口时，在池墙内布设 2 ~ 3 道橡胶止水环，或用沥青油麻绑扎管壁，然后用水泥砂浆将四周空隙筑实。出水口闸阀处要砌镇墩，防止管道晃动，北方寒冷地区，冬季将出水管覆土掩埋，以防冻坏阀门。

2. 池底建造

池底施工程序分基础处理、浆砌块石、混凝土浇筑、池底防渗四道环节。

1）基础处理

凡是土质基础一般都要经过换基土、夯实碾压后方能进行建筑物施工。根据设计尺寸开挖池底土体，并碾压夯实底部原状土。回填土可按设计要求采用 3:7 灰土、1:10 水泥土或原状土，采用分层填土碾压、夯实。

当土中含水量不足时，要进行人工喷洒补水，使之达到最优含水量标准。人工夯实每层铺土厚 0.15 m，夯打时应重合 1/3。干容重要求达到 1.5 ~ 1.6 g/cm³。机械碾压时，铺土厚度为 0.20 ~ 0.25 cm，碾压遍数根据压重和振动力确定。

2）浆砌块石

地基经回填碾压夯实达到设计高程后即可进行池底砌石。当砌石厚度在 30 cm 以内时，一次砌筑完成；砌石厚度大于 30 cm 时，可根据情况分层砌筑。砌石时，底部采用坐浆法砌底面，然后进行灌浆。用碎石充填石缝，务必灌浆密实，砌石稳固，上层表面呈反坡圆弧形。

3）混凝土浇筑

浆砌石完成后，应清除杂物，然后浇 C19 混凝土，厚 10 cm，依次推进，形成整体，一次浇筑完成，并及时收面三遍，表面要求密实、平整、光滑。

4）池底防渗

池底混凝土浇筑好后，要用清水清除尘土方可进行防渗处理。可用 P·O42.5 号水泥加防渗剂用水稀释成糊状刷面，也可喷射防渗乳胶。

3. 附属设施设备安装施工

蓄水池的附属设备包括沉沙池、进水管、溢水管、出水管与排水管等。

1）沉沙池

沉沙池为蓄水池前防止泥沙入池的附属设施。一般要求将推移质泥沙（粒径为 0.04 ~ 2.0 mm，沉速为 0.8 ~ 2.5 mm/s）中的砂粒沉淀下来。当水源为河水、山涧溪水、截潜流、大口井水等时，含沙量很少，可不设沉沙池，也可利用天然坑塘、壕沟作为沉沙池之用。沉沙池一般修建在距蓄水池 3 m 以外。

沉沙池一般呈长条形，长 2 ~ 3 m 或更长，宽 1 ~ 2 m，深 1.0 m，池底比进水管槽低 0.8 m。断面为矩形或梯形。沉沙池多为土池，也有水泥砂浆抹面池、砖砌池、浆砌石池和混凝土池。

（1）土池：选择有利地形按设计尺寸开挖，一般为梯形断面，人工夯实处理池底、池墙，采用红胶泥防渗或草泥防渗。池底防渗层厚 5 ~ 10 cm，侧墙厚 3 cm。另外，也可用塑料（地膜或棚膜）草泥防渗。

（2）水泥砂浆抹面池：池体开挖及夯实处理同上。用 1:3.5 水泥砂浆由下往上墁壁，厚 3 cm，并洒水养护。

（3）砖砌池：矩形池，池墙单砖砌筑，厚 12 cm，池底平砖厚 6 cm。在靠近蓄水池（窖）一侧按设计要求埋设进水管，最后用 1:3.5 水泥砂浆抹面 3 cm。

（4）浆砌石池：矩形池，池底、池墙为 M75 水泥砂浆砌石，厚 25 cm，内墙壁和池底用水泥砂浆抹面防渗。

（5）混凝土池：结构尺寸和砖砌池基本相同。池墙、池底混凝土厚 5 ~ 8 cm，一次浇成，并洒水养护 7 ~ 14 d。

2）进水管（槽）

进水管多采用 φ75 ~ 110 塑料硬管。前端位于沉沙池池底以上 0.8 m 处，末端伸入蓄水池内。进水槽为 C19 混凝土现场土模预制，壁厚 4 cm，每节长度为 1.5 m，宽度和高度视入池量而定，当一节槽长不够时，可用 2 ~ 3 节连接。

进水管槽前设置拦污栅，其形式多样，可就地取材。如用 8 号铅丝编织成 1 cm 方格网状栅，也可用铁皮打成 1 cm 圆孔，成行排列，还可用竹条、木条、柳条织制成网状拦污栅。

3）溢流管（槽）

溢流管（槽）是为了防止超蓄（夜间暴雨），危及蓄水池（窖）安全的补救措施。溢流管（槽）安设在蓄水池最高蓄水位处，将最高蓄水位以上的水安全排泄。用 φ110 硬塑管道或溢流槽，多余池水从管（槽）泄入明渠排走。

4）出水管与排水管

蓄水池（窖）出水管可安装在离池底 0.30~0.35 m 处的池壁上。用于微灌的蓄水池应在出水口设置第一级过滤装置。清洗泥沙等沉淀物及排空池水的排水管应低于或与蓄水池底相平。出水管与排水管用硬塑管或钢管，并与墙体结合紧密不漏水，出口安装阀门。

5）安全防护

从安全角度考虑，开敞式蓄水池顶部必须设置栏杆，施工要确保栏杆稳定牢固。

（二）封闭式矩形蓄水池

封闭式矩形蓄水池施工程序可分为池体开挖、池墙砌筑、池底浇筑、池盖混凝土预制安装、附属设备安装施工五部分。

1. 池体开挖

池体开挖要根据土质、池深选定边坡坡度。然后按池底设计尺寸确定开挖线，并进行施工放线。要严格掌握开挖坡度，确保边坡稳定。池深开挖要计算池底回填夯实部分和基础厚度，按设计要求一次挖够深度，并进行墙基开挖。

2. 池墙砌筑

按设计要求挖好池体后，首先对墙基和池基进行加固处理，然后砖砌池墙。墙角要加设钢筋混凝土柱和上下圈梁（圆蓄水池可不设），砖砌墙时，砖要充分吸水，沿四周分层整体砌筑，坐浆饱满。墙外侧四周空隙处要及时分层填土夯实。钢筋混凝土柱与边墙要做好接茬。先砌墙后浇混凝土柱。圈梁和柱的混凝土要按设计要求施工。

3. 池底浇筑

封闭式矩形蓄水池池底浇筑的施工方法同开敞式圆形蓄水池。

4. 池盖混凝土预制安装

混凝土池盖可就地浇筑或预制盖板。矩形蓄水池因宽度较小，一般选用混凝土空心预制构件安装。板上铺保温防冻材料，选用炉渣较为经济，保温层厚度根据当地最大冻土层深度确定，一般为 80~120 cm，上面再覆土 30 cm。四周用 24 砖墙浆砌，池体外露部分和池盖保温层四周填土夯实，以增强上部结构的稳定和提高防冻效果。

5. 附属设施施工安装

附属设施包括沉沙池、进出水管、检查洞及扒梯等。沉沙池施工见前述。扒梯安装在出水管的侧墙上按设计要求布设。砌墙时将弯制好的钢筋砌于墙体内。顶盖预留孔口，四周砌墙，比保温层稍高，顶上设混凝土盖板。

四、首部枢纽安装

微灌系统的首部枢纽包括动力机、水泵、变配电设备、施肥（药）装置、过滤设备和安全保护及量测控制设施等。

常用设备：动力机主要有电动机、柴油机、拖拉机以及其他一些动力输出设备，水泵有潜水泵、离心泵等，过滤设备主要有离心式过滤器（旋流水砂分离器）、砂过滤器、筛网式过滤器和叠片式过滤器等，施肥（药）装置主要包括施肥（药）罐、文丘里施肥器、注射泵施肥装置、肥料箱等，保护及量测控制设备包括量测仪表（如水表、压力表等）、阀门（如闸阀、逆止阀、安全阀、进排气阀等）和压力流量调节器等。首部枢纽的安装主要是这些设备的安装。动力机和水泵的安装参见产品说明书，其他设备安装要点如下。

（一）控制设备和量测仪表安装

（1）安装前清除控制设备和量测仪表封口、接头处的油污和杂物。

（2）各种阀门安装方向按设备上水流方向标记安装，不得反向。

（3）阀门安装前检查管道中心线、高程与管端法兰盘垂直度，然后进行安装。

（4）将阀体就位，公称直径在 DN50 以上的阀门一般用法兰连接、DN50 及以下阀门用螺纹连接。

（5）进排气阀安装在系统首部的最高处。

（6）电磁阀线圈引出线（插接件）使用防水、绝缘胶布或专用接头连接牢固，并通电检查和试运行。

（二）过滤器安装

（1）过滤器按标识的水流方向安装，组合过滤器按过滤器的组合顺序安装。

（2）离心过滤器安装入水口前直管长度应达到相关要求，以保证水流以层流状态进入过滤器。

（3）过滤器前后应各安装一块压力表，当两块压力表读数差大于 0.05 MPa 时，应立即清洗过滤器。

（4）自动冲洗式过滤器的传感器等电器元件按产品规定接线图安装，并通电检查运转状况。

（三）施肥（药）装置安装

常用的施肥（药）装置有压差式施肥罐、注入式施肥泵、文丘里式施肥器等。施肥装置与首部枢纽安装示意图见图 10-1 和图 10-2。

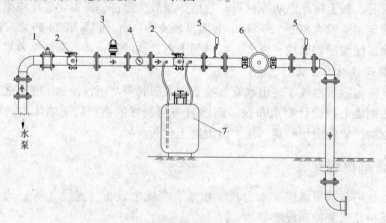

1—止回阀；2—蝶阀；3—进排气阀；4—水表；5—压力表；6—叠片式过滤器；7—施肥罐

图 10-1　微灌工程首部枢纽安装示意图（一）

（1）施肥（药）设备应安装在过滤器前面，肥液过滤后才能进入管路。

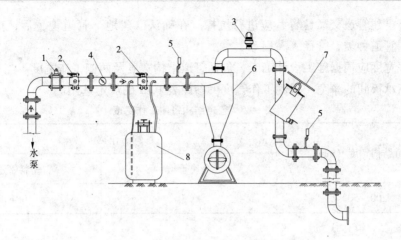

1—止回阀；2—蝶阀；3—进排气阀；4—水表；5—压力表；
6—离心式过滤器；7—网式过滤器；8—施肥罐

图 10-2 微灌工程首部枢纽安装示意图（二）

（2）在压差式施肥（药）罐进出水口之间主管上、进出水口上应安装阀门，利用压差施肥。

（3）辨明施肥（药）设备的进出水口，将进水口接在主管前端施肥口上。

（4）使用注肥（药）设备注肥口应不影响过滤器进口水的流态。

（5）施肥（药）装置的进、出水管与灌溉管道连接牢固，如使用软管，严禁扭曲打折。

（6）采用施肥（药）泵时，按产品说明书要求安装，经检查合格后再通电试运行。

第三节　管道施工与安装

一、施工测量

（1）施工现场应设置测量控制网点。测定管道中心线时，应在起点、终点、平面折点、竖向折点及直线段的控制点测设中心桩，桩顶钉中心钉。对于管线的转折点、闸阀等处或地形变化较大的地方应加桩，桩上应标明开挖深度。各桩应设置在沟槽外适当位置。

（2）测定中心桩桩号时，应用测距仪或钢尺测量中心钉的水平距离。用钢尺丈量时应伸紧拉平。

二、管槽开挖

土方开挖前应对开挖段土质、地下水位、地下构筑物、沟槽附近的地上建筑物、树木、输电和通信杆线、地下管线等进行调查，确定开槽断面、堆土位置、施工道路和机械设备，制订施工方案。

对于已建管道交叉位置，应进行坑探。在确认已建地下管道位置后，应设明显标志，标明管道种类、管径、高程等。

槽底宽度应根据施工设计确定，包括管道结构宽度及两侧工作宽度。当有支撑时槽底宽度指承板间的净宽。每侧工作宽度可参照表 10-5 的规定选用。

表 10-5　管道结构每侧工作宽度

管道结构宽度（mm）	每侧工作宽度（m）	
	金属管道	塑料管道
200～500	0.3	0.4

在天然湿度的土质地区开挖沟槽，地下水位低于槽底可开直槽，不设支撑，但槽深不得超过规定值：砖土和砂砾石 1.0 m、亚砂土和亚黏土 1.25 m、黏土 1.5 m。

分层开挖沟槽：支撑方式应根据施工环境、土质条件确定。每层槽的开挖深度，应根据支撑方式、挖槽机械性能确定，人工开挖宜为 2 m 左右。人工开挖多层槽的层间留台宽度，不设支撑的槽与直槽之间宜大于 0.5 m。

机械挖槽前，应向操作人员详细交底，交底内容应包括挖槽断面、堆土位置、现有地下构筑物情况及施工要求等；并应指定熟悉机械挖土有关安全操作规程的专人与司机配合，及时量测槽底高程和宽度。

机械挖槽应在槽底设计高程上预留不少于 10 cm 的土层，由人工清挖。人工清挖槽底时，应控制槽底高程和宽度，避免扰动或破坏槽底土壤结构。

在农田中开槽时，根据需要，应将表层熟土与生土分开堆存，填土时熟土仍填于表层。

沟槽两侧堆土时，堆土距槽边不得小于 0.3 m，靠房屋围墙堆土，应保证墙体安全。堆土应严禁掩埋测量标志及周围构筑物。

雨季施工时，应制订施工阶段具体防汛方案；沟槽开挖前应妥善安排排水疏导线路；宜先下游后上游安排施工，应尽量缩短开槽长度，快速施工；应制订防止塌槽及漂管措施。

微灌工程主干管沟槽的开挖尽量避开冬季，以降低施工成本；如必须在冬季施工，则应采取必要措施，确保工程质量。

三、管槽地基处理

施工中遇有与设计不符的松软地基、枯井和地质不匀等情况，应提请进行设计变更。挖槽应控制槽底高程，如槽底局部超挖，宜按以下方法办理：

（1）含水量接近最佳含水量的疏干槽超挖深度小于或等于 15 cm 时，可用含水量接近最佳含水量的挖槽原土回填夯实，其压实度不应低于原天然地基土的密实度，或用石灰土处理，其压实度不应低于 95%。

（2）槽底有地下水或地基土壤含水量较大，不适于压实时，可用天然级配砂石回填。

（3）排水不良造成地基土壤扰动，扰动深度在 10 cm 以内，可换天然级配砂石或砂砾石处理；扰动深度在 30 cm 以内，但下部坚硬时，可换大卵石或块石，并用砾石填充空隙和找平表面。填块石时应由一端顺序进行，大面向下，块与块相互挤紧。

四、管道安装

微灌工程中管道安装下管方法主要以人工下管方法为主。下管前槽底清理干净，地基已经处理，槽底高程及沟槽宽度符合设计要求；架空管道支架的高程、位置、结构质量应符合设计要求，下管前已复核；已对管、管件及闸门等逐件进行规格、质量检验；下管所用工具、机械、设备已检查，并符合技术、安全要求方可使用。

（一）硬聚氯乙烯（PVC－U）管安装

硬聚氯乙烯（PVC－U）管装卸、运输过程中不得抛扔或激烈碰撞、划伤；存储时，应置于棚库内避免暴晒；堆放时应放平垫实，堆放高度不得大于 1.5 m；承插口式管材堆放时，相邻两管节的承口应相互倒置，并让出承口部位，不得使承口部位承受集中荷载。安装前对管材、管件进行外观检查，不得有损伤、变形、变质。

常规硬聚氯乙烯（PVC－U）管安装有橡胶圈接口、黏结接口、法兰接口等，适用范围见表 10-6 的规定。

表 10-6　各种接口适用范围

接口类型	接口性质	适用范围
橡胶圈接口	柔性	管外径 63～315 mm
黏结接口	刚性	管外径≤160 mm
法兰接口	刚性	硬聚氯乙烯管与铸铁或其他阀件过渡连接

一般采用刚性口连接，每隔一定距离，设置一柔口，柔口间隔按设计要求设置。

管道穿墙处预留孔应设套管，套管两端与管道之间的间隙应采用柔性材料填塞，套管与填塞构造应由设计确定。管道接口不得设在套管内。

管道穿越道路时，禁止采用直埋法，应采用管廊或设套管。管廊或套管内廊最小尺寸，不应小于管外径最大尺寸加 300 mm。

硬聚氯乙烯管道采用鞍座连接支管时，相邻两孔口间的最小间距不得小于所开孔径的 7 倍。

橡胶圈接口用橡胶圈接头应采用热接，接缝应平整牢固，每个胶圈的接头不得超过 2 个，粗细均匀，质地柔软，无气泡、无裂缝、无重皮。

（1）采用橡胶圈接口安装时应符合下列要求：

①清理管节承口内的沟槽、插口工作面及橡胶圈。

②将橡胶圈安装在承口的沟槽内，胶圈位置应准确，不得扭曲。安装胶圈不得在橡胶圈上及承口沟槽内涂润滑剂。

③管节的插口端应加工出坡口倒角，并画出插入长度标线，再进行连接，管端插入长度应留出由温差产生的伸量，伸量应按施工时闭合温差计算确定，宜按表 10-7 确定。

表 10-7　管长 6 m 时管端伸量

插入时最低环境温度（℃）	设计最大升温（℃）	伸量（mm）
≥15	25	10.5
10～15	30	12.6
5～10	35	14.7

注：表中的管道运行中的内外介质最高温度按 40 ℃ 计，如大于 40 ℃，应按实际升温计算；管长不是 6 m 时，伸量可按管实际长度依比例增减。

④将滑润剂均匀涂刷在位于承口沟槽内的橡胶圈表面和管节插口端外表面上。禁止用黄油或其他油类做滑润剂。

⑤将插口对准承口，保持管节的平直，用安装机具，将管安装至插口标线，如插入阻力过大，应将管节插口端拔出，调整胶圈重新安装。

⑥用塞尺顺承口间隙插入，沿管周检查橡胶圈安装是否正常。

⑦在昼夜温差变化较大的地区，采用橡胶圈柔性接口的管道不宜在 –10 ℃ 以下施工。橡胶圈接口管道示意图见图 10-3。

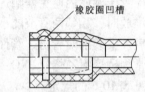

图 10-3　橡胶圈接口管道示意图

（2）采用黏结接口安装时应符合下列要求：

①在昼夜温差变化较大的地区，黏结接口不宜在 5 ℃ 以下施工。

②采用切断管管节安装时，应保证断管管节的切割断面平整，与管轴线垂直，并在断口端加工出坡口倒角，坡口倒角应清理干净，坡口长度不应小于 3 mm。钝边厚度宜为壁厚的 1/2～2/3。

③管节或管件在黏结前，应用棉纱或干布将承口内侧和插口外侧擦拭干净，被黏结面应保持清洁，当表面沾有油污时应用棉纱蘸丙酮等清洁剂擦净。

④黏结前应将接口试插一次，检查插入深度及配合状况，画出插入标线。插口端插入长度应为承口深度。

⑤将黏结剂涂刷在插口外侧及承口内侧结合面上，应先涂承口，后涂插口，沿轴向均匀涂刷，黏结剂宜由管材供应厂家配套供应。

⑥承插口涂刷黏结剂后，应立即找正方向将插口端插入承口，用力挤压，使插入的深度达所画标线，并使承插接口顺直、位置正确，且应保持表 10-8 规定的黏结接合时间，防止接口脱滑。

表 10-8　黏结接合最少保持时间

公称外径（mm）	63 以下	63～160
保持时间（s）	30	60

⑦承插接口连接完毕后，应及时将挤出的黏结剂擦拭干净。黏结后，静置固化时间不应低于表 10-9 的规定。静置固化期不得对接合部位加载。

表 10-9　静置固化时间 （单位：min）

公称外径	管材表面温度		
（mm）	40～70 ℃	18～40 ℃	5～18 ℃
63 以下	1～2	20	30
63～110	30	45	60
110～160	45	60	90

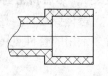

硬聚氯乙烯管与其他管材、阀门等管件连接时，不得用板牙在塑料管上套丝，应采用专用的法兰接头；与支架之间应垫以柔软材质的垫板。如毛毡、橡胶垫等，金属支架表面不得有尖棱和毛刺。黏结接口管道示意图见图 10-4。

图 10-4　黏结接口管道示意图

（3）采用法兰接口安装时应符合下列要求：

硬聚氯乙烯管法兰盘接口适应于与铸铁管、钢管及带有法兰盘的管件连接。

接口前应对法兰盘、螺栓及螺母进行检查。法兰盘表面应平整，无裂纹，密封面上不得有斑疤、砂眼及辐射状沟纹，密封槽符合规定，螺孔位置准确；螺栓、螺母型号匹配。

（4）硬聚氯乙烯管安装质量总体要求是胶圈接口、黏结口、法兰盘接口均应严密，不漏水；接口安装位置符合设计规定。

（二）聚乙烯（PE）管安装

聚乙烯（PE）管在微灌工程中一般主要用于多出口支管，管道直径一般在 ϕ 63 以下。

在新疆维吾尔自治区棉花滴灌工程中，也有使用大管径的 PE 软管作为干管或分干管，连接管件为承插式，承插部件的卡槽上装有弹性胶圈，在 PE 软管外面对准胶圈位置用钢卡卡住，见图 10-5。

图 10-5　膜下滴灌用薄壁 PE 管

常用 PE 支管管径在 ϕ63 以下，其连接方式主要为锁紧型承插式连接。安装前对管材、管件进行外观检查，不得有损伤、变形、变质。

（1）采用锁紧型承插式连接前，检查管材、管件、锁紧螺母、压圈、密封圈质量，将管材及管件插口部位清理干净；管材之间连接时应依次将锁紧螺母、压圈、密封圈套在管材插口端部。密封圈距插口端部距离应按不同管径而定，公称外径为 ϕ63 时的距离为 20 mm，公称外径为 ϕ32 时的距离为 10 mm，然后将管材插入连接件口内，将锁紧螺母锁紧，不留余扣；管材与管件之间连接时，将聚乙烯（PE）管直接插至连接件的尽头（如堵头安装），然后将密封圈、压圈压入连接件口内，再将锁紧螺母锁紧。锁紧时应用专用扳手，螺母要对口，用力要适中，避免拧坏管件。

管道安装时，常用的管件见图 10-6。

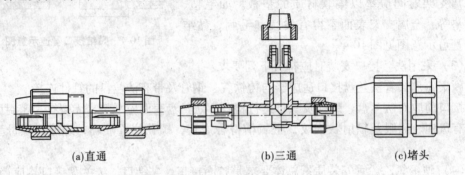

(a)直通　　　　　　　　　　(b)三通　　　　　　　　　(c)堵头

图 10-6　PE 管连接管件

（2）采用鞍座连接时，使用专用打孔器在管道上开孔，孔径大小不得大于管外径的 1/2，在同一根管上开孔超过一个时，相邻两孔间的最小间距不得小于管道直径的 7 倍，防止因打孔破坏管道结构，影响管道强度。开孔部位的管道表面应进行清理，管材表面泥土等附着物均应擦拭干净。鞍座应安装正确、牢固。鞍座连接示意图见图 10-7。

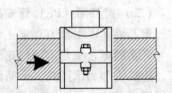

图 10-7　鞍座连接示意图

五、土方回填

管道、管件及阀门安装后，管道连接部分黏结强度、镇墩、支墩等附属建筑物强度达到设计要求，即可进行管道工程的主体结构验收及水压试验，主体工程验收及水压试验合格后，应及时回填。回填时应注意以下几点要求：

（1）槽底至管顶以上 50 cm 范围内不得含有机物，冻土及大于 50 mm 的砖、石等硬块。塑料管或电缆周围的部位，采用细粒土回填。塑料管道两侧回填土的压实度要大于 90%。

（2）当现场土料含水量过高且不具备降低含水量条件，不能达到设计要求密实度时，管道两侧及沟槽位于路基范围内的管顶以上部位，应回填石灰土、砂、砂砾或其他可达到要求压实度的材料。

（3）采用排水井排水的沟槽，回填土应从两座排水井间的分水岭处向两端延伸进行；槽底如有积水，先排除然后回填，禁止在水中填土；当日回填当日夯实。

（4）沟槽回填土应确保构筑物的安全，管道及井室等不位移、不破坏，接口及防腐绝缘层不受破坏。

（5）尽量避开雨后还土，不可避免时，应先测土壤含水量，对过湿的土壤采取降低含水量措施；对于有积水的，先排除槽内积水；还土时随还随夯，防止松土淋雨。

（6）冬季还土时，管顶以上 50 cm 范围内不得回填冻土，槽其他部分冻土含量也不得超过 15%，且不得集中，冻块大小不得大于 10 cm，还土后按常温规定分层夯实，预留沉降量。

第四节　管件及附属设备安装

微灌工程管道附件主要包括阀门、伸缩节、弯头、三通、鞍座等。

一、阀门安装

微灌工程中的阀门主要包括止回阀、安全阀、蝶阀、电磁阀、减压阀、进排气阀等。在阀门安装前，要检查产品外观质量，看是否有损坏；按照产品说明书，检查各部件是否功能齐全；及时清除阀内污物。

阀门安装的位置及安装方向应符合设计要求，阀门安装预留空间应能确保阀杆操作、检修方便；水平管道上阀门的阀杆宜垂直向上或装于上半圆。止回阀一般水平安装。在管道水压试验合格后安装安全阀。

各种阀门安装时要注意以下要点：

（1）对于公称直径在 DN50 以上的阀门，安装前检查与阀门连接的管道管端法兰盘垂直度，将阀体就位后用螺栓对法兰盘进行连接，法兰应保持同轴、平行，保证螺栓自由穿行入内，不得用强紧螺栓的方法消除歪斜；对于 DN50 及以下的阀门，安装前检查与阀门连接的管道管端螺纹，将阀体就位后用管箍连接和胶水粘接，安装螺纹接口阀门时，使用生料带等密封部件密封，并加装活接头。阀门安装后，按设计规定或施工设计完成管道整体连接，在连接过程中应防止阀门、管件等产生拉应力。

（2）塑料管上直径大于 φ65 的阀门应安装在底座上，底座高度宜为 10 ~ 15 cm；有水流方向标识的阀门根据管道系统水流方向安装，避免反向安装。

（3）电磁阀线圈引出线（插接件）使用防水、绝缘胶布或专用接头连接牢固，并通电检查和试运行。电磁阀安装连接示意图见图 10-8 。

（4）蝶阀安装前，蝶阀内腔和密封面尚未清除污物时，不要启闭蝶板；蝶阀安装时手动阀杆方向要垂直向上，安装位置应便于装卸；安装安全阀时，应校核和设定安全阀的保护范围，将排水管道从安全阀的排水口引出，避免泄水排在泵房或管理用房内；安装减压阀时，应根据设计要求校核减压阀的工作范围和减压效果。

（5）地下阀门安装在井的正中央，阀手柄处于阀门正上方，修建阀门井，使用专用井盖；管道尾端设排水阀时，排水阀体下应预留蓄水空间或将水引出，防止被排出的

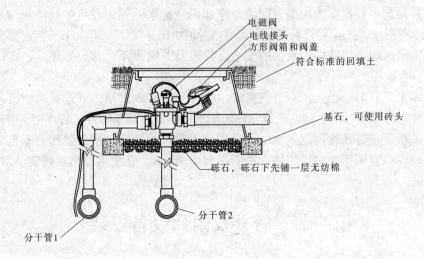

注：电磁阀安装可选择分干管 1 和分干管 2 两种方式中的任一种

图 10-8　电磁阀安装连接示意图

水淹没；进排气阀安装在管道最高处。

二、伸缩节安装

安装前检查伸缩节构造、规格、尺寸与材质，应符合设计要求，安装时根据气温，按设计要求预调好伸缩节的可伸缩量。

三、弯头、三通等管件安装

在管件安装时，同径和异径管件的中心线应与连接管道的中心线在同一直线上，偏心异径管的安装应按照设计要求进行。三通和弯头连接见图 10-9。管件安装偏差应符合相关规范和设计要求。

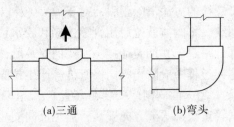

(a)三通　　　　　　　(b)弯头

图 10-9　PVC 管连接管件

四、鞍座安装

鞍座安装时，在管道上选择位置和开孔应注意：不得在纵、横、环向焊缝处开孔；管道上任何位置不得开方孔；不得在短管节及管件上开孔；主管开孔边缘距管端距离不得小于 100 mm；干管上开孔，开孔的圆心应通过干管中心线。当支管管径大于 0.7 倍干管管径时，不宜采用鞍座连接。

第五节　毛管与灌水器安装

一、旁通安装

旁通是支管与毛管或滴灌管（带）相连接的组装件，安装前首先要检查旁通外形，看是否有飞边、毛刺，有飞边、毛刺的为不合格产品，不得使用。抽样量测插件内外径，符合质量要求方可安装。安装时应按设计要求在支管上标定出孔位，用配套的专用打孔器垂直于管壁打孔，再按产品说明书要求将旁通插入孔内，并安装牢固。

旁通连接方式应可靠，如薄壁滴灌带与支管连接时，宜选用与滴灌带连接端为锁扣式的旁通。目前国内生产的部分卡箍式连接旁通，在阳光暴晒下，供水和断水操作后，易松动漏水。

旁通连接示意图见图 10-10。

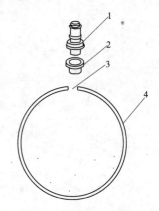

1—旁通；2—密封圈；3—安装孔；
4—PE 支管或 PVC 支管
图 10-10　旁通连接示意图

二、滴灌管（带）安装

各种规格型号的滴灌管（带）与支管连接时，滴灌管（带）管端应齐平，不得有裂纹，清除管端和旁通上的杂物；当滴灌管（带）连接段有灌水器时，应剪掉灌水器留下光管与旁通连接。

当支管埋在地下时，旁通安装后，用 PE 管（一般管径为 $\phi 16$）引出地面，然后通过直通与地面上滴灌管连接；当滴灌管（带）作为地埋毛管安装时，将埋地支管引上地面安装进排气阀，防止管内产生负压。

滴灌管连接示意图见图 10-11。

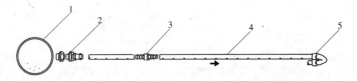

1—PE 支管或 PVC 支管；2—旁通；3—直通；4—滴灌带；5—堵头
图 10-11　滴灌管（带）连接示意图

三、微喷头安装

本书所说的微喷头为可装配式微喷头，在成套微喷设备安装前，在室内或装配场所先将微喷头、插杆、连接毛管、毛管用旁通组装成整体，以备安装使用。

在施工现场，按设计间距用专用打孔器在支管上打孔，将连着毛管的旁通用力插入支管，用插杆作为支撑，插杆插入深度不应小于 15 cm，插杆和微喷头应垂直于地面。微喷头倒挂安装时，微喷头应装上配重，以确保其垂直于地面，同时防止微喷头工作时摆动，造成喷洒不均匀。

微喷头安装示意图见图 10-12。温室大棚微喷头倒挂安装示意图见图 10-13。

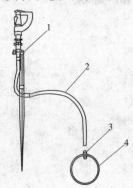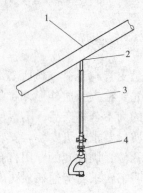

1—微喷灌水器（微喷头及附属件）；
2—微管；3—旁通；4—PE 管

图 10-12　微喷头安装示意图

1—PE 管；2—旁通；
3—配重；4—微喷头

图 10-13　温室大棚微喷头倒挂安装示意图

四、小管出流灌水器安装

小管出流灌水器安装时，在施工现场，按设计间距用专用打孔器在支管上打孔，将小管出流稳流器压入 PE 支管，在稳流器的出口处直接接上细小管将水流引出，也可以安装三通或五通，每个出口处连接一根细小管，以多个出口将水流引出，这些出水口直接布置在树木周围，或通过插箭插在地上，灌溉盆栽作物时，可以将插箭插入花盆内。

当支管埋于地下时，安装在支管上的稳流器也埋于地下，通过连接细小管将水流引到地面，布置在树木根部周围地表。小管出流灌水器安装示意图见图 10-14。

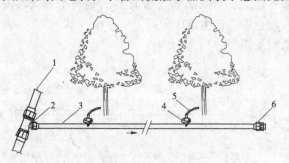

1—PE 支管；2—PE 三通；3—PE 毛管；4—小管出流稳流器；
5—φ4 微管；6—PE 堵头

图 10-14　小管出流灌水器安装示意图

第六节　管道冲洗与水压试验

管道在运输和安装过程中，难免有泥土、塑料碎片等杂物进入管道内。为了防止灌水器被堵塞，管道安装后需进行冲洗。同时为了检查材料设备和安装质量，发现问题及时处理。应在管槽最终回填前对管网系统进行水压试验，并编写水压试验报告。

管道冲洗和水压试验之前，配套的建筑物（如设备基础、镇墩等）应已达要求强度，整个管网的设备运行正常，阀门启闭灵活，开度符合要求，排、进气阀通畅，仪表、首部枢纽处于完好状态，管道铺设符合设计要求，管道、弯头和三通等处已固定，接头和阀门等处能观察漏水情况。管道胶水粘接强度应已符合相关要求。一般情况下管道试验段长度不宜大于 1 000 m。

一、管道冲洗

为了冲洗管道中泥土、塑料碎片等杂物，在管道冲洗时应遵循以下原则：管道冲洗流速应为 1~1.5 m/s；放水前应检查放水线路是否影响交通或附近建筑物安全；放水时应先开出水阀门，再开进水阀门，并做好排气工作；放水时间以排水量大于管道总体积的 3 倍，并使水质外观澄清为度。

管道冲洗应由上至下逐级进行，支管和毛管应按轮灌组冲洗。具体冲洗过程按下列步骤进行：

（1）干管冲洗，应先打开待冲洗干管末端的冲洗阀门，关闭其他阀门，然后启动水泵，缓慢开启干管控制阀，直到干管末端出水清洁；

（2）支、毛管冲洗，应先打开一个轮灌区的支管进口和末端阀门以及毛管末端堵头，关闭干管末端的冲洗阀门，直到支管末端出水清洁，再打开毛管末端，关闭支管末端阀门冲洗毛管，直到毛管末端出水清洁为止，然后再进行下一个轮灌组的冲洗。

二、管道水压试验

（一）试压前准备工作

试压前应对压力表进行标定。压力表的精度等级不得低于 1.5 级，最大量程宜为试验压力的 1.3~1.5 倍。压力表的接表支管，应在试验最低点。

用于管道试压的加压泵，在使用前应检查，包括加压泵加压分级、升压速度及计量注水量等，禁止使用离心式水泵进行水压试验。

水压试验前，应在管身两侧及管顶以上 50 cm 范围内回填土，但管道接口部位不应回填，保持裸露，以备检查接口渗漏情况。覆土后试前管道应进行灌水浸泡，浸泡时水压不高于管道工作压力，浸泡时间应符合相关规定，对于硬聚氯乙烯管，浸泡时间不应小于 24 h。

（二）管道预试压

预试压的压力宜取试验压力的 70%，进行试验段排气，并检查管路系统的安全度。预试压阶段，应逐步升压，每次升压宜为预试压压力的 20%，每升一级都应检查管路系统的安全度，无异常状况继续升压，直至压力达到试验压力的 70%，升压过程中发现压力表表针摆动不稳，且升压缓慢时，应检查接口等，重新排气后再行升压。当打开放气阀排除不含空气水柱时，预试压完成。

（三）水压试验

（1）试验压力选择：

①钢管。工作压力为 P ，试验压力为 $P+0.5$ MPa。

②铸铁管。工作压力 $P \leqslant 0.5$ MPa 时，试验压力为 $2P$ ； $P > 0.5$ MPa 时，试验压力为 $P+0.5$ MPa。

③硬聚氯乙烯。工作压力为 P ，试验压力为 $1.25P$ 。

（2）水压试验包括管道强度试验及密封性试验。管道强度试验应在水压升至试验压力后，并保持恒压 10 min，检查管道接口和管身，无破损、无脱落及无渗漏水现象时，管道强度试验确认为合格。

（3）管道密封性试验采用放水法和注水法，一般常用放水法进行试验，具体要求如下：试验时应先充水，排净空气，然后缓慢升压至试验压力，立即关闭进水阀门，记录下降 0.1 MPa 压力所需的时间 T_1 （min）；再将水压升至试验压力，关闭进水阀门并立即开启放水阀门，往量水器中放水，记录下降 0.1 MPa 压力所需的时间 T_2 （min），测量在 T_2 时间内的放水量 W （L），按下式计算实际渗水量：

$$q = 1\,000 \times \frac{W}{L(T_1 - T_2)} \tag{10-1}$$

式中　q——实际渗漏水量，L/min；

　　　L——试验管段长度，m；

　　　T_1——充水停止后从试验压力降压 0.1 MPa 所经过的时间，min；

　　　T_2——放水时，从试验压力降压 0.1 MPa 所经过的时间，min；

　　　W——T_2 时间内放出的水量，L。

（4）管道密封性合格标准：①试验管道管体及接口不得有漏水现象；②管道实测渗水量应小于允许值。

允许渗水量计算公式如下：

$$[q_s] = K_s \sqrt{D} \tag{10-2}$$

式中　D——管道公称直径，mm；

　　　$[q_s]$——管道允许最大渗漏水量，L/（min·km）；

　　　K_s——渗漏系数，钢管取 0.05，硬聚氯乙烯管、聚丙烯管取 0.08，聚乙烯管取 0.12。

冬季水压试验应采取相应防冻措施，管身应填土至管顶以上约 0.5 m，暴露的接口及管段应用保温材料覆盖；灌水及试压的临时管线应采取保温措施，试压合格后，应立即将水放空。

第七节　系统试运行与工程验收

一、系统试运行

微灌工程完工后，需进行系统试运行，试运行一般按设计的轮灌组进行，试运行的水温和环境温度一般为 5~30 ℃。试运行过程中应随时观察管道的管壁、管件、阀门等处，如发现渗水、漏水、破裂、脱落等现象，应作好记录并及时处理，处理后再进行试运行直到合格。

接工程设计，实测各轮灌组的流量，采用下式计算各轮灌组灌水器的平均流量：

$$\bar{q} = \frac{Q_{轮}}{n} \qquad (10\text{-}3)$$

式中　$\bar{q}$——田间实测的各灌水器流量的平均值，L/h；

　　　$Q_{轮}$——实测的轮灌组流量，L/h；

　　　n——轮灌组内灌水器的个数。

实测各轮灌组的灌水器流量，所测的灌水器应分布在同一轮灌组干管上、中游和下游的支管上，并处于支管的最大、最小压力毛管上，且分布在以上每条毛管的上、中游和下游，并按下式计算灌水均匀系数：

$$C_{u} = 1 - \frac{\Delta \bar{q}}{\bar{q}} \qquad (10\text{-}4)$$

式中　C_{u}——灌水均匀系数；

　　　$\Delta \bar{q}$——灌水器流量的平均偏差，L/h。

轮灌组流量和灌水器流量的实测平均值与设计值的偏差不应大于15%，微灌系统的灌水均匀系数不应小于0.8。

二、工程验收

工程验收是对工程设计、施工的全面检查。工程验收由业主和主管部门按相关规定组织实施。设计单位、施工单位和监理单位应提交全套设计文件、施工期间的验收报告、隐检报告、水压试验记录、试运行报告、运行操作指南、竣工图纸及设计变更说明。建设单位应提交工程竣工报告和工程决算报告。工程验收分为施工期间验收和竣工验收两步进行。

（一）施工期间验收

施工期间验收包括材料设备质量验收、土方工程验收、管道安装工程验收等，施工验收由施工、监理和主管单位共同参加。

（二）竣工验收

竣工验收工作是全面检查和评价微灌工程质量的关键工作之一，是考核工程建设是否符合设计标准和实际条件，能否正常运行并交付生产单位使用。因此，不论大小工程都应进行。

1. 竣工文件的准备

工程验收前应提交以下几种文件资料：全套设计图纸和相关文字说明，竣工图、竣工报告及工程决算，施工期间各项验收资料汇编，施工管理报告及工程试运行总结报告。

2. 竣工验收

1）建立竣工验收组织

工程验收前由业务主管部门负责协调和组织有关领导部门、设计单位、监理单位、施工单位、使用单位和用户代表参加的工程验收小组，进行各项验收工作。

2）检查工程施工质量

（1）验收资料的查验。检查各项验收资料是否齐全，单元、分部、分项工程质量是否全部合格。

（2）现场工程质量验收。对全部工程进行全面了解，由水源直到田间灌水器进行逐一检查。检查内容为：各主要部位高程、尺寸标准，土建质量，枢纽设备组装位置是否合理，管网布设位置、规格是否符合设计图纸和技术要求，灌水器安装位置、质量等。

3）现场运行测试

为了具体了解所建工程实际运行状态，在进行图纸对照检查的同时，可实地抽样检测，例如，对机泵设备进行 2～3 次启动试验运转，注意观察是否安全可靠、方便操作，机体稳定和声音是否正常等，抽查分水、调压阀门池管端与阀门安装质量，是否有漏水现象，同时分上游、中游、下游抽查几条毛管在有代表性部位实测灌水器的出水量和系统的灌水均匀度。轮灌组流量和灌水器流量的实测平均值与设计值的偏差是否不大于 15%，微灌系统的灌水均匀系数是否不小于 0.8。

3. 编写竣工验收报告

按照上述工作程序和内容全面进行验收，同时由主管部门组织竣工验收小组对验收结果进行整理分析和总结。正式竣工验收报告文件可包括验收工作概况、工程质量评价、参加竣工验收代表名单（签名）、全部竣工图纸（包括工程设施布设位置）、整套设计书（包括图纸说明）和对工程运用意见及建议等内容。

为便于查阅，全套文件及资料应由设计、施工、使用单位各保存一套，同时报送上级主管部门归档，以备查。

第十一章 运行管理与维护

第一节 系统运行管理

一、运行前管理

(一) 水泵

1. 离心泵

检查离心泵和电动机是否完好，轴承润滑油是否符合要求，油盒油位是否合适，各部位螺丝是否松动、缺少；盘泵 3~5 圈，转动是否灵活，泵内有无杂音，检查联轴器是否偏磨，是否紧固。

检查冷却水情况，水压是否在规定范围内；检查调整盘根漏失，漏失量是否在允许范围内；检查各仪表指示是否正常；检查各路阀门是否有漏失现象，特别注意吸水管路不能有漏气，以防影响水泵正常工作。

2. 潜水电泵

开机前全面检查电源线路，看电压是否正常，线路连接是否完好、正确；检查空气开关的过电流保护是否正常，严禁无保护运行；测量井中水位，检查电泵淹没深度是否符合要求。

(二) 管网及田间设备

(1) 检查田间管网和灌水器，及时补充和更换短缺或损坏的管和管件、灌水器等，并矫正灌水器位置。

(2) 运行前冲洗干净干管、支管；按顺序依次冲洗干管、支管、辅管或毛管，并对管道进行充水试压。

(3) 检查各级阀门启闭是否灵活，真空表、压力表和排气阀等设备仪表是否正常；检查控制阀门启闭是否灵活，安全阀动作是否可靠等；检查施肥装置各部件连接是否牢固，承压部位密封是否完好；检查过滤器各部件是否齐全、紧固。

(4) 金属结构的闸门、闸阀等要采取防锈措施，灌水前后应涂抹机油，保证设备灵活运转。

(5) 应对附属工程进行全面检查，并清除淤积物和杂草，修复损坏部位。

(三) 自动控制设备

对于装有自动控制设备的微灌系统，在系统运行前应检查田间自动控制设备蓄电池电量，电量不够应更换或充满；所有田间自动控制设备是否上线，是否和中心控制计算机建立连接，如没有全部上线，应检查首部和田间自动控制设备是否正常通电和工作。

（四）开机前记录事项

开机前，记录控制首部及田间首部各个水表的读数（v_1），以确定上次的灌溉水量及系统流量；然后打开闸阀和水泵。

二、运行中管理

（一）水泵

（1）使用过程中，要注意观察机井中水量和水质的变化。若发生异常现象，如出水量减少，水中含沙量增大，应立即停止供水，查清原因。

（2）电动机要在空载或轻载时启动，待电流指针开始回降时才能投入运行。电动机正常工作电流不应超过额定电流，如遇电动机温度骤升或其他异常情况，应立即停机排除故障。

（3）开机运行后机泵是否正常运行，应注意以下几点：各种量测仪表是否正常工作；机泵运转声音是否正常；水泵出水量是否正常，如果出水量减小，应停泵查找原因；水泵与管道各部分是否有漏水和进气现象，吸水管不应漏气；轴承部位的温度（以 20～40 ℃为宜，最高温度不超过 75 ℃）如果发现异常现象，应立即停机检修；电动机运行，应避免超过其允许温度。

（二）管道运行与管理

（1）灌溉时如发现管道漏水、控制阀门或安全保护设备失灵，应停水检修；若量测仪表盘显示失灵，应及时校正或更换。

（2）启闭主管上阀门时，要按照设计中关于防护水锤压力要求的启闭时间进行操作。

（3）按灌水计划的轮灌次序分组进行灌溉，不可随意打开各支管控制闸门。

当一个轮灌组灌水接近结束时，先开启下一个轮灌组的相应各级阀门，使相应的灌水小区阀门均在开启状态，然后关闭已结束的轮灌组的相应阀门，做到"先开后关"，严禁"先关后开"。

（4）随时检查田间灌溉系统的工作状况，包括检查毛管是否有断裂、破损，微喷头或滴头是否堵塞。扶正倒地或歪斜立杆，移动微喷头立杆，避免水滴喷洒在树干上。

（5）系统运行一段时间后，定期冲洗毛管，避免脏物沉淀或堵塞灌水器；因破损修复后的管道要及时冲洗。

（6）用压力表检查系统各设定点压力是否正常；如不正常，应停止系统运行，及时查明原因，排除故障后再重新启动。

（三）控制阀、量测设备管理

（1）经常检查维修保护装置，如安全阀、进排气阀、逆止阀等，保证其安全、有效地运行，如发现漏水及控制闸阀失灵等现象应及时抢修。

（2）经常检查水表、压力表等设备是否正常、读数是否正确，发现误差较大时应进行校对，如果失灵或损坏应及时更换；每次灌溉检查压力和流量并记录，与开始轮灌区的数据比较。如水表流量减少，则需要检查主管、过滤器或滴头是否堵塞，并在灌溉初或结束的，校正压力表和水表。

（四）过滤器管理

经过一定时间运行，观测过滤器两端压力差，如果压力差超过允许值，表明过滤器已堵塞，应清洗排污。每年灌溉结束后，也应对过滤器进行清洗。具体详见本节"过滤系统冲洗"部分。

（五）施肥管理

灌溉施肥前，应先把肥料溶解于施肥罐水中，然后打开施肥罐开关，调节施肥的速度，直至施肥罐内肥料施完。

对于压差式施肥（药）罐，在施肥（药）前，依次打开出水阀、进水阀，缓慢调节两阀之间的施肥专用阀开启度，使进、出水阀之间压差达到 0.05 MPa 左右，将肥（药）施入系统管网中。一个轮灌组施肥（药）结束后，先关进水阀，再关出水阀，最后将罐底阀门打开，放尽存水，以备下一轮灌组施肥。

一般在每个轮灌组灌溉运行 1/3 时间后开始施肥（药）、运行结束前半小时停止施肥（药）。每次施肥完毕，应对安装在其后的过滤器进行冲洗。肥料溶解要充分，否则易堵塞罐体又影响施肥（药）效果。施肥罐中放入的固体颗粒不得超过其容积的 2/3。

应注意，在施肥结束后，灌溉系统至少还应继续灌水 20 ~ 30 min，使施肥罐内的肥料全部进入根区土壤，避免残留在管道内。

（六）停机和停机后水泵操作注意事项

停机时，应先关闭启动器，后拉电闸；离心泵停机前应先关闭闸阀再停机；长期停机或冬季使用水泵后，应该打开泵体下面的放水塞，将水放空，防止锈蚀或冻坏水泵。

三、运行结束后管理

一次灌溉结束后，关闭闸阀和水泵，记录水表读数（v_2）和灌水时间（t），然后用下列公式计算系统的流量 q：

$$q = (v_2 - v_1)/t \tag{11-1}$$

将流量计算值与设计值比较，如相差很大，则表明系统工作出现异常状况，应检查原因，排除故障。

四、灌溉季节结束和冬季防冻措施与管理

（一）管网高压清洗

在灌溉季节结束后，应将存留在管中的固体颗粒等杂物冲洗干净，这些污物常集中在各级管道末端，应及时冲洗，防止进入下级管道或致灌水器堵塞。

1. 主管冲洗

主管道冲洗必须在过滤器冲洗完后再进行，冲洗流速不低于 0.5 m/s。

冲洗步骤：先打开待冲洗主管末端的冲洗阀门，关闭所有下一级管道阀门；启动水泵，缓慢开启主管控制阀；开始冲洗直至主管末端出水清洁；减少流量，关闭主管末端冲洗阀门。

2. 支管冲洗

支管冲洗必须在过滤器冲洗完成后再进行，冲洗流速不低于 0.5 m/s。

冲洗步骤：打开支管末端堵头或冲洗阀门，一次一条；冲洗直至流出清水；装上支管末端堵头或关闭冲洗阀门；重复以上步骤冲洗其他支管，直到所有支管冲洗完毕。

3. 毛管冲洗

为有效地冲洗毛管，推荐冲洗流速不小于 0.5 m/s，并且每次只冲洗一根或两根毛管。

在使用压力调节阀的地方，应卸下压力调节阀来增加冲洗压力。注意在低密度聚乙烯管（LDPE）、PVC – U 管旁通和有垫圈的地方不应超出最大工作压力。

当冲洗毛管时，要计算冲洗流量：

$$Q = vA \tag{11-2}$$

式中　Q——毛管冲洗流量，m^3/s；

　　　A——毛管横截面面积，m^2；

　　　v——冲洗流速，可取大于等于 0.5 m/s。

冲洗步骤：同时打开需要冲洗的几条毛管（最好 1~2 条，最多不超过 5 条）末端堵头；开始冲洗直至清水流出；堵上毛管末端堵头；重复以上步骤对其他毛管继续冲洗，直到所有毛管冲洗完毕。毛管冲洗时可以打开关闭阀门 3 次，使压力产生波动，滴头进入自冲洗模式自动冲洗污物。

在大雨时，土壤颗粒会进入滴头而堵塞滴头，为防止堵塞，应在地面径流结束后 1~2 d 内安排灌溉 1 次，冲洗滴头。此种被称为技术灌溉。

4. 管道系统冲洗步骤

管道冲洗应由上至下逐级进行，支管和毛管应按轮灌组冲洗。冲洗时间一般依照管道长度和流量来计算。

冲洗步骤：系统注满水并至设计工作压力；依次冲洗主管、支管和毛管；系统冲洗结束后，检查系统压力和流量是否恢复到正常数值，具体做法是灌溉系统先运行 20 min 后，检查过滤器进出口处和配水管入口处压力，随机抽查数条毛管首端及末端压力，用量筒随机抽查数个灌水器流量等。

管网内如果形成细菌或淤泥，则必须使用冲洗和化学处理方法。

（二）过滤系统冲洗

（1）水砂旋流分离器和叠片式过滤器组成的二级过滤系统：清洗叠片式过滤器壳体、各叠片组和密封圈，清洗擦干后，放回原位。开启水砂旋流分离器集沙膛排沙阀，将膛中积存物排出并把水放净。过滤器洗净后，将压力表旋钮置于排气位置。

（2）砂石过滤器：打开过滤器罐顶盖，检查砂石滤料数量，若数量不足应及时补足以免影响过滤质量。若砂石滤料上附着悬浮物，应清除表层滤料并及时补充。过滤器清洗时在每个罐内加入一包氯球，放置 30 min 后，每罐反冲 120 s 两次，冲洗完成后排尽罐体内部余水，并将压力表旋钮置于排气位置。若罐体表面或金属进水管路镀层有损坏，应立即清锈后重新喷涂。

（3）砂石过滤器和叠片式过滤器组成的二级过滤器系统：按照步骤（1）和步骤

（2）对应冲洗。

（4）自动反冲洗过滤器：按照自动反冲洗要求进行冲洗，自动反冲洗后按照步骤（1）和步骤（2）要求洗净各过滤介质和外壳。

（三）施肥系统

（1）配有塑料肥料罐的注肥泵：清洗肥料罐，打开罐盖晾开；清洗并按照相关说明拆开注肥泵，取出注肥泵驱动活塞，用润滑油润滑保养，拭干各部件后重新组装好。

（2）注肥罐：仔细清洗罐内残液并晾干，取下罐体上软管，清洗后置于罐体内保存。灌季结束后，在施肥罐顶盖及手柄螺纹处涂上润滑油，以防锈蚀；若罐体表面金属镀层有损坏，应立即除锈重新喷涂。

（四）田间设备

管道防冻保护，常采用以下几种措施：

（1）采用手动泄水措施，释放灌溉系统里余水；

（2）采用压缩空气法，吹出灌溉系统里余水；

（3）采用管道外包裹防冻材料（一般用于地面管道）。

1. 采用手动泄水措施

关闭系统主阀，切断水源，依次打开各轮灌区的控制阀（如电磁阀），减少管路系统水压力，然后慢慢手动开启泄水阀。假若管道系统有多个低洼处，则水难以排净。

一般主阀门或各分区阀门（如电磁阀、闸阀）里的积水较多，常采用包裹防冻材料的办法处理。

2. 采用压缩空气法

采用压缩空气法，一般气压不超过 0.35 MPa，不同管径所需压缩空气流量不同，如对于 $\phi 75$ 的主管，压缩空气流量可能需要 212 m^3/h，对于 $\phi 100$ 的主管，压缩空气流量可能需要 424 m^3/h。禁止使用高压力、低容量的压缩空气来排空水。

当管路系统设计压力为 1.0 MPa 时，相同的空气压力作用下，因空气的黏滞度比水的黏滞度小得多，系统会遭到破坏。

设计上，需要预留压缩空气入口，一般采用在主管路上安装快速连接阀、手动闸阀或预留一些三通接口，预留口应紧挨着工程水源处，安装以后及时检测。

1）在自动控制系统中使用压缩空气排空

首先关闭系统主阀，通过控制器设置循环，开启各站电磁阀，减少主管路水压力，使压缩机与主管路连接。

打开压缩机，注意调节阀门，使压缩空气压力不要超过 0.35 MPa，持续增加空气流量直到所有的滴头或微喷头排水，压缩空气的流量或体积取决于管路的长短和灌水器的数量。在空气压缩系统关闭以前一定不能关闭控制器。

为了确保排空，可重复操作，直至微喷头或滴头喷出雾汽。

2）在手动控制系统中使用压缩空气排空

首先关闭系统主阀，手动开启某站阀门，减少主管路水压力，使压缩机与主管路连接，打开压缩机，注意调节阀门，使压缩空气压力不要超过 0.35 MPa。持续增加空气流量直至排尽管中余水，每个轮灌区持续的时间不要超过 2 min，为了确保排空，可重复操作，直至灌水器喷出雾汽。在关闭刚排空轮灌区前，请先打开另外一组轮灌区（需要排空的），重复上述步骤。

五、系统维护指标和周期

可参照表 11-1 中所列的时间表对系统进行各项维护，并注意在每个灌溉期结束、系统不再使用时，必须进行系统清洗、排水和维修。

表 11-1　　系统各项维护工作时间安排

工作内容	每次灌溉	周	月	季	年
检查系统漏水		√			
核对末端工作压力			√		
检查系统流量（流量表）		√			
检查过滤器上的压差		√			
打开过滤器进行检查				√	
设定过滤器反冲洗循环秩序			√		
维修空气阀、田间阀门和压力控制阀					√
检查所有阀门的命令管和电线连接		√			
维修水泵、马达和开关					√
施肥泵保养					√
用水冲洗施肥系统	√				
冲洗主管道			√		
冲洗支管道			√		
冲洗毛管		√（水质差）	√		
取水化验，监控水质变化				√	
氯、酸处理	参阅相关说明书				
双氧水处理	参阅相关说明书				
处理入侵根系	参阅相关说明书				

水质变化是田间系统维护计划的依据之一，可根据表 11-2 中的指标对微灌系统进行检查和冲洗。

表 11-2　微灌系统检查和冲洗指南

项目		浓度（×10⁻⁶）或密度（个/mL）	滴头流量降低百分比或水质的季节性变化					
			低（<5%）		中（5%~25%）		高（>25%）	
			田间检查周期	管道冲洗周期	田间检查周期	管道冲洗周期	田间检查周期	管道冲洗周期
无机物	低浓度	<10	6个月	2个月	3个月	3个月	3个月	1个月
	中浓度	10~100	3个月	3个月	3个月	1个月	1个月	1个月
	高浓度	>100	3个月	1个月	1个月	1个月	1个月	每周
有机物	低浓度	<10	3个月	3个月	3个月	1个月	1个月	1个月
	高浓度	>10	1个月	1个月	1个月	每周	1个月	每天
细菌	低密度	<10 000	3个月	3个月	1个月	1个月	1个月	1个月
	中密度	<50 000	1个月	1个月	1个月	每周	1个月	每天
	高密度	>50 000	1个月	每天	每周	每天	每天	每天

第二节　微灌设备维护

一、灌水器管理与维护

（一）灌水器防堵措施

1. 正确安装和运行

（1）执行正确的系统安装步骤；

（2）依据环境和使用条件确定滴灌管线位置（放置地面或挂在金属丝上）；

（3）安装真空阀；

（4）培训灌溉操作人员，设计维护手册，执行维护计划。

2. 预防泥沙堵塞

（1）水中泥沙是造成微灌系统堵塞的重要因素，可通过建沉沙池、安装水砂分离器等方式来解决；

（2）对于管道破裂引入系统中的泥沙，可通过在田间阀门处加装二级过滤器来解决；

（3）当真空发生时（如水泵关闭的瞬间或滴灌管有一定坡度），泥沙会因负压而吸入系统导致滴头堵塞，可在田间支管最高处设置真空阀来解决。

3. 系统安装过程注意事项

（1）尽量避免主、支管道安装时泥土等杂物进入；

（2）在支管上打洞时，避免碎屑留在管道内，及时安装旁通，将盲管引到地面，折好盲管末端防止泥土进入；

（3）安装毛管后堵上堵头；

（4）冲洗管道时，先主管、再支管、最后毛管。

4. 将现有喷灌系统改建为滴灌时注意事项

在喷灌系统中一般不灌溉施肥，运行一段时间后喷灌系统中主、支管常常淤积较多泥沙等杂物。当改建为滴灌系统后，通常要灌溉施肥，化学物质长时间使用会使管内污垢脱落，堵塞滴头。

为防止上述现象发生，应采取以下措施：

（1）在田间阀门处安装二级过滤器；

（2）在主、支管上安装冲洗阀。

5. 主管道破裂后的预防措施

主管道破裂后应采取以下步骤预防系统堵塞：

（1）立即关闭破裂处以下的所有阀门；

（2）关闭水泵；

（3）修理破裂处；

（4）打开主管道冲洗阀；

（5）启动水泵，并缓慢注满主管道；

（6）冲洗主管道；

（7）打开支管和田间阀门，关闭主管冲洗阀；

（8）冲洗支管；

（9）关闭支管冲洗阀，冲洗毛管（1~3次）。

6. 施肥时的预防措施

通过灌溉系统施用的肥料也可能造成滴头的堵塞。不同肥料溶解度差异非常大，当水中含有硫酸根离子时，能与溶于水的铁、锰离子发生反应产生不溶于水的沉淀；磷酸根和钙、镁离子之间也会发生这种反应，从而造成滴头的堵塞。

肥料混合使用时，必须考虑以下几方面的问题：

（1）当使用固体肥料时，须牢记肥料的溶解性和纯度；

（2）防止肥料与灌溉水之间、两种不同液体肥料混合时发生化学反应，保证溶解时的安全性；

（3）某些肥料在水中溶解时会有致冷降温作用，也降低了一些肥料的溶解性；

（4）施用液体磷肥时必须检查水质。

大多数固体肥料在制造时都裹有一薄层油膜或黏土，来防止肥料颗粒吸收水汽，从而形成硬块。通常这些稳定剂在施肥罐底部形成沉淀，操作人员必须确保施用上清液而未触动罐底部沉淀。

不相溶的肥料种类有磷酸/磷酸胺与氨水、尿素、硝酸钙、含铁肥料、硝酸铵钙、含镁肥料等。

7. 地埋滴灌系统防止根系侵入措施

根系侵入在地下滴灌系统中很常见，根通过滴头进入滴灌管。对于季节性栽培的蔬菜和作物，可通过不让作物进入水分胁迫状态来防止根系入侵。在季节末期，可通过注入强酸来杀死根系和作物。在树木、果树和运动场地上，则必须通过施用氟乐灵（Trifluralin、Treflan）来处理，可限制根系在滴头附近的生长。

为防止根系侵入滴头，滴头根系附近土壤要具有抑制根系生长的氟乐灵，氟乐灵处理必须吸附在滴头根系附近而不能渗透到其他区域的土壤。当砂壤土中含砂量高于88%时不适合使用氟乐灵。

（二）堵塞的化学处理措施

当堵塞是由微生物和化学物质造成时，一般可采取化学处理措施来消除，主要措施包括氯水处理、双氧水处理、酸处理等。

1. 氯处理

氯水处理可以解决微灌系统中因细菌、黏液菌和藻类产生的有机物沉降问题。

（1）氯化物可形成使藻类不能长期生存的环境；

（2）氯化物作为氧化剂可促使有机物分解；

（3）氯化物能防止有机悬浮物的聚集和沉积；

（4）氯化物能对铁、锰等物质进行氧化，形成难溶化合物，易被清除。

氯处理可分为连续氯处理、定期性氯处理和系统清洗氯处理几种形式，各种形式的氯推荐浓度见表11-3。

表 11-3　氯化处理推荐浓度

氯处理目的	施用方法	所需浓度（$\times 10^{-6}$）	
		系统始端	系统末端
防止沉降	连续处理	3 ~ 5	1 ~ 2
	周期性处理	5 ~ 10	2 ~ 3
清洗系统		10 ~ 15	2 ~ 3

1）连续氯处理

在藻类或细菌数量高，水中铁、锰含量高的情况下，在咨询专家后慎重使用此方式。

2）定期性氯处理

根据水质条件，可一周一次或一月一次采用此方式处理。当为改进过滤能力而采用氯处理时，加注点必须离过滤器很近，并能使氯水扩散到整个过滤器中，氯的作用浓度一般为（2 ~ 3）$\times 10^{-6}$。

3）系统清洗氯处理

一个生长季节内可做 1 ~ 2 次，并在生长季节结束后立即对系统进行清洗，使系统在不使用时保持清洁。

注意：氯作为一种氧化物，会腐蚀系统内的橡胶部件，如旁通上的胶圈、阀门和滴头上的横隔膜等，最大使用浓度不能超过 50×10^{-6}。

4）氯的种类

氯常以3种形式存在，即次氯酸钙、次氯酸钠和氯气。

（1）次氯酸钙（游泳池用漂白粉）是粒状的小块或球状，在水中很容易溶解，在保存正确时比较稳定，并且可以利用的氯离子为 60% ~ 70%。当水中含钙量很高且水的 pH 值大于 8.0 时，建议不用次氯酸钙作为氯的来源。一般加入酸防止碳酸钙沉积。

（2）在家庭洗洁用品中常加入次氯酸钠，它含有 18% 的游离氯。次氯酸钠在光照和加温时容易分解，必须储存在阴凉的地方。在滴灌系统中通常使用次氯酸钠。

（3）氯气是腐蚀性的有毒物品，非专业人员不能使用。当不能使用次氯酸钙和次氯酸钠时，也可以使用氯气。

表 11-4 列出了不同用途时水中自由氯的建议浓度值。

表 11-4   不同用途所建议的水中自由氯的浓度

用途	应用方法	不同位置测量的自由活跃氯（mg/L）		
		系统首部	过滤器之后	系统末端
防止藻类生长	连续应用	1 ~ 10	1 ~ 10	0.5 ~ 1.0
破坏藻和菌类集结	间歇应用	10 ~ 20	10 ~ 20	0.5 ~ 1.0
溶解有机物		50 ~ 500	50 ~ 500	接近 10
处理含铁水质	连续应用	每含 1 mg/L（2 价）铁离子需 0.6		0.5 ~ 1.0
处理含锰水质	连续应用	每含 1 mg/L 锰需 0.6		0.5 ~ 1.0
处理含硫水质	间歇应用	每含 1 mg/L 硫需 0.6		0.5 ~ 1.0

5）氯化步骤

（1）准备装有 1 L 灌溉水的容器并加入预计含量的氯化物，将溶液放置一夜；

（2）如果没发生铁沉淀，进行步骤（4）；

（3）如果发现形成了氧化铁（溶解的 Fe^{3+} 可能在加氯之后因氧化作用而转成固体 Fe^{2+}，使其停留在灌水器中），将灌溉水中 pH 值调整到 4.5，并重新进行步骤（1）；

（4）确定所需氯的数量；

（5）处理前冲洗支管，以便从系统中去掉全部沉淀物；

（6）根据堵塞程度将含有 30 ~ 50 mg/L 氯的灌溉水在过滤器之前注入并充满管道；

（7）水需留在管线内约 1 h；

（8）在系统末端检验氯浓度（所要求的浓度不小于 1 mg/L 活跃氯）；

（9）如果在系统末端的残余氯符合所要求的值，则冲洗系统和过滤器；

（10）如果达不到要求，重复步骤（5）~（8）。

氯溶液注入点只在小区阀门处注入氯溶液。如果加氯必须在中心点进行，则在小区阀门打开之前必须首先彻底清洗主管道，否则从主管道来的所有污垢会在进行氯处理时进入滴灌管，加重已有的问题。

6）氯处理过程中的安全措施

活性氯溶液对人与动物非常危险，在使用和操作时要严格按照使用说明进行：

（1）避免接触到眼睛和皮肤，防止误服氯溶液或吸入氯气体；

（2）严格禁止氯与肥料直接接触，防止热反应而导致爆炸；

（3）酸处理和氯处理必须在两个不同的注入管道中进行，在同一罐中同时混合酸和氯会产生毒性极高的气体，两种物品须分开保存；

（4）氯处理时只能用干净水，如果氯处理过程中加入除草剂、杀虫剂和肥料，会降低氯的活性；

（5）只能把氯产品加入到水中，而不能相反。

同时还应注意以下问题：

（1）贮存罐中氯的损耗。当延长存放期、温度升高和光照增加时，氯的浓度可能出现下降，且初始浓度越高预计的损失也越高。

（2）系统中残余氯浓度减小。这一现象是不可避免的，且与水质、流经管路长度和流动的周期等有关。

（3）氯与含化肥水的反应。自由氯化合物与铵起反应而生成氯铵，效力变小，避免在氯化处理期间使用含铵的肥料。

（4）各分主管入口氯分布的均匀性要靠在分主管前注入氯来保证。

（5）氯的过剂量。氯的过剂量可能破坏沉淀的稳定性，引起沉淀物向灌水器移动并形成堵塞。过剂量处理被用于清洗系统内某些元件，但应分开实施。

（6）溶解铁的影响。当水中溶解铁的浓度超过 0.4 mg/L 时，不宜用氯化处理，原因是氯可能有助于铁的氧化，形成沉积，从而引起堵塞。

2. 双氧水（H_2O_2）处理

在常规氯处理不起作用的情况下，可试用双氧水。双氧水在处理管内沉淀方面比氯的作用更强。双氧水能在灌溉系统中抑制藻类及黏液菌的生长。

目前，市场上双氧水浓度主要有 35% 和 50% 两种。一般有一年一次的休克处理和每两星期一次的常规保养。

保持时间：整夜保持系统充满化学物质，第二天冲洗。

注入时间：保持双氧水的注入，直到滴头下的水开始起泡（泡沫效应），或采用移动时间（水从注入点流到最后一个滴头所需要的时间）来确定注入时间。

操作时的安全措施：双氧水溶液对人与动物非常危险。应严格按使用说明书操作。

（1）避免药液接触到眼睛和皮肤。穿戴防护衣、手套和眼镜。

（2）避免饮用及气体吸入。

（3）与其他化学物品分开存放。

（4）只能把双氧水加到水中，而不能相反。

（5）在处理时使用清水（水中不含肥料）。

一般应该在田间阀门处加注。如果在首部加注，则在任何一个田间龙头打开之前，必须先对主管道进行彻底冲洗，否则主管道中的污垢会被带到滴灌管中，加重已有问题。

3. 酸处理

酸处理是将某种酸注入到灌溉水中，达到溶解滴灌管（带）中出现的水垢、盐类等沉淀物（碳酸盐、氢氧化物、磷酸盐等）的目的。

酸处理的功能如下：

（1）防止已溶解的固体产生沉淀（预防作用）；

（2）溶解已有的沉淀（溶解作用）和当与氯联合运用时通过改变水的 pH 值而改进氯化效果；

（3）在某些情况下，注入的酸能够有效清除黏液菌。

然而，当有机物沉淀也同时存在时，酸处理没有效果，而应该改用氯处理等其他措施。

1）处理所选用酸的种类

酸处理可用的酸有盐酸、磷酸、硫酸或硝酸等。表 11-5 为不同酸类物质酸处理的推荐使用浓度。

表 11-5　不同酸类物质酸处理的推荐使用浓度

使用浓度	酸类型	酸浓度
0.6%	盐酸（HCl）	33%～35%
0.6%	硫酸（H_2SO_4）	65%
0.6%	硝酸（HNO_3）	60%
0.6%	磷酸（H_3PO_4）	85%

2）酸处理的步骤

酸液注入一般是间隔进行的，因而不影响大多数作物的生长。酸的浓度依所需 pH 值而定，短时处理（10～30 min）时 pH 值为 2，连续处理时 pH 值为 4。

首先，在实验室中用待处理的水与酸得出关系曲线，据此确定应添加的酸量。对酸处理的控制主要通过测试灌溉系统中各部分 pH 值的变化来实现。注酸泵应选用耐腐蚀类泵型。

（1）选择用酸的类型（应考虑有效性、价格、土壤敏感性、作物、设备等）。

（2）确定将水中 pH 值降到 2.0 所需酸的数量。具体步骤：①准备几个容器，每个装有 1 L 灌溉水。②将不等数量的选定酸液（盐酸或硫酸）注入每个容器中，并计量每罐内注入的酸量。③检查每个容器中的 pH 值，对 pH 值已达到 2 的，计算其浓度并进入步骤（3）；否则，继续升高或降低酸浓度，直至 pH 值达到 2，然后计算其浓度。

（3）检查一些灌水器的流量，确定正常与堵塞的情况，并记录下来，用于检验处理效果。

（4）检查系统进出口的压力。

（5）启动系统至正常工作压力，冲洗所有管线；用清水灌溉 1 h，将根部区湿润以保护根。

（6）将注肥泵连接到需要处理的小区；把注肥泵开到最大，使用清水来确定注肥泵在 10 min 内的泵水量，即使用量。在一容器中加入以上的水量再进行测试，确定注肥泵在 10 min 内能否把水泵完。

（7）计算并准备好要加入的酸溶液；注入酸，在过滤之后将已含有规定浓度酸的灌溉水注满系统；在毛管末端检查加酸灌溉水的 pH 值，以保证所添加酸的数量是适宜的。

（8）将各级阀门关闭，使"酸化的水"留在系统中 30~60 min。

（9）使用完酸以后，用清水将注肥泵内的酸冲洗出去；系统再灌 1 h 的清水，以保证根区土壤的 pH 值恢复到处理前的水平。

（10）彻底冲洗系统。

（11）重复步骤（3），当灌水器的流量得以改进时，说明处理是成功的。

3）酸处理注意事项

（1）当酸的注入时间超过 1 h 时，水的 pH 值不应小于 6.5。酸度过大会腐蚀管道、附件等，最终硬化橡皮阀座。

（2）当达到一定浓度时，所有酸都是有腐蚀性的。因此，被注入灌溉系统的酸在接触灌溉系统的金属部件前都应用水稀释到一定的浓度。

（3）如果水被酸化到 pH 值小于 4.0，则酸必须被注入任何金属部件的下游。

（4）酸应该被加入到水中，不得相反，否则容易引起爆炸。

（5）选择一些矿物酸，如磷酸、硝酸等，可达到肥料的效果，磷酸是危险性最小的一种酸。

（6）酸和肥料混合注入，容易产生一种腐蚀性非常大的溶液，如果提前在水箱中使酸和肥料混合，可避免产生沉积。如果酸和肥料通过两个注入器分别连续不断地注入，则混合液会产生较小的腐蚀性。

（7）局部的腐蚀会发生在注入点处，但如果注入点选择在管线中间则可以减轻腐蚀现象的发生。需要注入的酸量可通过实验室试验得出。

（8）接触酸很危险，应该穿戴好防护服、手套和眼镜，否则会有瞎眼或被烧伤的危险。误服溶液或吸入气体会有生命危险。禁止将酸和氯一起储存。

4. 沉淀抑制剂处理

沉淀抑制剂是高分子量的化学物品，可溶于水，具有减缓碳酸盐和硫酸盐沉淀及结晶的各种有效成分。可用的沉淀抑制剂种类很多，如聚偏磷酸、聚丙烯酸脂类、磷酸类等。

试验表明，当以 10 mg/L 的浓度应用时，沉淀抑制剂在沉淀开始之前能使钙的溶解浓度提高 5 倍之多。

5. 凝结处理

在水中加入凝结剂可以依靠沉淀和过滤措施，无法去掉的分散物在罐中或过滤器中形成絮状物，从而易于清除。

每种凝结剂都应在一个最佳 pH 值范围内使用。

铝盐是最常用的无机凝结剂，既可单独使用，也可以与合成聚合物混合使用。

最普遍的凝结剂是液体或固体的硫酸铝，硫酸铝浓度最多可用 200 mg/L，常用的范围为 10~40 mg/L。

二、过滤器维护

过滤器是系统非常重要的组成部分，必须定期进行维护保养。经常检查过滤器和管道是否有损坏和漏水。过滤系统在灌溉季节结束后必须进行彻底清洗并把水排尽。

过滤器在运行中，出现了下述情况时，必须进行冲洗：

（1）系统流量减小。部分堵塞了的过滤器将使流量下降，增加了水头损失，若保持供应相同的流量，导致能耗增加。

（2）过滤器压差增大。过滤元件上下游压差的增大可能造成沉积物进入过滤器介质中，对网式过滤器可导致永久的堵塞，难以清理。在有些情况下，过滤器进出口过大的压差还可能造成筛网的物理损坏。

过滤器的冲洗可手动或自动，但不论如何使用，都应采取一种或几种措施定时冲洗。常见的冲洗控制有以下几种：

（1）压差控制冲洗。当过滤器进出口的压降超过预定值时实施冲洗。这一压降可由一压差传感器感受自动启动冲洗，也可由两块压力表指示手动冲洗。

（2）容积表控制冲洗。当预定的水量通过过滤器后，自动开始冲洗。水量预定值主要依据水质而定，其测量主要靠计量表。

（3）定时冲洗即按设置的固定时间间隔冲洗。时间间隔的确定主要来自经验。

（一）砂石介质过滤器

过滤介质必须按一定的规则定期冲洗或更换，以充分保证过滤效果，这是最基本、最重要的维护工作。

（1）高流速过滤器的维护。反冲洗应使用清洁水或滤后水。按国外实践经验，反冲洗所需的水量一般为自上次反冲洗之后通过过滤器总水量的 4% ~ 6%，或在每平方米介质横断面面积上经过 $35 \sim 45 \ m^3/h$ 的流量。反冲洗持续时间约为自上次反冲洗后所经过时间的 1%。维护频率可定期进行或当过滤器进出口压差达到某一值（一般取 7 m 水头）时进行。

（2）低流速过滤器的维护。应定期去除过滤器上层最受污染部分的介质并补充等量的清洁介质，维护的频率视水质情况而定，每年一般为 1 ~ 6 次。在级配介质型过滤器的反冲洗过程中，所形成的悬浮物被从上部去除，过滤器中会发生砂粒重新分布的情况：大颗粒靠近过滤器底部，小颗粒则靠近过滤器上部，水向下流动时介质孔隙越来越大，这是不正常的状况。这样上层就成为过滤器短时期内被堵塞的界限，由于这一原因，农业中用到的颗粒过滤器都是均一级配介质类型。

在安装这种过滤器或替换过介质之后，要反冲洗数次，并去除集中在顶部的细颗粒。

一般建议在反冲洗过程的同时使用高浓度的氯，进行氯化处理。

在灌溉季节结束的时候，应将过滤器内水排空，避免藻类或其他有机物生长。为防止藻类生长，也可在过滤器内充满含有适当剂量氯或酸的水并放置约 24 h 后，进行反冲洗，直到流出清水，排空备用。

一般每经过两个灌溉季节后，过滤介质应全部更换。

检查过滤器底部的过滤帽是否完好，确认每一部件都符合要求。当水质不好而使用了石灰时，应仔细检查过滤帽的沟缝中是否有石灰沉淀。当有石灰沉淀发生时，可使用弱酸处理。如果不需要更换砂粒料，则必须作 12 h 的氯处理。第二天，仔细冲洗过滤器直到完全冲洗干净。每月检查一次滤床，确认床面是否水平或略向上突起，保证床体无缝隙形成并且砂床厚度达到要求。如果这方面出现问题，表明反冲洗循环需要进行调整。

（二）叠片式过滤器

当过滤器变脏时，水的流速会变慢而无法打开或关闭反冲洗阀。当水以这种慢流速打开反冲洗阀时，阀门在接到关闭信号之前才能完全打开，这表明过滤器没有得到适当冲洗，这种压力使得污物进入叠片凹槽更深处，并导致过滤器组不断进行反冲洗过程，而影响系统工作压力。

一般情况下，对过滤器用清水进行定期清洗即可，但污物很多时，可采取以下几种方法来清洗。

1. 盐酸（HCl）和双氧水（H_2O_2）处理

（1）清洗锰、铁和碳酸盐沉淀物。

第一步：①隔离过滤器组并释放压力，然后打开过滤器，取出所有脏叠片并把这套叠片用塑料绳系在一起；②在一个足够大的容器里准备好 10% 的盐酸水溶液，倒入 7 L 水，然后在水中加入 3 L 盐酸（30% ~ 35%）；③将叠片浸泡在溶液里，确保叠片疏松和各面都可以接触到酸溶液，请勿将太多叠片同时放入溶液里；④将叠片在溶液里搅动数次，在溶液里浸泡时间为 0.5 ~ 3 h；⑤当溶液不能清洗叠片时，请换新的溶液，取出叠片用水仔细冲洗，此时叠片上应只剩有一层淡白色沉淀物。

第二步：①叠片用水冲洗过之后，必须在 10% 的过氧化氢水溶液里进行浸泡，这样可以将有机残留物去除；②准备 10% 的过氧化氢水溶液，倒入 7 L 水并加入 3 L 双氧水（35%）；③将叠片浸泡在溶液里，确保叠片各面都可以充分与溶液接触，请勿将太多叠片同时放入溶液里；④将叠片在溶液里搅动数次，在溶液里浸泡时间为 0.5 ~ 3 h；⑤当溶液不能清洗叠片时，请换新的溶液，取出叠片用水认真冲洗，此时叠片凹槽之间应没有任何残留物；

第三步：用水仔细冲洗叠片，然后将叠片放回过滤器组并冲洗数次，以去除所有的化学物。

（2）清洗有机物和生物残留物。

步骤与（1）相同，只是所使用的冲洗液不同。

第一步：用 10% 的过氧化氢水溶液（倒入 7 L 水，然后在水中加入 3 L 双氧水（30% ~ 35%））。

第二步：用 10% 的盐酸溶液（倒入 7 L 水并加入 3 L 盐酸（30% ~ 35%））。

2. 氯化铵溶液

此处理只用于出现锰沉淀问题的过滤器。将叠片放入 10% 的氯化铵溶液内，时间很短（数秒钟）就可洗干净。

　　步骤：取一塑料容器，容器的盖子一定要紧。准备500 g氯化铵将其溶入5 L水中，得到10%的溶液。将一套叠片放入溶液里，盖紧并摇晃容器，之后叠片必须在清水里进行冲洗。这种溶液通常可冲洗15套叠片。

（三）网式过滤器

　　网式过滤器的冲洗有手动、自动两种方式，对结构简单的过滤器手动冲洗是常用的冲洗方式。这种过滤器常常仅由两个过滤元件组成，冲洗时需拆下进行。在过滤器内部加装一个泄水器件后，内部的截留污物可被连续冲走，系统供水可正常进行，从而实现不间断冲洗。

　　复杂的过滤器多运用自动冲洗方法。过滤器设置一压差传感件接收过滤器进出口的压差，当越来越多的污粒挡在筛网上，压差增大达到预定值时，控制系统能够打开冲洗阀，冲洗自动进行。

三、设备故障查找与排除

　　微灌系统故障查找与排除方法见表11-6～表11-9。

表11-6　微灌系统故障查找与排除说明

故障性质	可能的原因	处理方法
泵轴不转动	电机电源故障	检查电路
	泵叶轮内有砂石或异物	打开泵壳并清理
	填料过紧	取去部分填料
泵不输送水或排出量低于额定值	垂直安装水泵下部叶轮可能未浸入水中，水平安装水泵吸入阀有可能发生泄漏	检查相应部位
	轴的旋转方向与箭头标示相反	互换三根电线中任意两根线
	转速低	测量转速并与制造厂家的技术规格进行比较
	叶轮被卡住或吸入滤网堵塞	检查叶轮或清洗滤网
	泵轴断裂，动力未输送到叶轮	拆泵更换泵轴
柴油发动机或电动机过载	泵的操作不符合设计要求	将系统流量/压力的"实际值"与"设计值"比较
	轴的旋转方向与箭头标示相反	互换三根电线中任意两根线
	叶轮与泵壳的严重摩擦	调整叶轮
	转速过高	测量转速并与制造厂家的技术规格进行比较
	填料函填料过紧	取出部分填料

续表 11-6

故障性质	可能的原因	处理方法
振动和/或异常噪声	泵的维护不当	按照制造厂商的说明书进行维护
	轴承出现缺陷、轴承内有砂子，或者需要润滑	拆开泵体，查找问题，确定其原因并进行修复
	吸入力不足或滤网堵塞	拆开泵查找问题或清理滤网
	机械方面问题，如轴的弯曲、叶轮堵塞或基础有问题	拆开泵体，查找问题，进行修复

表 11-7 灌水器故障查找和排除

故障性质	可能的原因	处理方法
支管末端压力水头过低	支管过长和/或滴头数量大于设计值	校核系统设计值
	灌水器流量与设计值不同	检验灌水器样品
	设计错误	检查系统压头损失并与设计性能值进行比较
	过滤器堵塞	清理过滤器
	灌水器缺失、毛管破裂等	检查毛管和灌水器并修复
	管端敞开	用堵头堵上
支管管路压力水头过大	流量和/或压力不正确	校核灌水器的样品
	灌水器部分堵塞	手动冲洗或更换
	设计错误	检查系统压头损失并与设计性能值进行比较
灌水器堵塞	有机质堵塞	对管网进行氧化、氯化处理和酸液冲洗
	砂石颗粒堵塞	冲洗输配水管网
		检查过滤器运行状况
	黏土、铁质沉淀物堵塞	用酸液冲洗系统
		加入氯气冲洗

表 11-8 压力调节阀门的故障查找与排除说明

故障性质	可能的原因	处理方法
阀门未关闭	控制系统不起作用	电器：检查电路和电磁阀
		液压：确保控制回路正常工作，调节准确
	异物阻碍了阀门隔膜	打开阀门进行冲洗。如果问题仍然存在，将泵停止，拆开阀门，取出异物

续表 11-8

故障性质	可能的原因	处理方法
阀门未打开	控制系统不起作用	如上所述
	阀门隔膜长期停运而卡住	拆卸并清理阀门

表 11-9　压力调节器的故障查找与排除

故障性质	可能的原因	处理方法
调节器保持打开（下游侧压力高）	过滤器堵塞	清理过滤器
	控制系统的阀门关闭	打开阀门和减压阀
	异体将轴锁住或卡住	打开减压阀进行冲洗
	控制阀脏污或堵塞	打开接头清理控制阀
减压阀保持关闭（无水流）	调节与预定值不符	调节复位
	控制系统阀门关闭	打开阀门，使系统能够运行
	控制阀脏污或堵塞	打开接头清理控制阀
压力变动的反应迟缓	系统内过滤器堵塞	清理过滤器
下游压力出现变动	系统流量低于设计限值	检查操作次序和泵送压力
压力过低	系统流量需求过大	检查管路末端是否封闭
减压调节弹簧超出限值	弹簧选型不当	根据制造厂商的颜色代码更换弹簧

第三节　灌溉用水管理

用水管理的任务是依据水源的供水情况，实现农业种植的高效用水，达到节水、增产、保护农业生态环境的目的。

微灌是一种先进的灌水技术，它为实现高效的用水管理提供了有效的途径。微灌应按计划进行，为此应编制微灌计划和作业计划。

一、年用水计划

年用水计划应在微灌季节前，根据当年的种植状况以及微灌系统的水源条件和工程条件，参考历年的灌水经验制定。年用水计划的主要内容是微灌区主要作物的灌溉定额、灌水次数和灌水定额等。影响年用水计划的一些因素具有不确定性，如降水、可供水量等，故年用水计划本身也具有不确定性。制定年用水计划的主要目的如下：

（1）指导作物合理布局。微灌区的作物合理布局应考虑在限定的水源条件下尽可能提高复种指数，适当搭配粮食作物和经济作物，此外还应特别注意使相同作物的种植相对集中，同一个作业区内的种植结构应相同，否则难以进行正常的微灌作业。

（2）实现供需水量平衡。以地下水为水源进行微灌时。应特别注意防止过量开采，如地下水位下降明显应调整开采量。实现地下水的采补平衡是对年用水计划的基本要求。

（3）提高水的利用效率。微灌是一种先进的灌水技术，但只有和科学灌溉制度结合起来，才能真正达到节水增产的目的。微灌区主要作物的灌溉制度应在田间灌溉试验的基础上，根据水源条件和工程条件合理确定。特别是在水源紧张的情况下，年用水计划应能指导水资源的合理分配和高效利用。

二、灌水计划

灌水计划应在每次微灌前依据年用水计划并结合当时的实际情况制定。灌水计划内容包括灌水定额、用水量、灌水周期、灌水持续时间等。具体参数的确定请参考第六章"微灌工程设计"中的第三节内容。

三、微灌作业计划

小型微灌系统仅有一个作业区，大型微灌系统则往往具有多个作业区，一般作业区之间采取续灌的方式，而作业区内采取轮灌的方式。作业区的划分和管道系统的规划设计有密切关系，一般在运行中不应变更，作业区内轮灌方式则应根据其灌水小区数量合理确定。作业计划和执行情况应有明确记录。具体作业计划的确定请参考第六章"微灌工程设计"中的第四节内容。

第十二章　微灌工程设计实例

第一节　棉花膜下滴灌工程设计

一、基本资料

(一)地理位置

项目区所在地 149 团位于天山北麓,准噶尔盆地古尔班通古特沙漠南缘,地理位置东经 86°4′31″~86°15′58″,北纬 44°48′32″~45°9′30″。南北长 37 km、东西宽 18 km,总面积 318 km²。

(二)地形条件

地势东南高、西北低,海拔高度 337~359.7 m,地面平坦。项目区有两块条田(条田 1、条田 2),中间有宽为 4 m 的林带和一条机耕道路相隔,两个条田长、宽均相同,长 988 m、宽 443 m,净耕种总面积 $A = 1\,313$ 亩,即 87.5 hm²。

(三)气象资料

该区属典型的内陆大陆性气候,冬夏两季长、春秋两季短,年平均气温 6.2 ℃。1 月气温最低,平均 –18.4 ℃;7 月气温最高,平均 25.8 ℃,历年平均积温 3 857.7 ℃,年平均降水量 121.8 mm,蒸发量 1 970.2 mm,为降水量的 16.2 倍。该区最高日照时数为 3 136.7 h,最低日照时数为 2 385.5 h。日照率年平均 60.8%。日照率最高值 69.4%、最低值 52.8%。日照四季分布一般规律是:1~3 月为 524.3 h,4~6 月为 849.4 h,7~9 月为 900 h,10~12 月为 479.3 h。农作物生长期 4~10 月日照时数为 1 996.9 h,占年日照时数的 72.53%,日平均日照时数为 9.2 h。无霜期短,年际变化较大,年均无霜期为 167 d。多冰雹,常年以西北风为主,最大风速 20.7~24 m/s。

(四)水源资料

该区灌溉用水地表水由玛纳斯河进入大海子、夹河子水库,再由莫索湾总干渠、二支干渠流入该区。现已有灌溉系统分为干、支、斗、农四级,拥有干渠 1 条,支渠 9 条。斗、支、分干以及莫索湾总干渠全部属混凝土护面渠道。水量能满足滴灌用水要求。滴灌项目区以渠水为水源,以七支渠为主。该水源中泥沙含量较多,漂浮有机物较少。在 7、8 月,当水库泄空期间玛纳斯河水穿库而过进入渠道,水中杂质主要是悬浮泥沙。经在石河子市开发区六宫渠取的水样(2001 年 7 月 23 日),由新疆维吾尔自治区水环境监测中心测定的结果为:悬浮泥沙含量 2 374 mg/L。粒径小于 0.005 mm 的占 19.3%(黏土),粒径小于 0.01 mm 的占 31.2%(细泥土、黏土),粒径小于 0.05 mm 的占 78.7%(粗细泥土、黏土),粒径小于 0.1 mm 的占 91.5%(极细砂、粗细泥土、黏土),粒径小于 0.5 mm 的占 100%(中细砂、粗细泥土、黏土),平均粒径 0.041 mm,泥沙最大颗粒直径 0.5 mm。

（五）土壤与工程地质资料

滴灌规划地土质为壤土，土壤肥力总的状况是富钾、缺磷、缺氮、有机质少，冻土层深1.25 m，土壤容重1.45 g/cm³，田间持水量 $\theta_{田}=24\%$。

（六）作物栽培

种植棉花，品种为细绒棉18-3，覆膜宽窄行栽培，行距为（66+10）cm，株距10 cm，膜宽1.45 m，一膜4行。经1997~2005年膜下滴灌试验、实践，得知该区膜下滴灌条件下棉花需水高峰期耗水强度月平均值为 $E_a=4.5\sim5$ mm/d。

二、设计参数

（一）设计滴灌耗水强度

根据当地多年的观测，确定棉花膜下滴灌最大月耗水强度 $E_d=5.0$ mm/d，因为灌溉季节降雨量极小，有效雨量 $P_0=0$，因此取设计膜下滴灌耗水强度：$I_d=5.0$ mm/h。

（二）设计滴灌土壤湿润比

当地膜下滴灌条件下，经多年摸索形成一种经济的棉花种植与滴灌带布置配合模式，见图12-1，根据图12-1确定设计滴灌土壤湿润比。

毛管单行直线布置，$n=1/6$、$S_e=0.3$ m、$S_w=0.4$ m、$S_t=0.1$ m，作物种植平均行距 $S_r=0.38$ m，计算土壤湿润比 p，各参数按图12-1计算：

$$p=\frac{nS_eS_w}{S_tS_r}=\frac{0.167\times0.3\times0.4}{0.1\times0.38}=52.74\%$$

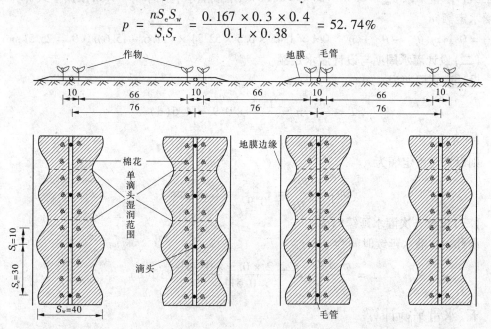

图12-1 作物种植与滴灌带布置简图 （单位：cm）

（三）设计计划土壤湿润层深度

根据田间调查，棉花生长旺盛期主要根系分布深度为0.5 m，故确定设计滴灌计划土壤湿润层深度：$z=0.5$ m。

（四）设计滴头流量偏差率

根据《微灌工程技术规范》（GB/T 50485—2009）规定，本设计采用设计滴头流量偏差率：$q_v = 20\%$。

（五）设计滴灌系统日运行时间

根据《微灌工程技术规范》（GB/T 50485—2009）规定，本设计采用设计滴灌系统日运行时间：$C = 20$ h。

三、灌水器的选择

选用压边迷宫流道一次性滴灌带，内径 $d = 16$ mm，滴头间距 $S_e = 0.3$ m，在 3 ~ 10 m 水头范围内，压力—流量关系式为 $q = 0.227 h^{0.5}$，相应流量为 0.39 ~ 0.72 L/h，根据土壤、作物及滴灌带布置方式，取滴头流量 0.5 L/h，相应工作水头 4.82 m。

四、设计灌溉制度

（一）最大灌水定额

根据基本资料和基本设计参数，土壤容重 $\gamma = 1.45$ g/cm^3，设计土壤湿润层深度 $z = 0.5$ m，设计土壤湿润比 $p = 52.74\%$，适宜土壤含水量上限 $\theta_{max} = 90\% \times 24\% = 21.6\%$，适宜土壤含水量下限 $\theta_{min} = 65\% \times 24\% = 15.6\%$，取滴灌水利用率 $\eta = 0.9$，依据下式计算最大灌水定额 m_{max}。

$$m_{max} = 0.1\gamma z p(\theta_{max} - \theta_{min})/\eta = 0.1 \times 1.45 \times 0.5 \times 52.74\% \times (21.6 - 15.6)/0.9 = 25.5(\text{mm})$$

（二）设计灌水周期与设计灌水定额

设计灌水周期为

$$T \leqslant \frac{m_{max}}{I_d}\eta = \frac{25.5}{5} \times 0.9 = 4.6(\text{d})$$

取 $T = 4$ d。

则设计灌水定额为

$$m_d = \frac{TI_d}{\eta} = \frac{4 \times 5}{0.9} = 22.2(\text{mm})$$

（三）设计一次灌水延续时间

设计一次灌水延续时间为

$$t = \frac{m_d S_e S_l}{q_d} = \frac{22.2 \times 0.3 \times 0.76}{0.511} = 10(\text{h})$$

五、水量平衡计算

系统灌溉面积 $A = 87.5$ hm^2，所需设计供水流量计算如下：

$$Q_d = \frac{10I_a A}{\eta C} = \frac{10 \times 5 \times 87.5}{0.9 \times 20} = 243(\text{m}^3/\text{h})$$

为便于水泵选型，系统设计总供水流量取 245 m^3/h，水源可供水量满足此要求。

六、工程规划布置

（一）水源工程

本系统利用原地面灌溉渠道供水，水质符合《农田灌溉水质标准》（GB 5084—2005），可用于滴灌，但悬浮泥沙含量大，需设置沉淀池进行初级处理，去除大量泥沙。

（二）首部枢纽

首部枢纽位置见图 12-2，动力选用电动机（功率与水泵配套），采用单级单吸离心泵，为处理水中的细颗粒悬浮泥沙和少量的有机杂质，采用"砂石过滤器＋叠片式过滤器"过滤，用压差式施肥罐施肥（安装于砂过滤器与网式过滤器之间），首部装有压力表、空气阀、闸阀、水表等设备和仪表。

（三）输配水管网

本系统规划见图 12-2，管网由主干管、分干管、支管、毛管四级管道构成，支管进口调压，一条支管与其控制的毛管构成一个灌水小区。毛管沿作物种植方向南北布置，采用与灌水器合为一体的一次性滴灌带；支管采用内径为 110 mm 的 PE 增强复合管，壁厚 2 mm，与毛管均铺设于地面；主干管、分干管采用 PVC－U 管，埋设在地下；毛管、支管、分干管、主干管依次成正交布置。滴灌系统布置简图见图 12-2。

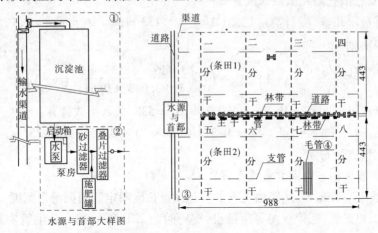

①—水源工程；②—首部枢纽；③—输配水管网（主干管、分干管、支管、毛管）；④—灌水器（与毛管合为一体）

图 12-2 滴灌系统布置简图 （单位：m）

七、系统工作制度的确定

系统采用轮灌工作制度。全系统滴头数为 INT（988/0.76）× INT（886/0.3）= 3 838 900 个，轮灌组数为

$$N_{\text{轮灌组}} = \frac{n_{\text{总}} q_{\text{d}}}{Q} = \frac{3\ 838\ 900 \times 0.5}{245\ 000} = 7.83（组）$$

实际轮灌组数应为整数，稍微调整滴头设计流量至 $q_{\text{d}} = 0.511$ L/h，使实际轮灌组数为 8 组，此时滴头设计工作水头由压力—流量关系式反算得 $h_{\text{d}} = 5$ m。

八、灌水小区设计

(一)灌水小区滴头允许工作水头偏差率 $[h_v]$ 的计算

由设计基本参数 $[q_v] = 0.2$,滴头流态指数 $x = 0.5$,则灌水小区滴头允许工作水头偏差率为

$$[h_v] = \frac{1}{x}q_v\left(1 + 0.15\frac{1-x}{x}[q_v]\right) = \frac{1}{0.5} \times 0.2 \times \left(1 + 0.15 \times \frac{1-0.5}{0.5} \times 0.2\right) = 0.412$$

(二)灌水小区允许工作水头偏差 $[\Delta h]$ 的计算

灌水小区允许工作水头偏差为

$$[\Delta h] = [h_v]h_d = 0.412 \times 5 = 2.06(\text{m})$$

(三)小区允许水头偏差的分配

小区允许水头偏差在支管和毛管间分配,由于地面坡降为 $0.6‰$,视为平坡,分配比例取 $\beta_1 = 0.45$ 和 $\beta_2 = 0.55$。

毛管允许水头偏差 $[\Delta h_2]$ 为

$$[\Delta h_2] = \beta_2[\Delta h] = 0.55 \times 2.06 = 1.133(\text{m})$$

(四)毛管极限孔数和极限长度计算

(1)毛管极限孔数 N_m 计算。已知 $[\Delta h_2] = 1.133$ m,$d = 16$ mm,$k = 1.1$,$S_e = 0.3$ m,$q_d = 0.511$ L/h,则

$$N_m = \text{INT}\left(\frac{5.446[\Delta h_2]d^{4.75}}{kS_e q_d^{1.75}} + 1\right)^{0.364} = \text{INT}\left(\frac{5.446 \times 1.133 \times 16^{4.75}}{1.1 \times 0.3 \times 0.511^{1.75}} + 1\right)^{0.364} = 538(\text{个})$$

(2)毛管极限长度 L_m。以 $S = S_e = 0.3$ m,$N_m = 538$,代入下式计算:

$$L_m = S_e(N_m - 1) + S_0 = 0.3 \times (538 - 1) + 0.15 = 161.25(\text{m})$$

(五)毛管、支管布置

毛管沿作物种植方向南北直线布置。

支管垂直于毛管布置,间距由毛管的实际铺设长度限定。根据地形宽度,每个条田沿东西向布设 2 列支管,毛管双向等距铺设,支管间距 221.5 m,则一条毛管实际铺设长度为 110.75 m,小于极限长度,毛管及支管布置简图见图 12-3。

根据毛管实际铺设长度,可知毛管单侧滴头数 $\text{INT}(110.75/0.3) = 369$ 个。因为平坡毛管滴头工作水头的最大值和最小值分别产生于第 1 号滴头和末号滴头,因此毛管上滴头的实际最大水头偏差等于第 1 号滴头至末端滴头的水头损失可由下式计算得到:

$$\Delta h_{毛} = \frac{kfS_e q_d^m}{d^b}\left[\frac{(N+0.48)^{m+1}}{m+1} - N^m\left(1 - \frac{S_0}{S_e}\right)\right]$$

$$= \frac{1.1 \times 0.505 \times 0.3 \times 0.511^{1.75}}{16^{4.75}} \times \left[\frac{(369+0.48)^{2.75}}{1.75+1} - 369^{1.75} \times \left(1 - \frac{0.15}{0.3}\right)\right]$$

$$= 0.409(\text{m})$$

故支管上实际允许压力偏差为 $[\Delta h_1] = [\Delta h] - \Delta h_{毛} = 2.06 - 0.409 = 1.651(\text{m})$,支管上单孔设计流量为 $369 \times 2 \times 0.511 \approx 377(\text{L/h})$,故支管上出水孔的极限孔数为

$$N_{m支} = \mathrm{INT}\left(\frac{5.446[\Delta h_1]d_{支}^{4.75}}{kSq_{d支}^{1.75}} + 1\right)^{0.364} = \mathrm{INT}\left(\frac{5.446 \times 1.651 \times 110.75^{4.75}}{1.1 \times 0.76 \times 377^{1.75}} + 1\right)^{0.364} = 186$$

所以支管极限长度 $L_{m支}$ 计算如下：

$$L_{m支} = S(N_{m支} - 1) + S_{0支} = 0.76 \times (186 - 1) + 0.38 = 140.98(\mathrm{m})$$

支管双向铺设，根据地块的长度，实际长度确定为 122.74 m。

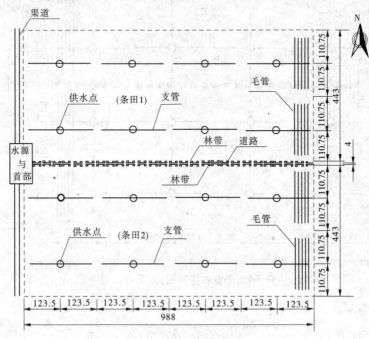

图 12-3　毛管、支管布置简图　（单位：m）

九、输配水管网布置

（一）干管布置

依据作物种植方向确定了毛管和支管布置后，结合水源位置合理布设分干管和干管，主要有四种布置方案（见图 12-4～图 12-7），每种方案各有利弊，需根据当地实际地形、地物及管道投资和运行管理综合考虑，确定布置方案。本项目仅就干管长度进行比较，见表 12-1，方案一干管布设长度最短，主干管（OABCD）沿林带呈东西向布置，分干管沿南北向与主干管垂直呈"丰"字形布置，故本工程采用图 12-4 布置方案。

（二）管网上控制与保护设备的布置

在各分干管进口设置闸阀和闸阀井，根据地势在干管、分干管末端设置排水井，每一条支管进口安装压力调节阀和闸阀。

十、轮灌组划分与管道设计流量的确定

（一）轮灌组划分

本工程轮灌组编组方式采用每次同时开启主干管同侧的 2 条分干管（一分干和三分

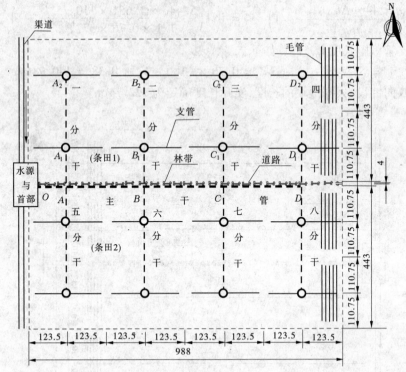

图 12-4　分干管、干管布置简图（方案一）　（单位：m）

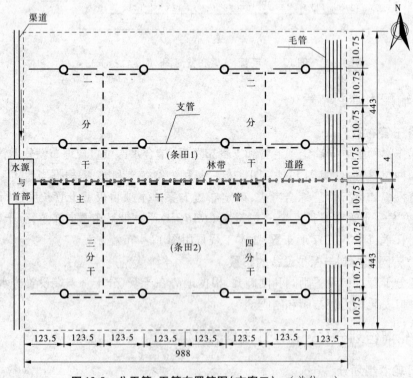

图 12-5　分干管、干管布置简图（方案二）　（单位：m）

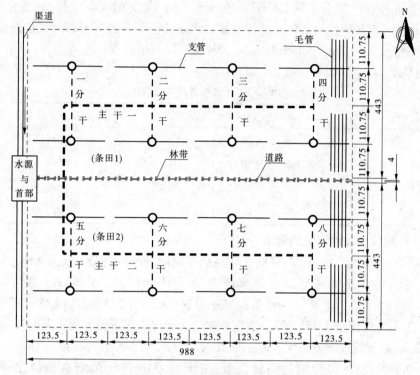

图12-6　分干管、干管布置简图(方案三) （单位:m)

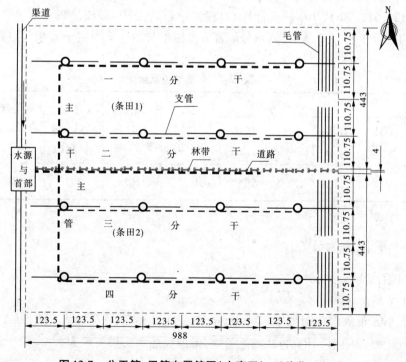

图12-7　分干管、干管布置简图(方案四) （单位:m)

干、二分干和四分干、五分干和七分干、六分干和八分干)上的 4 条支管(一条分干管带 4 条支管,每次开启其同侧的 2 条),这样系统总水量分流到 2 条分干管及其控制的一半支管中,从而使管道中流量小,水头损失小,管径就可以减小。本系统共 8 条分干管,共划分为 8 个轮灌组。

表 12-1　干管布置方案比较

方案编号	分干管与支管的位置关系	主干管与分干管总长(m)
一	垂直(见图 12-4)	3 569.3
二	垂直(见图 12-5)	4 069.4
三	垂直(见图 12-6)	3 831.5
四	平行(见图 12-7)	3 763.7

(二)各级管道设计流量的确定

系统初定流量为 245 m³/h,令同一轮灌组中同时开启的支管的流量相同,根据轮灌组划分,可求得一条支管进口处的流量为:245/4 = 61.25(m³/h)。1 条支管带 INT (123.5/0.76) = 162 对毛管,1 对毛管的流量为 369 × 2 × 0.511 ≈ 377(L/h)(即支管上单孔流量),1 条毛管流量为 188 L/h。按照系统设计运行工况下最不利轮灌组(产生水泵出口压力最大、各管段过流量最大,即二、四或六、八分干管)的水力线路为 $O—A—B—C—D—D_1—D_2$,推算出各段管道的设计流量,主干管 OAB 的流量与总流量相同,为 245 m³/h;分干管进口的流量为 61.25 × 2 = 122.5(m³/h),故主干管 BCD 的流量为 245 - 122.5 = 122.5(m³/h),DD_1 段流量与 CD 段流量相同,D_1D_2 段流量与支管进口流量相同,各管段的流量如表 12-2 所示,其他分干管管段流量与四分干距主干管相同距离管段流量相同。

表 12-2　各级管道流量

系统供水 (m³/h)	主干管		四分干管		支管进口处 (m³/h)	1 条支管上的毛管数(对)	成对毛管进口处流量(L/h)	1 条毛管进口处流量(L/h)	滴头设计流量(L/h)
	OAB (m³/h)	BCD (m³/h)	DD_1 (m³/h)	D_1D_2 (m³/h)					
245	245	122.5	122.5	61.25	61.25	162	377	188	0.511

十一、管网水力计算

(一)灌水小区水力计算

1. 水头偏差计算

灌水小区布置示意图如图 12-8 所示,由前面计算知,毛管水头偏差为 $\Delta h_毛 = 0.408$ (m),支管也为多孔管,计算方法与毛管同,考虑局部水头损失后为

$$\Delta h_支 = \frac{kfS_支\,q_支^m}{d^b}\left[\frac{(N + 0.48)^{m+1}}{m + 1} - N^m\left(1 - \frac{S_{0支}}{S_支}\right)\right]$$

$$= \frac{1.1 \times 0.505 \times 0.76 \times 377^{1.75}}{110^{4.75}} \times \left[\frac{(162 + 0.48)^{1.75+1}}{1.75 + 1} - 162^{1.75} \times \left(1 - \frac{0.38}{0.76} \right) \right]$$

$$= 1.19(\text{m})$$

灌水小区最大水头偏差 $\Delta h_{\max} < \Delta h_{毛} + \Delta h_{支} = 0.409 + 1.19 = 1.599(\text{m}) < [\Delta h] = 2.06(\text{m})$，满足要求。

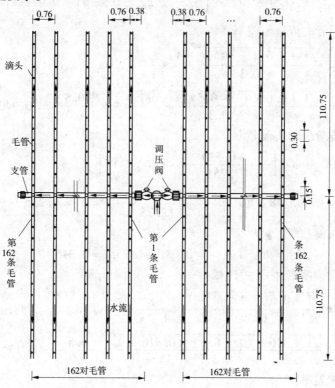

图12-8　灌水小区布置示意图　（单位：m）

2. 灌水小区进口压力水头

按下式分别计算支管、毛管的降比 r 和压比 G：

$$r_{毛} = \frac{J_{毛} d^{4.75}}{k_1 f q_{d}^{1.75}} = 0$$

$$G_{毛} = \frac{k_1 f S_{毛} q_{d}^{1.75}}{h_d d^{4.75}} = \frac{1.1 \times 0.505 \times 0.3 \times 0.511^{1.75}}{5 \times 16^{4.75}} = 1.96 \times 10^{-8}$$

$$r_{支} = \frac{J_{支} D^{4.75}}{k_2 f (N q_d)^{1.75}} = 0$$

$$G_{支} = \frac{k_2 f S_{支} (2 N q_d)^{1.75}}{h_d D^{4.75}} = \frac{1.1 \times 0.505 \times 0.76 \times 377^{1.75}}{5 \times 110^{4.75}} = 5.48 \times 10^{-7}$$

因 $r_{毛} = 0$，毛管最小压力出水口号为：$p_n = N = 369$；毛管最大压力出水口号为：$p_m = 1$；同理，支管：$r_{支} = 0, p_n = 162, p_m = 1$。

因此，灌水小区工作水头最大的滴头为支管上第1条毛管上的第1个滴头；工作水头最小的滴头为支管上最远端的第 162 条毛管的最后 1 个滴头。

毛管降比为 0,故按下式计算毛管的水头偏差率:

$$h_{v毛} = G_毛\left[\frac{(N-0.52)^{2.75}}{2.75} - r_毛(N-1)\right]$$

$$= 1.96 \times 10^{-8} \times \left[\frac{(369-0.52)^{2.75}}{2.75} - 0\right] = 0.081$$

按下式计算毛管的流量偏差率:

$$q_{v毛} = \frac{\sqrt{1+0.6(1-x)h_{v毛}}-1}{0.3} \times \frac{x}{1-x}$$

$$= \frac{\sqrt{1+0.6\times(1-0.5)\times0.081}-1}{0.3} \times \frac{0.5}{1-0.5} = 0.040$$

按下式计算支管的水头偏差率:

$$h_{v支} = G_支\left[\frac{(N-0.52)^{2.75}}{2.75} - r_支(N-1)\right]$$

$$= 5.48 \times 10^{-7} \times \left[\frac{(162-0.52)^{2.75}}{2.75} - 0\right] = 0.235$$

灌水小区水头偏差率:

$$h_v = h_{v支} + h_{v毛} = 0.081 + 0.235 = 0.316$$

灌水小区流量偏差率,按下式计算:

$$q_v = \frac{\sqrt{1+0.6(1-x)h_v}-1}{0.3} \times \frac{x}{1-x}$$

$$= \frac{\sqrt{1+0.6\times(1-0.5)\times0.316}-1}{0.3} \times \frac{0.5}{1-0.5} = 0.154$$

支管的流量偏差率:

$$q_{v支} = q_v - q_{v毛} = 0.154 - 0.040 = 0.114$$

由下式计算出灌水小区滴头的最大工作水头:

$$h_{max} = (1+0.65q_{v毛})^{1/x}(1+0.65q_{v支})^{1/x}h_d$$

$$= (1+0.65\times0.040)^{1/0.5} \times (1+0.65\times0.114)^{1/0.5} \times 5 = 6.072(m)$$

根据前面判明的灌水小区工作水头最大的滴头位置为第 1 条毛管上的第 1 个滴头,在不考虑支管与毛管连接管件局部水头损失时,应赋予灌水小区进口水头 h_A 值,其中流量最大毛管的滴头平均流量为

$$q_{max} = (1+0.65q_{v支})q_d = (1+0.65\times0.114)\times0.511 = 0.549(L/h)$$

$$h_A = h_{max} + \frac{k_1fS_0(Nq_{amax})^{1.75}}{d^{4.75}} - J_毛 S_0 + \frac{k_2fS_{0支}(nNq_a)^{1.75}}{D^{4.75}} - J_支 S_{0支}$$

$$= 6.072 + \frac{1.1\times0.505\times0.15\times(369\times0.549)^{1.75}}{16^{4.75}} - 0 + \frac{1.1\times0.505\times0.38\times61250^{1.75}}{110^{4.75}} - 0$$

$$= 6.08$$

支管与毛管连接的 $\phi16$ 按扣三通水头损失经计算约为 0.2 m,故灌水小区进口工作水头值应为 6.08 + 0.2 = 6.28(m)。

3. 调压阀前最小工作水头确定

灌水小区进口采用 $\phi110$ 调压阀，根据厂家给定资料，过流量为 61.25 m^3/h 时，水头损失为 5 m，故阀前最低工作水头确定为 $6.28+5=11.28(m)$。

(二)干管水力计算

1. 干管管径计算

系统设计运行工况为产生水泵出口压力最大的水力线路 $O—A—B—C—D—D_1—D_2$，根据当地棉花灌溉制度，生长期灌水次数少者 12 次，多者 14 次或更多，灌溉定额 240 $m^3/$亩，$x_n=0.40$ 元/(kW·h)；PVC-U 管当时价格 Y' 为 9 500 元/t，各管段流量、年工作小时数 t_n 见表 12-3，经济管径的内径 D' 的计算如下，由于管材价格的变化，需将管径 D 修正：

$$D' = 10(t_n x_n)^{0.15} Q_{干}^{0.43}$$

$$D = (3\,900/Y')^{0.15} D'$$

对照节水灌溉产品管道实际规格，选用管径见表 12-3。

表 12-3　管径计算与选用

管段		流量 (m^3/h)	年工作小时数 (h)	计算管道内径 d_k(mm)	选择管道(mm)	
					内径	外径
主干管	OAB	245	1 286	237.70	236.4	250
	BC	122.5	964.5	168.99	190.8	200
	CD	122.5	643	159.02	190.8	200
四分干	DD_1	122.5	321.5	143.31	152.6	160
	$D_1 D_2$	61.25	321.5	106.38	152.6	160

2. 水头损失计算

用下式计算管路水头损失 h，计算结果见表 12-4。

$$h = \frac{kfQ^m}{d^b} L$$

其他分干管管径初定与四分干管管径相同。

表 12-4　产生水泵出口压力最大时系统的水头损失计算汇总

各级管网			管外径 (mm)	管内径 (mm)	管段长 (m)	流量 (m^3/h)	总水头损失 (m)
毛管			—	16	110.75	0.188(1 条)	0.408
按扣三通				16		0.377	0.2
支管			115	110	123.12	61.25	1.19
调压阀进口水头(m)					11.28		
出地管			110	103.6	1.2	61.25	0.04
干管	四分干	$D_2 D_1$	160	152.6	221.5	61.25	1.29
		$D_1 D$	160	152.6	122.7	122.5	2.44
	主干管	BCD	200	190.8	494	122.5	3.38
		OAB	250	236.4	370.5	245	3.11
合计							10.22
主干管进口要求水头 H_0(m)			$11.28+0.04+10.22=21.54$				

十二、首部枢纽设计

(一)过滤器

因水源为河水,含杂质主要有泥沙、有机质等,经沉淀池沉淀后用"砂 + 筛网(120目)"过滤器过滤即可满足滴灌要求,其型号选择应根据其过流量(系统的设计流量)确定,本系统设计流量为 245 m^3/h。砂过滤器水头损失较大,一般为 6 m,网式过滤器一般为 3 m,闸阀、逆止阀等首部连接件局部水头损失取 1 m,合计取 10 m。

(二)水泵与动力选型

水泵的选型根据设计工况需要的扬程和流量确定,本系统选用离心泵,干管进水口所要求的工作水头 $H_0 = 21.54$ m,首部过滤设施水头损失为 10 m,故水泵出口所需最大压力水头为 $h_泵 = 21.54 + 10 = 31.54(m)$,水泵进水管水头损失 $f_进 = 0.3$ m,水泵出口轴心高程 Z_1 与水源水位平均高程 Z_2 差 $\Delta Z = Z_1 - Z_2 = 1(m)$,扬程按下式计算:

$$H_泵 = h_泵 + \Delta Z + f_进 = 31.54 + 1 + 0.3 = 32.84(m) \approx 33 \text{ m}$$

水泵流量 $Q_泵$ 根据滴灌系统设计流量选定。

据以上计算,系统正常工作所需总扬程为 33 m,所需总流量为 245 m^3/h,因此选 3 台流量为 122.5 m^3/h、扬程为 33 m 的同型号单级单吸离心泵并联,2 台同时工作,考虑 1 台备用。

(三)施肥罐

本系统面积为 1 313 亩,选用 200 L 的施肥罐。

(四)控制量测设施与保护装置

本系统在网式过滤器与砂过滤器之间设有施肥阀和相应的闸阀。网式过滤器后设置水表。水泵与过滤器之间设逆止阀,规格与水泵进出口直径相同;过滤器进出口设置压力表,首部枢纽连接管最高处设置排气阀。

关于水泵运行包括备用水泵投入、切换等有关自动控制设计本例省略,请读者参阅有关专业资料。

十三、系统运行复核

(一)水泵工作点校核

设计工况运行方式见图 12-9,水泵型号是根据设计的运行方案中需扬程最大的轮灌组(第 3 或第 4 轮灌组)选定。本系统灌水小区进口设专门的调压装置,其他轮灌组灌水小区进口压力经调压阀调节,因而各轮灌组运行时,使水泵扬程一致,故各轮灌组运行工况点相同,在水泵运行高效区。

(二)节点压力推算与其他分干管管径调整

1.节点压力推算

经进水管、水位高差、过滤器损失后,主干管进口工作水头为 20.7 m,第 3 或第 4 轮灌组运行时,主干管及相应分干管各节点压力见表 12-5;第 1 或第 2 轮灌组运行时,主干管及相应分干管各节点压力见表 12-6(节点符号见图 12-4)。

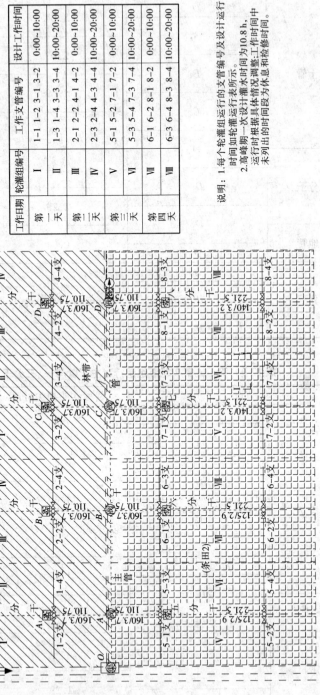

轮灌运行表

工作日期	轮灌组编号	工作支管编号	设计工作时间
第一天	I	1-1 1-2 3-1 3-2	0:00-10:00
	II	1-3 1-4 3-3 3-4	10:00-20:00
第二天	III	2-1 2-2 4-1 4-2	0:00-10:00
	IV	2-3 2-4 4-3 4-4	10:00-20:00
第三天	V	5-1 5-2 7-1 7-2	0:00-10:00
	VI	5-3 5-4 7-3 7-4	10:00-20:00
第四天	VII	6-1 6-2 8-1 8-2	0:00-10:00
	VIII	6-3 6-4 8-3 8-4	10:00-20:00

说明：1. 每个轮灌组运行的支管编号及设计运行时间如轮灌运行表所示。
2. 高峰期一次设计灌水时间为10.8 h，运行时具体根据情况调整；工作时间中未列出的时间段为休息和检修时间。

图12-9 系统运行方式

表 12-5　第 3 或第 4 轮灌组运行时主干管与二、四分干节点压力推算

节点		管段水头损失(m)	节点工作水头值(m)
主干管	O		20.7
		1.04	
	A		19.66
		2.07	
	B		17.59
		1.69	
	C		15.9
		1.69	
	D		14.21
四分干		2.44	
	D_1		11.77
		1.29	
	D_2		10.48
出地管	出地管出口	0.04	10.44
二分干	B		17.29
	B_1	2.44	15.15
	B_2	1.29	13.86

表 12-6　第 1 或第 2 轮灌组运行时主干管与一、三分干节点压力推算

节点		管段水头损失(m)	节点工作水头值(m)
主干管	O		20.7
		1.04	
	A		19.66
		0.61	
	B		19.05
		1.69	
	C		17.36
三分干		2.44	
	C_1		14.92
		1.29	
	C_2		13.63
出地管	出地管出口	0.04	13.59
一分干	A		19.66
	A_1	2.44	17.22
	A_2	1.29	15.93

由表 12-5 知,第 3 或第 4 轮灌组运行时四分干各节点工作水头小于二分干各节点工

作水头,而灌水小区进口要求工作水头相同,故二分干管径根据允许的水头损失用能量坡度对管径进行调整。由表12-6知,第1或第2轮灌组运行时一、三分干管管径根据其运行时的节点压力和灌水小区进口要求压力也作适当调整。

2.其他分干管管径调整

主干管、分干管节点工作水头见表12-5和表12-6,出地管进口要求工作水头为灌水小区进口要求工作水头10.28 m+出地管水头损失0.04 m=10.32(m),分干管管段长度已知,管径考虑局部水头损失后选择确定一、二、三分干管管径,结果见表12-7。

表12-7　一、二、三分干管管径计算与调整

节点编号		工作水头 （m）	管段长度 （m）	允许水头差 （m）	能量坡度 i(%)	流量 Q(L/h)	要求管内径(m)	选用管道	
分干管	节点							内径 （mm）	外径 （mm）
一分干	A	19.66							
	A_1		344.1	9.34	2.71	122 500	143.00	152.6	160
	A_2	10.32				61 250	110.57	119.2	125
二分干	B	17.59							
	B_1		344.1	7.27	2.11	122 500	150.70	152.6	160
	B_2	10.32				61 250	116.52	119.2	125
三分干	C	17.36							
	C_1		344.1	7.04	2.05	122 500	151.62	152.6	160
	C_2	10.32				61 250	117.23	119.2	125

注:表中能量坡度 $i=\dfrac{\Delta H}{L}$。

五、六、七、八分干管分别与一、二、三、四分干管基本相同,故管径相同。

3.其他分干管节点压力推算

各分干管节点压力管径、管段长度、流量已知,可推算出各分干管节点压力,见表12-8,各节点压力均大于要求的压力水头,满足设计要求。

五、六、七、八分干管节点压力分别与一、二、三、四分干管基本相同。

（三）水锤压力验算及防护

本工程地面管为微灌专用聚乙烯管材,可不进行水锤压力验算。控制阀门一般遵循"先开后关"的运行原则,历时时间较长,流速变化小,故对干管可不进行验算,也无须采取水锤防护措施。

十四、系统土建设计

土建设计包括取水输水工程、沉淀池设计、镇墩、闸门井、库房、泵房等,沉淀池的设计须根据系统水量、水质进行,在此作一说明,其他见相关章节。

表 12-8　一、二、三分干节点压力推算

节点		管段水头损失(m)	节点工作水头值(m)
一分干	A	2.44	19.66
	A_1		17.22
	A_2	4.19	13.03
二分干	B	2.44	17.59
	B_1		15.15
	B_2	4.19	10.96
三分干	C	2.44	17.36
	C_1		14.92
	C_2	4.19	10.73

(一)沉淀池设计选用参数

为确定沉淀池表面负荷率和池内水停留时间,利用取回水样进行泥沙沉降试验,结果表明,停留时间为 90 min 即 $T = 1.5$ h,表面负荷率为 $v_0 = 0.0003$ m/s $= 1.08$ m/h,泥沙沉淀量为 1 742 mg/L 即 $C_0 = 1.742$ kg/m³,悬浮泥沙浓度为 632 mg/L、粒径小于 0.007 mm,可满足灌水器对水质的要求。沉淀池水流的水平流速选用 $v = 10$ mm/s $= 0.01$ m/s $= 36$ m/h,沉淀池设计流量为 $Q = 245$ m³/h。泥沙容重采用 $\gamma = 1780$ kg/m³。

(二)沉淀池设计计算

沉淀池表面负荷率取 $v_0 = 1.08$ m/h,沉淀池表面积依据下式计算:

$$A_{沉淀池} = \frac{Q}{v_0} = \frac{245}{1.08} = 226.9(\text{m}^2)$$

水平流速 $v = 36$ m/h,停留时间取 $T_{停留} = 1.5$ h,沉淀池长度依据下式计算:

$$L_{沉淀池} = vT_{停留} = 36 \times 1.5 = 54(\text{m})$$

沉淀池宽度依据下式计算:

$$B_{沉淀池} = \frac{A_{沉淀池}}{L_{沉淀池}} = \frac{226.9}{54} = 4.20(\text{m})$$

根据边坡将沉淀池宽度等效换算成梯形,沉淀池结构尺寸见图 12-10。

有效水深(H_1)指沉淀池水面至存泥层上表面的高度,其值按下式计算:

$$H_1 = \frac{QT_{停留}}{A_{停留}} = \frac{245 \times 1.5}{226.9} = 1.62(\text{m})$$

一个灌水周期沉淀池工作时段长度为 $10 \times 8 = 80$(h),沉淀池存泥深度用下式计算:

$$H_2 = \frac{QC_0T}{\gamma A_{沉淀池}} = \frac{245 \times 1.742 \times 80}{1780 \times 226.9} = 0.085(\text{m})$$

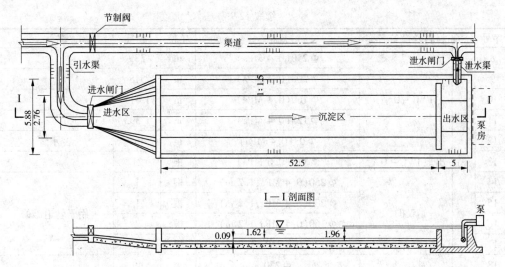

说明：1. 图中尺寸单位为 m。

　　2. 本沉淀池可供利用地表水滴灌的工程进行水的静化处理时参考,沉淀池结构可参考有关专业资料因地制宜进行设计。

　　3. 在进水闸门前设拦污栅。

图 12-10　沉淀池结构尺寸

沉淀池深度则为 $H_1 = H_1 + H_2 + \Delta = 1.62 + 0.085 + 0.25 = 1.955(\mathrm{m}) \approx 1.96\ \mathrm{m}$

十五、投资概算

（一）材料及设备用量

本滴灌系统所需材料及设备用量详见表 12-9,对易耗材料增加 5% 损耗量,滴灌带增加 8% 损耗量。

（二）投资预算

本工程是利用渠水的膜下滴灌工程,一年完成,包含田间地埋管道工程、田间地面管道工程、首部设备和变配电设备及安装工程。主要工程量:挖方 3 828 m^3,填方 3 342 m^3,混凝土 103 m^3,戈壁垫层 25.7 m^3,防渗膜铺设 515 m^2。工程预算总投资 70.6 万元,各项投资见表 12-10,其中建筑工程费 7.5 万元,设备及安装工程费 57.6 万元,临时工程费 0.8 万元,其他费用 4.1 万元,预备费用 0.6 万元。

表 12-9　棉花膜下滴灌所需材料及设备用量

序号	分项	材料及设备名称	规格	单位	数量	备注
1		单级离心泵	IS200/320 – 37/4	台	1	配套电机功率为 37 kW
2		砂 + 筛网过滤器	$Q = 245\ \mathrm{m}^3/\mathrm{h}$	套	1	
3	首部	施肥罐	200 L	套	1	
4		水表	水过滤器出水管管径配套	个	1	
5		逆止阀	与水泵出水管管径配套	个	1	
6		软连接		个	1	
7		启动柜	与水泵电机功率配套	套	1	

续表 12-9

序号	分项	材料及设备名称	规格	单位	数量	备注
8			$\phi 250(0.4\ \text{MPa})$	m	389	
9			$\phi 200(0.4\ \text{MPa})$	m	518	
10		PVC – U 管	$\phi 160(0.4\ \text{MPa})$	m	1 411	
11			$\phi 125(0.4\ \text{MPa})$	m	1 395	
12			$\phi 63(0.4\ \text{MPa})$	m	465	排水管
13		出地 PVC – U 管	$\phi 110(0.6\ \text{MPa})$	根	21	
14			$\phi 250(0.4\ \text{MPa},1.2\ \text{m})$	根	1	
15		双扩	$\phi 200(0.4\ \text{MPa},1.2\ \text{m})$	根	1	
16			$\phi 160(0.4\ \text{MPa},1.2\ \text{m})$	根	2	用于管道维修
17			$\phi 125(0.4\ \text{MPa},1.2\ \text{m})$	根	2	
18			$\phi 250$	个	49	
19			$\phi 200$	个	65	
20		胶圈	$\phi 160$	个	176	
21			$\phi 110$	个	174	
22			$\phi 63$	个	58	
23	地埋部分	蝶阀	$DN150$	套	8	配螺栓
24			$\phi 250$	片	2	
25		法兰	$\phi 160$	片	16	配螺栓、胶垫片
26			$\phi 110$	片	64	
27		弯头(90°)	$\phi 250$	个	2	
28		正三通	$\phi 110$	个	16	
29			$\phi 200$	个	1	
30			$\phi 250 \times 160 \times 250$	个	4	
31		异径三通	$\phi 200 \times 160 \times 200$	个	2	
32			$\phi 160 \times 110 \times 160$	个	10	
33			$\phi 125 \times 110 \times 125$	个	6	
34			$\phi 250 \times 200$	个	1	
35		异径接头	$\phi 200 \times 160$	个	1	
36			$\phi 160 \times 125$	个	7	
37			$\phi 125 \times 63$	个	4	
38		管堵	$\phi 160$	个	1	
39			$\phi 125$	个	3	
40		外丝	$\phi 63$	个	4	
41		球阀	$\phi 63$	个	4	
42		PVC 胶	kg/瓶	kg	10	

续表12-9

序号	分项	材料及设备名称	规格	单位	数量	备注
43	地面部分	调压阀	DN100	套	32	
44		法兰直通	φ110	个	32	
45		承插直通	φ110	个	92	
46		直通	φ16	个	4 136	
47		钢卡	φ110	个	184	
48		矩形胶圈	φ110	个	184	
49		按扣三通	φ16	个	5 460	
50		堵头	φ110	套	32	
51		PE增强符合管	φ110	m	4 150	
52		滴灌带	WDF16/0.72-100	万m	124.4	

表12-10 总预算表   （单位:万元）

工程或费用名称	建安工程费	设备购置费	其他费用	合计	占一至五部分投资(%)
第一部分:建筑工程	7.5			7.5	10.71
第二部分:设备及安装工程	5.2	52.4		57.6	82.29
第四部分:临时工程		0.8		0.8	1.14
第五部分:其他费用			4.1	4.1	5.86
一至五部分投资合计	12.7	53.2	4.1	70.0	100.00
预备费				0.6	
基本预备费(1%)				0.6	
静态总投资				70.6	
总投资				70.6	

第二节 蔬菜微喷灌系统设计

一、基本情况

该项目所在地块地势平坦,控制面积200亩。项目区全部种植露地蔬菜,行距60 cm,株距30 cm。本次设计采用微喷灌方式。土壤类型为黏壤土,冻土层深度为0.8~1.2 m。该地附近有机井一眼,机井深60 m,单井出水量为60 m³/h,动水位37 m。能满足灌溉的需求。

二、规划设计参数

根据设计规范及结合当地的实际情况,选用如下设计参数:设计日耗水强度 $E_a = 5.0$ mm/d,土壤设计湿润比 $p = 100\%$,灌水有效利用系数 $\eta = 0.85$,计划湿润层深度0.30 m,土壤干容重1.50 g/cm³,田间持水量22%（占干土重百分比）,适宜土壤含水量上下限分别为20.9%、16.5%（占干土重百分比）。

三、灌水器的选择

根据灌水器的种类和水力性能,拟选用 S-0055 型微喷头,设计流量70 L/h,工作压力 0.20 MPa,喷洒直径 5.5 m,喷嘴直径 1.1 mm。喷头布置间距为 4 m × 4 m。

四、灌溉系统的管网布置

根据管网布置的规范要求,结合种植结构及当地实际情况,设定干、支、毛三级管路。

五、灌溉制度与工作制度确定

(一)灌溉制度

1. 设计灌水定额

经计算,设计灌水定额为 23.29 mm,换算为 15.53 m³/亩。

2. 灌水周期

经计算,灌水周期为 3.96 d,取灌水周期为 4 d,则相应的灌水定额为 23.53 mm,换算为 15.69 m³/亩。

3. 一次灌水延续时间

经计算,一次灌水延续时间为 5.38 h。

(二)系统工作制度

本系统采用轮灌的灌溉方式,日工作时间 C 为 16 h。经计算最大轮灌组数 $N_{max} = 13$。根据作业基地布管情况,整个片分为 9 个轮灌组(见表 12-11)。

六、灌溉系统水力计算

(一)毛管最大铺设长度计算

1. 允许水头差 ΔH_s 的确定

设计流量偏差率 $q_v = 0.2$,灌水器的流态指数 $x = 0.5$,设计水头 $h_d = 20$ m,则毛管允许水头差 $\Delta h_{毛}$ 为 4.53 m。

2. 毛管允许出水口数目和最大铺设长度

选择管径 40 mm,壁厚 2 mm,公称压力 400 kPa 的 PE 塑料管。计算得:$N_m = 60$,毛管最大允许铺设长度:$L_m = 60 \times 4 = 240$(m)。根据地块尺寸,实选毛管最大铺设长度 180 m,满足灌水均匀性要求。

(二)灌溉设计流量

1. 毛管流量

以毛管上最多有 45 个微喷头计,毛管进口流量为 45 × 70 L/h = 3.15 m³/h。

2. 干、支管流量

每条支管控制一个灌区,支管上最大流量为 32.9 m³/h;干管按每次有 2 条支管进行灌溉,干管上最大流量为 58.5 m³/h。

(三)干、支管管径确定

经计算,干管 AB 段选用 ϕ 125 mm PVC – U 管,壁厚 3.7 mm,公称压力 0.6 MPa;干管 BC 段、BD 段及支管选用 ϕ 110 mm PVC – U 管,壁厚 3.2 mm,公称压力 0.6 MPa。

表 12-11 微喷灌轮灌组划分

时间	分组号	支管编号	微喷头数(个)	支管流量(m³/h)	轮灌组流量(m³/h)
第一天	1	1	396	27.8	53.6
		9	369	25.8	
	2	2	403	28.2	52.6
		10	349	24.4	
	3	3	464	32.5	55.0
		11	321	22.5	
第二天	4	4	397	27.8	50.3
		12	321	22.5	
	5	5	470	32.9	58.5
		13	365	25.6	
	6	6	455	31.9	55.4
		14	335	23.5	
第三天	7	7	443	31.1	55.3
		16	345	24.2	
	8	8	336	23.5	47.1
		17	337	23.6	
	9	15	450	31.5	57.0
		18	365	25.5	
合计			6 921	484.8	484.8

(四)灌溉系统水力计算

1. 毛管入口水头

地形较平坦,高差为 1.0 m,微喷头工作压力取 20 m,经计算,毛管入口压力为 22.12 m。

2. 支管进口工作压力的确定

根据轮灌制度、管网布置和管道流量进行水力计算。经计算,最长支管水头损失 $h_支 = 2.85$ m,$\Delta h_支 = 3.71$ m,符合要求。最不利条件下支管入口压力 $h_{0支}$ 为 28.97 m。

3. 干管进口工作压力的确定

经计算,分干管、干管水头总损失为 8.92 m,干管进口压力 $h_{0干}$ 为 35.75 m。

灌溉系统水力计算结果见表 12-12。

七、水泵选型

(一)水泵的选择

从上述计算结果可知该管道系统的最不利轮灌组时的总水头损失,从而得出管道系统所需配备的水泵流量和扬程。经计算,系统扬程 82.042 m。初步选择水泵为 200QJ63 - 85/5,流量 63 m³/h,扬程 85 m。

(二)量水设施与保护设备

根据机井出水量,灌溉系统每眼机井配备一块 ϕ100 水表。为使灌溉系统安全稳定运行,在其首部设置了进气阀、压力表、筛网式过滤器和变频器等装置。

表 12-12　灌溉系统水力计算结果

项目	管道长度 （m）	设计流量 （m³/h）	管径 （mm）	内径 （mm）	水头损失 （m）
干管 PVC125	190	57.05	125	117.6	3.07
分干管 PVC110	645	32.9	110	102.2	5.04
支管 PVC75	126	32.9	75	70.2	3.36
毛管 PE40	134	2.31	40	36	1.12
局部损失					0.952
喷头工作压力					20
首部枢纽损失					10
动水位					37
高程差					1.5
合计					82.042
潜水泵型号	200QJ63 – 85/5				

八、工程材料用量及工程概算

微喷灌典型设计工程量概算主要包括设备及材料、土方量及其他。工程材料和工程量概算略。

第三节　日光温室蔬菜滴灌系统设计

一、基本情况

（一）自然条件

项目区位于华北地区某县境内，地形平坦，地势由西北向东南倾斜，平均高程 56～58 m。该地区属暖温带季风型大陆性半干旱气候，多年平均降水量 648 mm，降水量年内分配不均，6～8 月降水量占全年的 76.5%，年际间变幅也较大，多雨年降水量是少雨年的 2.8 倍。工程所在地土壤为砂壤土，冻土层深度 80～120 cm。

（二）工程设施条件

项目区南北长 500 m，东西宽 200 m，控制面积为 150 亩，建有 75 栋日光温室。温室沿田间路两侧布置，呈东西走向。温室东西长 75～80 m，南北宽 8 m，每栋占地面积为 0.9 亩。温室内种植蔬菜，蔬菜沿温室横向种植，行距 0.9 m、株距 0.3 m，拟采用滴灌灌溉形式。

（三）水源条件

项目区内现有 1 眼水源井，已陈旧老化，出水量不足，需要更新。更新机井位于项目区内中间位置。机井更新后井深 80 m，井径 300 mm，机井设计出水量为 40 m³/h，静水位 35 m，动水位 45 m。

二、设计参数

根据温室蔬菜品种、种植方式、土壤质地要求，结合滴灌工程设计标准，确定日光温室蔬菜滴灌工程设计参数。

（一）设计保证率

根据《微灌工程技术规范》（GB/T 50485—2009）及项目区经济条件，滴灌工程灌溉设计保证率取 90%。

（二）设计耗水强度

保护地蔬菜设计耗水强度 $I_a = 5.0$ mm/d。

（三）灌溉水利用系数

滴灌工程的灌溉水利用系数取 0.90。

（四）土壤设计湿润比

根据毛管布置方式、灌水器流量、土壤质地综合确定。《微灌工程技术规范》（GB/T 50485—2009）推荐土壤设计湿润比 P 的范围为 60%～90%，取 $p = 75\%$。

（五）计划湿润层深度

根据作物及灌水方式确定计划湿润层深度。蔬菜滴灌，计划湿润层深度取 $H = 0.30$ m。

（六）适宜土壤含水量

适宜土壤含水量上下限分别为 23.4%、16.9%（占干土重百分比），土壤干容重为 $\gamma = 1.40$ g/cm^3。

三、灌水器的选择

根据蔬菜需水要求、种植方式及灌水器水力特性，拟采用内镶式滴灌带。滴灌带直径 16 mm，壁厚 0.25 mm，滴头间距为 0.3 m，设计工作压力 0.1 MPa，滴头流量 2.5 L/h，流态指数 $x = 0.48$。

四、设计灌溉制度

（1）最大净灌水定额 m_{max}：

$$m_{max} = 0.001\gamma zp(\theta_{max} - \theta_{min})$$

式中　m_{max}——设计灌水定额，mm；

　　　γ——土壤容重，g/cm^3；

　　　z——计划湿润层深度，cm；

　　　p——设计土壤湿润比，%；

　　　θ_{max}——适宜土壤含水量上限（质量百分数，%）；

　　　θ_{min}——适宜土壤含水量下限（质量百分数，%）。

将参数代入得最大灌水定额：

$$m_{max} = 0.001 \times 1.4 \times 30 \times 75 \times (23.4 - 16.9) = 20.5(\text{mm})$$

经计算，最大灌水定额为 20.5 mm，换算为 13.7 m^3/亩。

（2）灌水周期 T：

$$T = \frac{m_{max}}{I_a}$$

式中 T——灌水周期,d;

I_a——设计耗水强度,mm/d。

将参数代入得灌水周期:

$$T = \frac{20.5}{5} = 4.1(\mathrm{d})$$

经计算,灌水周期为4.1 d,取4 d。

(3)设计灌水定额:

$$m_d = T \cdot I_a$$

$$m' = \frac{m_d}{\eta}$$

式中 m_d——设计净灌水定额,mm;

m'——设计毛灌水定额,mm;

η——灌溉水利用系数。

将参数代入得:

$$m_d = 4 \times 5 = 20(\mathrm{mm})$$

$$m' = \frac{20}{0.95} = 21.1(\mathrm{mm})$$

净灌水定额20 mm,毛灌水定额21.1 mm。

(4)一次灌水延续时间 t:

$$t = \frac{m' \cdot S_e \cdot S_l}{q_d}$$

式中 t——一次灌水延续时间,h;

S_e——灌水器间距,m;

S_l——毛管间距,m;

q_d——灌水器流量,L/h。

滴灌带沿蔬菜行间布置,行距取0.9 m,滴头间距0.3 m,滴头流量2.5 L/h,将参数代入得:

$$t = \frac{20 \times 0.3 \times 0.9}{2.5} = 2.2(\mathrm{h})$$

经计算,一次灌水延续时间为2.2 h,本次设计选取为2.5 h。

五、水量平衡计算

根据机井稳定出水量和蔬菜需水强度,计算机井可以控制的滴灌面积,计算公式如下:

$$A = \frac{\eta Q_s t_d}{10 I_a}$$

式中 A——灌溉面积,hm^2;

Q_s——水源可供水量,m^3/h;

t_d——水泵日供水小时数,h;

其他符号意义同前。

灌溉水利用系数取 0.95,水源可供水量 40 m³/h,水泵日供水小时数取 18 h,设计供水强度 5 mm,将参数代入得:

$$A = \frac{\eta Q_s t_d}{10 I_a} = \frac{0.95 \times 40 \times 18}{10 \times 5} = 13.68 \, (\text{hm}^2)$$

经计算,机井出水量为 40 m³/h 的控制面积为 13.68 hm²,相当于 205.2 亩,大于项目区面积,水源满足滴灌系统的要求。

六、工程规划布置

项目区日光温室东西走向,南北二排,共 75 栋。水源为机电井,位于项目区中间位置。滴灌工程包括水源、泵房、首部枢纽、输配水管道、滴灌带以及附属建筑物。

根据机井位置,规划一座砖混泵房,保护机井和首部枢纽。首部枢纽包括过滤装置、施肥装置、控制闸门和量测仪表等。输配水管道埋于地下,主干管道呈南北走向布置。滴灌带布置在温室里,根据作物品种和种植方式确定滴灌带布置形式。附属建筑物包括闸门井、泄水闸等。每个轮灌组控制处设闸门井、管网末端设泄水井。

七、系统工作制度的确定

(一)单个温室灌溉流量

以典型温室为例,计算温室灌溉流量,典型温室规模 8 m×80 m,滴灌带横向布置,滴灌带长 7~8 m,滴头数量 22~24 个。滴灌带间距 0.9 m,温室布置 88 条滴灌带。据此计算温室灌溉流量。

一条滴灌带流量:

$$q_{带} = n q_{头} = 24 \times 2.5 = 60 \, (\text{L/h})$$

一座温室灌溉流量:

$$q_{棚} = n q_{带} = 88 \times 60 = 5\,280 \, (\text{L/h})$$

(二)工作制度

温室采用分组轮灌的工作方式。机井出水量 40 m³/h,一次轮灌可同时满足 7 个温室灌溉要求。项目区 75 栋温室,分成 11 组,每 7 个温室一组,轮流灌溉。

考虑到管理方便、实用的原则,采用集中分组轮灌,按相近原则划分轮灌组,相邻温室集中灌溉,相邻温室往往集中在一条干管上,尽管干管流量较大,但管理与操作方便,节省劳力。另外,温室生产与种植条件差异较大时,可能会出现 1~2 个温室需要灌溉的情况,此时机井流量远大于温室需求流量,须在首部枢纽增加变频控制设备,保证小流量灌溉。此时水泵工作效率低,一般情况下不建议采用此种模式。

八、灌水小区设计

(一)灌水小区规格

以温室为单元进行灌水小区设计,灌水小区比温室面积略小,规格为 7 m×79 m,布置 88 条滴灌带,每条滴灌带长 7~8 m。温室内进棚管上设球阀,控制灌溉。球阀后面接施肥罐、过滤器,满足温室施肥要求。

（二）灌水小区允许水头偏差

温室内灌水小区滴灌带上的滴头设计允许流量偏差率应满足下式要求：

$$[q_v] \leqslant 20\%$$

温室内灌水小区流量偏差率和水头偏差率分别为

$$q_v = \frac{q_{max} - q_{min}}{q_d} \times 100\%$$

$$h_v = \frac{h_{max} - h_{min}}{h_d} \times 100\%$$

滴头工作水头偏差率可按下式计算：

$$h_v = \frac{q_v}{x}\left(1 + 0.15\frac{1-x}{x}q_v\right)$$

式中　x——灌水器液态指数。

灌水小区允许水头偏差计算公式：

$$[\Delta h] = [h_v]h_d$$

灌水小区设计流量偏差率 $q_v = 20\%$，灌水器的流态指数 $x = 0.48$，设计水头 $h_d = 10$ m，代入上式得：

$$h_v = \frac{0.2}{0.48} \times \left(1 + 0.15 \times \frac{1-0.48}{0.48} \times 0.2\right) = 0.430$$

灌水小区水头偏差为

$$[\Delta h] = h_v \times h_d = 0.43 \times 10 = 4.30(m)$$

（三）滴灌带铺设长度分析

温室灌水小区滴头设计允许的水头偏差在支、毛管间的分配，可根据支、毛管长度确定，灌水小区支管长、滴灌带短，因此取支、毛管水头偏差 0.55∶0.45，则毛管允许水头偏差为：$4.3 \times 0.45 = 1.94(m)$。

滴灌带最大铺设长度可按下式计算：

$$L_m = \mathrm{INT}\left(\frac{5.446[\Delta h_2]d^{4.75}}{kSq_d^{1.75}}\right)^{0.364}S$$

式中　S——滴灌带滴头间距，m；

　　　k——考虑局部水头损失的水头损失扩大系数；

　　　d——滴灌带内径，mm。

滴灌带直径 16 mm，壁厚 0.25 mm，滴头间距为 0.3 m，滴头流量 2.5 L/h，水头损失扩大系数 $k = 1.1$，允许水头偏差 1.94 m。将参数代入得：

$$L_m = \mathrm{INT}\left(\frac{5.446 \times 1.94 \times 15.5^{4.75}}{1.1 \times 0.3 \times 2.5^{1.75}}\right)^{0.364} \times 0.3 = 67.5(m)$$

经计算，毛管的极限铺设长度为 67.5 m。本设计中毛管长度在 8 m 左右，小于毛管的极限铺设长度，因此毛管铺设长度满足设计要求。

九、输配水管网布置

根据水源位置和地块形状，输配水管网采用"丰"字形布置，由干管、进棚管、支管、毛管等四级组成。输配水管网布置见图 12-11。

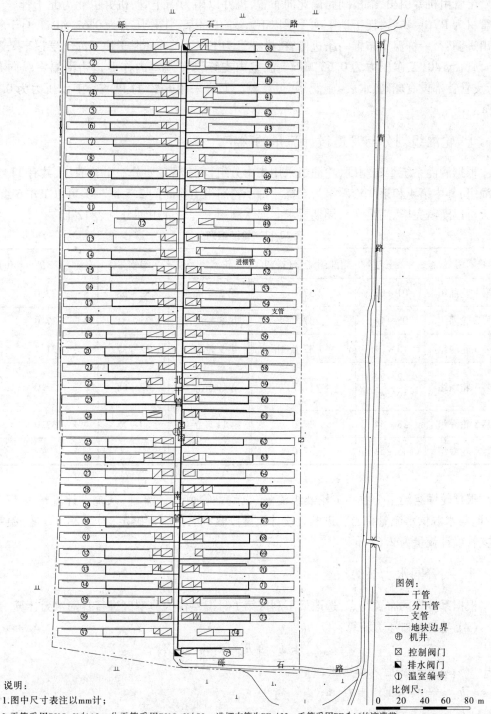

说明:

1. 图中尺寸表注以mm计;

2. 干管采用PVC-Uϕ110,分干管采用PVC-Uϕ50,进棚支管为PEϕ32,毛管采用PEϕ16的滴灌带;

3. 温室为85 m×7 m和60 m×7 m两种规格,温室前后间距8 m,温室东西设路,路宽5 m;

4. 在干管、分干管拐弯处设镇墩,如果管道顺直,每隔50 m设一镇墩;

5. 在分干管较低位置处设泄水井。

图 12-11　温室滴灌平面布置图

干管由机井引出,沿田间路南北向布置,机井以南为南干管,机井以北为北干管。干管管材为 PVC – U 管,埋于地下冻土层以下。ϕ110 干管,工作压力为 0.63 MPa。自干管引出进棚管,一栋温室布置一条进棚管,进棚管为 PVC – U 管,埋于地下冻土层以下。进棚管管径ϕ40,工作压力为 0.63 MPa。温室内支管设在温室内作业道边沿温室纵向布置,支管首部设有球阀、水表、施肥罐、过滤器。支管采用ϕ32 的 PE 管,工作压力为 0.4 MPa。

十、轮灌组划分与管道设计流量的确定

根据滴灌系统工作制度,轮灌组采用集中分组,7 栋温室划分一个轮灌组,共有 11 个轮灌组,其中第 4 和第 9 轮灌组为 6 栋。每个轮灌组工作时间 2.5 h,一天可以工作 6 组,两天可以灌溉完毕,满足灌水周期要求。温室滴灌工程轮灌组划分见表 12-13。

表 12-13 轮灌组划分

轮灌组号	温室号	轮灌组流量(m^3/h)	轮灌组号	温室号	轮灌组流量(m^3/h)
第 1 轮灌组	01 ~ 07	37.0	第 7 轮灌组	52 ~ 58	37.0
第 2 轮灌组	08 ~ 14	37.0	第 8 轮灌组	25 ~ 31	37.0
第 3 轮灌组	15 ~ 21	37.0	第 9 轮灌组	32 ~ 37	31.7
第 4 轮灌组	22 ~ 24 59 ~ 61	31.7	第 10 轮灌组	62 ~ 68	37.0
第 5 轮灌组	38 ~ 44	37.0	第 11 轮灌组	69 ~ 75	37.0
第 6 轮灌组	45 ~ 51	37.0			

根据轮灌组温室个数确定轮灌组流量,也就是管道设计流量,系统设计流量为 37.0 m^3/h,与水源供水流量相当。进棚管设计流量按温室灌溉流量确定,为 5.28 m^3/h。温室内支管设计流量为 2.64 m^3/h。

十一、管网水力计算

根据系统管网布置特点,选取最不利区第 1 号温室作为典型区进行管网水力计算。

(1) 毛管进口压力计算:

$$h_{毛进口} = h_工 + h_{f毛} + h_{j毛} + \Delta Z$$

式中 $h_{毛进口}$——毛管入口水头,m;

        $h_工$——滴头工作压力,m;

        $h_{f毛}$——毛管沿程损失,m;

        $h_{j毛}$——毛管局部水头,m,取 $h_{j毛} = 0.2 h_{f毛}$;

        ΔZ——地形高差,m。

由于地面较平坦,$\Delta Z = 0$,经计算,毛管入口水头为 10.01 m。

（2）支管水力计算：

$$h_{支进口} = h_{毛进口} + h_{f支} + h_{j支} + \Delta Z$$

式中　$h_{支进口}$——支管入口水头，m；

　　　$h_{毛进口}$——毛管入口水头，m；

　　　$h_{f支}$——支管水头损失，m；

　　　$h_{j支}$——支管局部水头，m，取 $h_j = 0.1 h_{f支}$；

　　　ΔZ——地形差，m。

支管选用 $\phi 32$PE 管，壁厚 3 mm，管道承压 400 kPa。支管为多口管道，每个出流口为一条毛管，出流口间距为 0.9 m。支管按多孔管计算水头损失。

经计算，支管沿程水头损失为 1.15 m，已知 $[\Delta h]_支 = 1.93$ m，即 $h_支 < [\Delta h]_支$，支管水头损失在允许水头偏差范围内。由于地面较平坦，取 $\Delta Z = 0$，支管进口压力要求：$h_{支进口} = 10.01 + 1.15 = 11.16$（m）。

（3）进棚管水力计算：

$$h_{进棚管进口} = h_{支进口} + h_{f进棚管} + h_{j进棚管} + \Delta Z$$

式中　$h_{进棚管进口}$——进棚管入口水头，m；

　　　$h_{支进口}$——支管入口水头，m；

　　　$h_{f进棚管}$——进棚管水头损失，m；

　　　$h_{j进棚管}$——进棚管局部水头，m，取 $h_{j进棚管} = 0.1 h_{f支}$；

　　　ΔZ——地形差，m。

进棚管流量 5.28 m³/h，长 70 m，选用 $\phi 50$PE 管，壁厚 4.6 mm，管道承压 400 kPa。经计算，进棚管沿程水头损失为 2.78 m。由于地面较平坦，取 $\Delta Z = 0$，进棚管进口压力要求：$h_{进棚管进口} = 11.16 + 2.78 = 13.94$（m）。

（4）干管水力计算：

$$h_干 = h_{进棚管进口} + h_{f干} + h_{j干} + \Delta Z$$

式中　$h_干$——管网总水头，m；

　　　$h_{进棚管进口}$——进棚管入口水头，m；

　　　$h_{f干}$——干管水头损失，m；

　　　$h_{j干}$——干管局部水头，m，取 $h_{j干} = 0.1 h_{f支}$；

　　　ΔZ——地形差，m。

干管流量 37 m³/h，长 310 m，选用 $\phi 110$PVC – U 管，壁厚 3.2 mm，管道承压 0.6 MPa。经计算，干管沿程水头损失为 4.70 m。由于地面较平坦，取 $\Delta Z = 0$，干管进口压力要求：$h_{进棚管进口} = 13.94 + 4.70 = 18.64$（m）。

（5）系统扬程：

$$H = Z_p - Z_b + h_0 + h_p + \sum h_f + \sum h_w$$

式中　H——系统总扬程或设计水头，m；

　　　Z_p——典型毛管进口的高程，m；

　　　Z_b——系统水源的设计水位，m；

　　　　h_0——典型毛管进口的设计水头,m;

　　　　h_p——水泵管道沿程水头,m;

　　　　$\sum h_f$——系统进口至典型毛管进口的管道沿程水头损失,m;

　　　　$\sum h_w$——系统进口至典型毛管进口的管道局部水头损失,m。

　　管网沿程水头损失中,还应考虑系统首部和温室内首部的水头损失。本次典型设计中系统首部设置了进排气阀、逆止阀、压力表、离心过滤器等,大棚内首部设置了球闸、施肥罐、网式过滤器等。系统首部和温室内首部水头损失可根据安装设备估算,一般为10～15 m。同时根据当地提供的有关机井数据,动水位为45 m,水泵管道输水损失估算2.5 m,地面高程差 Δh 为0.29 m。

　　管网系统水力计算结果见表12-14。

　　本次典型设计的水泵扬程为78.93 m。

表 12-14　管网系统水力计算结果

项目	管道长度(m)	设计流量(m³/h)	管径(mm)	水头损失(m)
灌水器工作压力				10.0
毛管 PE	7.5	0.055	16	0.005
支管 PE	42	2.31	32	1.15
进棚管 PE	70	5.28	50	2.78
干管 PVC－U	310	37	110	4.70
首部枢纽损失				12.5
水泵管道水头损失				2.5
动水位				45
系统首部与毛管的地形高差				0.29
系统总扬程				78.93

十二、首部枢纽设计

　　为使滴灌系统安全稳定的运行,在其首部设置逆止阀、压力表、离心＋网式过滤器、水表、闸阀、排气阀安全保护装置。温室内首部设球阀、施肥罐、网式过滤器等,每栋温室安装1套。

　　根据流量和扬程,初步选择机井水泵为200QJ40－78/6,流量40 m³/h,扬程78 m,电机额定功率15 kW,额定电流33.9 A,ϕ100 出水管。同时,根据大棚作物种植多样性和需水的特殊性,配套电机安装变频装备,实现变频恒压供水。

十三、系统运行复核

　　管网布置与水泵选型后,应校核水泵工作点,推算管网节点压力,保证系统同时灌水的各个大棚供水流量均衡,并保证节水压力在工作要求的范围内。由于大棚滴灌工作的特殊性,系统首部安装了变频装置,可以满足变频恒压供水,这里只推算正常轮灌时干管节点压力。由计算结果可以看出,按正常轮灌组划分,7栋温室同时工作时,同一轮灌组干管节点压力相差不大(见表12-15),在滴灌要求工作范围内,满足灌水小区流量偏差要求。

表 12-15　正常工作时干管节点压力

轮灌组编号	流量(m³/h)	温室编号	干管节点压力(m)	轮灌组编号	流量(m³/h)	温室编号	干管节点压力(m)
第 1 轮灌组	37.0	01	21.824	第 7 轮灌组	37.0	52	24.760
		02	21.830			53	24.767
		03	21.850			54	24.788
		04	21.891			55	24.832
		05	21.961			56	24.907
		06	22.068			57	25.021
		07	22.220			58	25.183
第 2 轮灌组	37.0	08	23.252	第 8 轮灌组	37.0	25	25.777
		09	23.259			26	25.945
		10	23.281			27	26.064
		11	23.325			28	26.142
		12	23.399			29	26.189
		13	23.511			30	26.212
		14	23.671			31	26.220
第 3 轮灌组	37.0	15	24.743	第 9 轮灌组	31.7	32	25.433
		16	24.751			33	25.573
		17	24.774			34	25.666
		18	24.821			35	25.722
		19	24.897			36	25.751
		20	25.012			37	25.760
第 4 轮灌组	31.7	21	25.175	第 10 轮灌组	37.0	62	25.795
		22	26.739			63	25.963
		23	26.766			64	26.081
		24	26.864			65	26.160
		59	26.739			66	26.207
		60	26.766			67	26.230
		61	26.842			68	26.237
第 5 轮灌组	37.0	38	21.840	第 11 轮灌组	37.0	69	25.201
		39	21.846			70	25.369
		40	21.866			71	25.487
		41	21.907			72	25.566
		42	21.977			73	25.613
		43	22.084			74	25.636
		44	22.237			75	25.643
第 6 轮灌组	37.0	45	23.235				
		46	23.242				
		47	23.264				
		48	23.308				
		49	23.383				
		50	23.495				
		51	23.654				

十四、系统土建设计

布置泵房或管理用房,砖混结构,建筑面积 18 m² 左右。在管道连接处设三通,在管道连接与转弯处设镇墩,在北干管、南干管的末端设置泄水阀。干管、进棚管埋于地下 0.8~1.0 m,管沟开挖深度 1.0 m,宽度 50~80 cm。

十五、投资概算

温室滴灌工程材料表包括水源工程、首部设备、管材管件、土方量等项(见表 12-16)。

表 12-16　温室花卉滴灌工程材料估算表

序号	工程项目名称	规格型号	单位	数量
一	首部枢纽			
1	潜水泵	200QJ40－78/6	台	1
2	变频器	15 kW	台	1
3	过滤系统	L40－W40	套	1
4	IC 卡水表	40 m³	个	1
5	压力表	1.0 MPa	个	1
6	逆止阀	3″	个	1
7	蝶阀	3″	个	1
8	热镀锌管	DN100	m	6
9	钢弯头	DN100	个	3
10	钢法兰	DN100	片	4
二	输水管材管件			
1	PVC－U 管	(0.8 MPa)φ110	m	483
2	PVC－U 管	(0.6 MPa)φ50	m	5 250
3	PVC－U 三通	φ110	只	2
4	PVC－U 三通	φ110×φ50×φ110	只	75
5	PVC－U 弯头	φ50	只	300
6	闸阀	φ110	只	2
7	泄水闸	φ110	只	2
8	PVC－U 管道连接器		套	1
9	锁紧钳		个	2
三	棚内设备及灌水器			
1	过滤系统	WS－25	套	75
2	施肥罐	SFG－10 L×10	套	75
3	IC 卡水表	10 m³	个	75
4	PVC 球阀	2″	个	75
5	PVC 球阀	φ32	个	150
6	PE 管	(0.4 MPa)φ32	m	5 850
7	PVC－U 三通	φ32×φ50×φ32	只	75
8	PE 管	(0.6 MPa)φ32	m	5 850
9	旁通	φ16	只	6 600
10	堵头	φ32	只	300
11	堵头	φ16	只	6 600

续表 12-16

序号	工程项目名称	规格型号	单位	数量
12	滴灌带	$\phi16$	m	49 500
13	打孔器	16 mm	个	5
四	土建工程			
1	管沟开挖		m^3	3 730
2	管沟回填		m^3	3 730
3	镇墩		m^3	15
4	泄水阀井		座	2
5	阀门井		座	2

第四节　果树滴灌系统设计

一、基本资料

(一)地理位置

某果园位于甘肃省境内,面积 9.68 hm^2(145 亩),南北长 494 m,东西长 196 m。

(二)地形条件

地势平坦,水平地形,高差 ±0.1 m,测得有 1/2 000 地形图。

(三)气象资料

根据气象站实测资料分析,多年平均降水量 561.5 mm,年有效降水量 442 mm,年平均气温 8.5 ℃,平均日照 2 457.8 h,平均无霜期 162 d。平均蒸发量 1 527 mm,为年降水量的 2.7 倍。7～9 月三个月降水占全年降水的 60% 左右,且多呈暴雨形式,降水变率较大。

(四)水源资料

在果园的东侧有一口机电井,抽水试验结果表明,动水位为 20 m 时,出水量 40 m^3/h。水质良好,仅含有少量砂(含砂量小于 5 g/L),地下水埋深 30 m。

(五)土壤与工程地质资料

果园土壤为黑垆土,土质为粉砂中壤土,土壤容重 1.25 g/cm^3, pH 值为 7.88,田间持水量(质量百分比)0.27,土壤渗透系数为 1.09 mm/min,腐殖质层厚达 50～80 cm,0～60 cm 土层土壤含有机质 10.5 g/kg、全氮 0.82 g/kg、全磷 1.49 g/kg、速效钾 226 mg/kg,土层深厚,土质疏松,耕性良好。最大冻土层深度 80 cm。

(六)作物栽培

果园种植苹果,南北向种植。果树株距 3.0 m,行距 4.0 m,共有果树 7 680 棵。现果树已进入盛果期,遮阴率约 70%。

二、设计参数的确定

(一)设计耗水强度

以往灌溉实测结果表明,作物耗水高峰期在 7 月,该月日均耗水量强度 5.6 mm。

（二）土壤湿润比

根据果树株行距，确定毛管和灌水器布置方式，毛管采用单行直线铺设、滴头均匀分布。土壤湿润比计算如下：

$$p = \frac{0.785D_w^2}{S_e S_l} \times 100\%$$

本次设计中，毛管间距 $S_l = 4.0$ m，滴头间距 $S_e = 0.4$ m，毛管湿润带宽度 $D_w = 0.8$ m。将参数代入上式，计算结果：$p = 31\%$。

（三）设计土壤计划湿润层深度

根据经验，果树设计土壤计划湿润层深度为 1.0 m。

（四）设计滴头流量偏差率

灌水器设计允许流量偏差率 q_v 为 20%。

（五）灌溉水利用系数

根据《微灌工程技术规范》（GB/T 50485—2009），灌溉水利用系数 η 取 0.9。

（六）日灌溉最大运行时数

根据机井工况情况，机井日最大工作时数为 20 h。

三、灌水器的选择

根据作物种植、土壤质地等情况确定灌水器，要求采用流量稳定、结构简单、抗堵塞能力强、方便维护、经济实用的灌水器。经综合分析，选用 PE 滴灌管，壁厚 1.0 mm，内径 18 mm，滴头间距 0.4 m。滴头额定工作压力 $h_a = 10$ m，额定流量 $q_a = 4.3$ L/h，流态指数 $x = 0.46$。

四、设计灌溉制度

（一）设计灌水定额

设计灌水定额按下式计算：

$$m_{max} = 0.001\gamma zp(\theta_{max} - \theta_{min})$$

已知适宜土壤容重为 1.25 g/cm³，田间持水量为 0.27，含水量上下限分别为田间持水量的 90%、67%，即 24.3%、18.09%，设计土壤湿润比为 31%，土壤计划湿润层深 100 cm，经计算，$m_{max} = 24.1$ mm（16.1 m³/亩）。

（二）设计灌水周期的确定

设计灌水周期按下式确定：

$$T \leq T_{max}$$

$$T_{max} = \frac{m_{max}}{I_a}$$

经计算，$T_{max} = 4.35$ d，取 $T = 4$ d，则 $T \leq T_{max}$。

（三）一次灌水延续时间的确定

一次灌水延续时间按下式确定：

$$t = \frac{mS_eS_1}{q_d\eta}$$

式中 t——一次灌水延续时间,h;

      S_e——灌水器间距,m;

      S_1——毛管间距,m;

      q_d——滴头流量,L/h;

      η——灌溉水利用系数。

滴灌系统灌溉水利用系数取 0.9,经计算,一次灌水延续时间 $t = 10$ h。

(四)灌水次数与灌水定额

根据苹果全生育期的需水规律,枝条、果实生长发育的特点分析,黄土高塬沟壑区在降水保证率 50% 的平水年,盛果期果树滴灌 4 次为宜。最佳灌水期为萌芽前、新梢旺长前、果实迅速膨大期和封冻前四个灌水期。

(1)萌芽前(3 月下旬)灌水。盛果期的灌水定额为 200 m^3/hm^2。此期灌水可有效利用先年贮藏养分,促进萌芽、开花、坐果,扩大叶面积,增强光合作用。

(2)新梢旺长前(5 月初)灌水。盛果期的灌水定额为 240 m^3/hm^2。此期是苹果新梢旺长和幼果膨大并进的时期,叶片蒸腾作用强,是苹果的需水临界期,若此期水分不足,不仅影响春梢生长和果实发育,而且会严重影响花芽分化,从而导致翌年产量的大幅度下降。

(3)果实迅速膨大期(7~8 月)灌水。盛果期的灌水定额为 240 m^3/hm^2。此期灌水能促进果实增大和提高产量,且有利于花芽分化,为来年丰产创造条件。

(4)封冻前(10 月下旬至 11 月上旬)灌水。盛果期的灌水定额为 240 m^3/hm^2。灌冬水,能促进有机肥料腐解,满足果树休眠期的水分要求,增加冬季树体营养积累,防止冬季抽条。

在降水保证率 75% 的中等干旱年份,灌水定额增大 10%~20%,灌水次数为 4~5次,果实膨大期灌水 2 次;在降水保证率 95% 的特旱年份,灌水定额增大 15%~30%,灌水次数为 5~6 次,果实膨大期各灌 2 次。

五、水量平衡计算

根据微灌面积和灌溉设计补充强度,计算滴灌系统所需的最小供水流量:

$$Q_{min} = \frac{10AI_a}{\eta C}$$

灌溉面积 $A = 494 \times 196 = 96\ 824(m^2) = 145.2$ 亩 $= 9.68\ hm^2$。经计算,$Q_{min} = 30.1\ m^3/h$,小于水井的供水流量 40 m^3/h,该水源满足滴灌系统的要求。

六、工程规划布置

根据水源位置,滴灌系统首部布设在田块东侧的中央。主干管东西向布置,输水到地块中间,干管南北向布置,下设分干管、支管,四级管道组成管网。支管垂直于作物种植行布置,毛管顺作物种植行布置。管网具体布置如下所述。

（一）毛管与灌水器布置

考虑地形、果树的株行距、土壤质地、果树栽培模式、地块形状等因素，毛管沿着种植方向单行直线铺设，分布在支管两侧，呈"丰"字形。每条毛管铺设长度为 60 m，共有 384 条毛管。6 条毛管共用一条支管，共有 64 条支管。

（二）主干管、干管、分干管、支管布置

考虑地形、水源、果树分布和毛管的布置，支管、分干管、主干管沿东西方向铺设，干管沿南北方向布置。

七、系统工作制度的确定

考虑到作物种类、水源条件和经济状况等因素，确定系统实行轮灌工作制度。

八、灌水小区设计

（一）水头偏差计算

灌水小区中灌水器的流量差异取决于灌水器的水头差异，灌水器的水头偏差率与流量偏差率的关系为

$$h_v = \frac{q_v}{x}\left(1 + 0.15\frac{1-x}{x}q_v\right)$$

式中　h_v——灌水小区中灌水器水头偏差率（%）；

　　　q_v——灌水小区中灌水器偏差率，取 20%；

　　　x——灌水器流态指数，$x = 0.46$。

当 $q_v = 20\%$ 时，计算 $h_v = 0.45$。工作压力 $h_a = 10$ m 时，灌水小区水头允许偏差为 4.5 m。

灌水小区设计允许水头偏差在支毛管间的分配比例确定为 0.45：0.55，因此灌水小区中允许的最大水头差为

$$\Delta H_{毛} = 0.55\Delta H_s$$

$$\Delta H_{支} = 0.45\Delta H_s$$

式中　ΔH_s——灌水小区允许的最大水头差，m；

　　　$\Delta H_{支}$——灌水小区中支管允许的最大水头差，m；

　　　$\Delta H_{毛}$——灌水小区中毛管允许的最大水头差，m。

经计算，$\Delta H_{毛} = 0.55 \times 4.50 = 2.48$（m），$\Delta H_{支} = 0.45 \times 4.50 = 2.02$（m）。

（二）毛管极限长度计算

均匀地形坡毛管的极限长度可按下式计算：

$$L_m = \text{INT}\left(\frac{5.446 \times \Delta H_{毛}\, d^{4.75}}{kSq_a^{1.75}}\right)^{0.364} S - 0.5S_0$$

$$= \text{INT}\left[\left(\frac{5.446 \times 2.48 \times 18^{4.75}}{1.1 \times 0.4 \times 4.3^{1.75}}\right)^{0.364}\right] \times 0.4 - 0.2 = 81\text{（m）}$$

式中　L_m——毛管允许的极限长度，m；

　　　q_a——滴头设计流量，L/h；

　　　S——毛管上出水孔间距，m；

d——毛管内径,mm;

k——毛管局部损失加大系数,一般取 $1.1 \sim 1.2$;

其余符号意义同前。

经计算,$L_{\mathrm{m}} = 81$ m,实际长度取 60 m。

九、输配水管网布置

考虑地形、水源、果树分布和毛管的布置,支管、分干管、主干管沿东西方向铺设,干管沿南北方向布置。管网平面布置示意图见图 12-12。

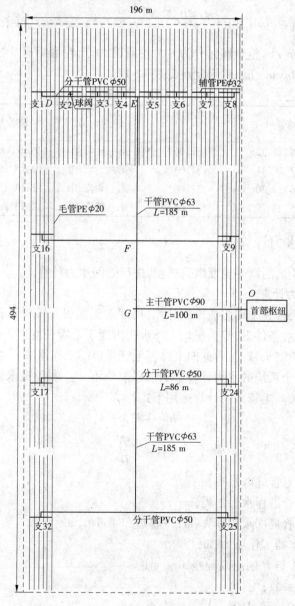

图 12-12　管网平面布置示意图

十、轮灌组划分与管道设计流量的确定

允许的轮灌组最大组数为

$$N \leqslant \frac{CT}{t}$$

式中　　N——系统轮灌组最大组数；

其余符号意义同前。

本次设计中，$C = 20$ h，$T = 4$ d，$t = 10$ h，经计算，轮灌组最大组数 $N = 8$。

每条毛管流量 $Q_毛 = 4.3 \times \left(\dfrac{60 - 0.2}{0.4} + 1 \right) = 647.15$（$m^3/s$），每条支管控制 6 条毛管，

支管流量为 3.88 m^3/h，整个灌区分为 8 个轮灌组，每个轮灌组有 8 组支管，即 4 组辅管。轮灌组流量为 31.06 m^3/h。轮灌制度见表 12-17。

表 12-17　轮灌制度

轮灌组号	辅管号	轮灌组流量 （m^3/h）	轮灌组号	辅管号	轮灌组流量 （m^3/h）
第一轮灌组	1、8、25、32	31.06	第五轮灌组	9、16、17、24	31.06
第二轮灌组	2、7、26、31	31.06	第六轮灌组	10、15、18、23	31.06
第三轮灌组	3、6、27、30	31.06	第七轮灌组	11、14、19、22	31.06
第四轮灌组	4、5、28、29	31.06	第八轮灌组	12、13、20、21	31.06

十一、管网水力计算

选取距水源较远的第一轮灌组为典型，进行管网水力计算。

(一) 毛管水力计算

毛管沿程水头损失采用多流出流计算，局部水头损失可按沿程损失的比例估算。水力分析表明，在平坡条件下，滴头平均工作水头出现于毛管长度 1/3 处附近。应先计算最大工作水头所在的滴头号，再由此向上推算毛管进口的工作水头。通过计算，由于毛管水头损失较小，对整个系统的水力计算影响可以忽略不计。假设最末滴头的工作水头等于设计滴头工作水头。毛管水力计算采用下式：

$$h_{毛进口} = h_{f毛} + h_{j毛} + h_d + \Delta Z_{AB}$$

$$h_{f毛} = f \frac{Q_g^m}{D^b} LF$$

式中　　$h_{毛进口}$——毛管进口水头，m；

$h_{f毛}$——毛管沿程水头损失，m；

$h_{j毛}$——毛管局部水头损失，m，一般 $h_{j毛} = 0.1 h_{f毛}$；

h_d——灌水器工作压力，m；

ΔZ_{AB}——A 与 B 两点高程差，0.1 m；

f——摩阻系数；

Q_g——管道流量，L/h；

D——管道内径，mm；

L——管长,m;

m——流量指数;

b——管径指数;

F——多口系数。

f、m、b、F 等参数可查《微灌工程技术规范》(GB/T 50485—2009),本设计中毛管采用聚乙烯管,$f = 0.505$,$m = 1.75$,$b = 4.75$,$F = 0.362$,经计算:

$$h_{f毛} = 0.505 \times \frac{647^{1.75}}{18^{4.75}} \times 60 \times 0.362 = 0.992(\text{m})$$

$$h_{毛进口} = 0.992 + 0.992 \times 0.1 + 10 + 0.1 = 11.19(\text{m})$$

(二)支管水力计算

支管水力计算方法与毛管相同。支管双向控制毛管,辅管从支管中间供水,向支管两端分配给毛管。支管一端控制 6 条毛管,长度 10 m,流量 3 882.9 L/h。支管采用聚乙烯管 $\phi 32$,内径为 26 mm,$f = 0.505$,$m = 1.75$,$b = 4.75$,$F = 0.453$,经计算:

$$h_{f支} = 0.505 \times \frac{3\,882.9^{1.75}}{26^{4.75}} \times 10 \times 0.453 = 0.830(\text{m})$$

$$h_{支进口} = 0.830 \times 1.1 + 11.19 = 12.103(\text{m})$$

支管、毛管水头总损失为:$0.992 \times 1.1 + 0.830 \times 1.1 = 2.004$ m $< \Delta H_s$,满足水头偏差要求。

(三)分干管、干管与主干管水力计算

分干管、干管与主干管的水力计算方法与毛管不同,不再考虑多流出流系数。首先利用经济流速估算管径,计算公式如下:

$$D = 13\sqrt{Q}$$

根据轮灌组安排,滴灌系统工作时,一辅管控制两条支管同时工作,辅管流量等于7.766 m³/h;一分干管控制一条辅管工作,分干管流量等于 7.766 m³/h;一干管控制两条分干管同时工作,干管流量等于 15.532 m³/h;主干管控制两条分干管同时工作,主干管流量为 31.063 m³/h。经计算,主干管、干管、分干管分别为 72 mm、51 mm、36 mm,初选主干管、干管、分干管分别为 $\phi 90$、$\phi 63$、$\phi 50$。

主干管、干管、分干管水头损失计算公式如下:

$$h_{管进口} = h_f + h_j + h_{上一级管进口} + \Delta Z_{BC}$$

$$h_f = f\frac{Q_g^m}{D^b}L = 0.464\frac{Q_g^{1.77}}{D^{4.77}}L$$

式中　$h_{管进口}$——管道进口水头,m;

h_f——沿程水头损失,m;

h_j——局部水头损失,m,一般 $h_j = 0.1h_f$;

ΔZ_{BC}——B 与 C 两点高程差,0 m;

f——摩阻系数,硬塑料管取 0.464;

Q_g——管道流量,L/h;

D——管道内径,mm;

L——管长,m;

m——流量指数,硬塑料管取 1.77;

b——管径指数,硬塑料管取 4.77。

以第一轮灌组为最不利轮灌组确定主干管、干管、分干管的直径。主干管长度为100 m,干管长度为 185 m,分干管长度为 86 m。第一轮灌组管道进口压力计算结果见表 12-18。

表 12-18　第一轮灌组管道进口压力计算结果

序号	管段	管道出口压力 (m)	管长 (m)	流量 (m³/h)	管径 (mm)	壁厚 (cm)	沿程水头损失 (m)	总水头损失 (m)	地形高差 (m)	进口压力 (m)	管道压力 (MPa)
1	DE	12.047	86	7.766	50	1.5	3.241	3.566	0.3	15.913	0.4
2	EG	15.913	185	15.532	63	2	8.039	8.842	0.3	25.055	0.6
3	GO	25.055	100	31.063	90	3.5	2.909	3.200	0.4	28.655	0.6

其他轮灌组水力计算结果见表 12-19。

表 12-19　其他轮灌组水力计算结果

序号	管段	管道出口压力 (m)	管长 (m)	流量 (m³/h)	管径 (mm)	壁厚 (cm)	沿程水头损失 (m)	总水头损失 (m)	地形高差 (m)	进口压力 (m)	管道压力 (MPa)
1	第二	12.047	58	7.766	50	1.5	2.186	2.405	0.3	14.752	0.4
		14.752	185	15.532	63	2	8.039	8.842	0.3	23.894	0.6
		23.894	100	31.063	90	3.5	2.909	3.200	0.4	27.494	0.6
2	第三	12.047	36	7.766	50	1.5	1.357	1.493	0.3	13.840	0.4
		13.840	185	15.532	63	2	8.039	8.842	0.3	22.982	0.6
		22.982	100	31.063	90	3.5	2.909	3.200	0.4	26.582	0.6
3	第四	12.047	14	7.766	50	1.5	0.528	0.580	0.3	12.927	0.4
		12.927	185	15.532	63	2	8.039	8.842	0.3	22.070	0.6
		22.070	100	31.063	90	3.5	2.909	3.200	0.4	25.670	0.6
4	第五	12.047	86	7.766	50	1.5	3.241	3.566	0.3	15.913	0.4
		15.913	63	15.532	63	2	2.737	3.011	0.3	19.224	0.6
		19.224	100	31.063	90	3.5	2.909	3.200	0.4	22.824	0.6
5	第六	12.047	58	7.766	50	1.5	2.186	2.405	0.3	14.752	0.4
		14.752	63	15.532	63	2	2.737	3.011	0.3	18.063	0.6
		18.063	100	31.063	90	3.5	2.909	3.200	0.4	21.663	0.6
6	第七	12.047	36	7.766	50	1.5	1.357	1.493	0.3	13.840	0.4
		13.840	63	15.532	63	2	2.737	3.011	0.3	17.151	0.6
		17.151	100	31.063	90	3.5	2.909	3.200	0.4	20.751	0.6
7	第八	12.047	14	7.766	50	1.5	0.528	0.580	0.3	12.927	0.4
		12.927	63	15.532	63	2	2.737	3.011	0.3	16.239	0.6
		16.239	100	31.063	90	3.5	2.909	3.200	0.4	19.839	0.6

十二、首部枢纽设计

(一)水泵的选型

微灌系统设计流量应按下式计算:

$$Q = \frac{n_0 q_d}{1\ 000}$$

式中 Q——系统设计流量,m^3/h;

　　　q_d——灌水器设计流量,L/h;

　　　n_0——同时工作的灌水器个数。

$$Q = \frac{n_0 q_d}{1\ 000} = \frac{7\ 224 \times 4.3}{1\ 000} = 31.063(m^3/h)$$

微灌系统设计水头,应在最不利轮灌组条件下按下式计算:

$$H = Z_p - Z_b + h_0 + \sum h_f + \sum h_j$$

式中 H——系统设计水头,m;

　　　Z_p——典型灌水小区管网进口的高程,m;.

　　　Z_b——系统水源的设计水位,m;

　　　h_0——典型灌水小区进口的设计水头,m;

　　　$\sum h_f$——系统进口至典型灌水小区进口的管道沿程水头损失(含首部枢纽沿程水头损失),m;

　　　$\sum h_j$——系统进口至典型灌水小区进口的管道局部水头损失(含首部枢纽局部水头损失),m。

机电井动水位20 m,灌溉系统工作时,第一轮灌组要求最大水头28.655 m,考虑到过滤器、施肥罐等设备的水头损失,据此计算水泵扬程:

$$H = Z_p - Z_b + h_0 + \sum h_f + \sum h_j = 28.655 + 20 + 7 = 55.655(m)$$

根据流量与扬程,所选的水泵型号为150QJ32 - 60/8,流量为32 m^3/h,扬程为60 m,配套功率为9.2 kW。

(二)过滤器的选择

根据灌溉水源水质、系统设计流量以及灌水器的流道尺寸,确定过滤器型号。选择离心式 + 网式过滤器,其型号为 L80 - W80A (ϕ75),过水流量为10~40 m^3/h。

(三)施肥器的选择

施肥罐按容积选型,按下式计算:

$$V = \frac{FA}{C_0}$$

式中 V——施肥罐容积,L;

　　　F——单位面积上一次施肥量,kg/亩;

　　　A——一次施肥面积,亩;

　　　C_0——施肥罐中允许肥料溶液最大浓度,kg/L。

每个轮灌组同时灌溉果树 960 棵,平均每棵施肥 2.5 kg,共 2 400 kg,分四次施肥,每次施肥 600 kg,每次分 6 次注入。根据肥料特性,施肥罐中允许肥料溶液最大浓度为 1.3 kg/L,则 $V = \dfrac{600}{6 \times 1.3} = 76.92$(L),综合考虑设计流量大小、肥料和化学药物的性质及作物要求,选用施肥罐 SFG – 100L × 16,施肥阀 SFF – 80 × 16(ϕ 75),流量 10 ~ 35 L/min。

(四)控制量测设施与保护装置

在过滤器和施肥装置的前后,各安设一个压力表,通过观测其压力差来判断过滤器是否需要清洗和判定施肥量的大小;防止肥料对水表的腐蚀,水表安装在施肥装置的上游;进排气阀设置在管网系统高处,首部设置在过滤器顶部和下游管上各一个,其作用为在系统管道充水时排除空气,系统关闭管道排水时向管网补气;为了防止水倒流,在水泵出口安设蝶阀、逆止阀;在水泵出水侧的主干管上设置安全阀;在干管进口处设置闸阀;在施肥施药装置上游处设置截止阀。

十三、系统运行复核

(一)节点压力均衡

考虑到各节点对压力的要求,划分轮灌组时,以水源为起点,以地块中心为对称轴,将管道对称布置。由图 12-12 分析可知,第一轮灌组工作时,对节点 O 水头要求最高。为了使各管线对节点的水头要求一致,本例按最大水头要求作为该节点的设计水头,在同一节点取水的各条管线同时工作时,各条管线对该节点的水头要求取最大值。其余管线进口根据节点设计水头与该管线要求的水头之差分别设置调压装置,不同轮灌组之间的节点压力需要通过压力调节器或变频设备来调整,使之均衡。

(二)水泵工况点校核

(略)

(三)均匀度复核

(略)

(四)水锤压力验算与防护

本系统采用聚乙烯管材,按照《微灌工程技术规范》(GB/T 50485—2009)的要求,可不进行水锤压力验算。

十四、系统土建设计

(略)

十五、投资概算

材料的价格随材料市场的供求关系等变化而变化,因此本实例不进行投资概算,只列出材料设备用量。本滴灌系统所需材料及设备用量见表 12-20,对易耗材料增加 5% 的损耗量,滴灌带增加 8% 的损耗量。

表 12-20　滴灌系统所需材料及设备用量

序号	项目名称	规格	单位	数量	备注
一	首部枢纽				
1	潜水泵	150QJ32 - 60/8	台套	1	9.2 kW
2	变频柜	深井变频调速柜	台套	1	11 kW
3	离心式 + 网式过滤器	L80 - W80A	套	1	ϕ75(120 目)
4	施肥罐	SFG - 100L × 16	套	1	ϕ75
5	施肥阀	SFF - 80 × 16	套	1	ϕ75
6	泵管及附件		套	1	
7	水表	DN80	套	1	
8	压力表		套	4	
二	输配水管道				
（一）	PVC 管材				
1	PVC - U 管	ϕ90	m	105	0.6 MPa
2	PVC - U 管	ϕ63	m	396	0.6 MPa
3	PVC - U 管	ϕ50	m	722	0.4 MPa
4	PVC - U 管	ϕ40	m	21	0.4 MPa
5	变径	ϕ90 × 63	个	4	
6	变径	ϕ63 × 50	个	11	
7	变径	ϕ50 × 40	个	10	
（二）	PE 管材				
1	PE 管材	ϕ32	m	672	
2	滴灌带	内镶式滴灌带ϕ20	m	24 883	壁厚1.0 mm
三	管件				
1	逆止阀	3″	个	1	
2	截止阀	3″	个	1	
3	蝶阀	3″	个	1	
4	闸阀	3″	个	1	
5	球阀	ϕ32	个	34	
6	安全阀	1″	个	1	
7	快速释压阀	1″	个	1	
8	排气阀	1″	个	2	

续表 12-20

序号	项目名称	规格	单位	数量	备注
9	真空阀	3/4″	个	34	
10	泄水阀	1″	个	8	
11	法兰	$\phi 90$	套	8	
12	阳螺纹直通	$\phi 32 \times 1″$	个	34	
13	三通	$\phi 63 \times \phi 90 \times \phi 63$	个	1	
14	三通	$\phi 63$	个	3	
15	三通	$\phi 50$	个	5	
16	阳螺纹三通	$\phi 32 \times 1″ \times \phi 32$	个	34	
17	阳螺纹三通	$\phi 32 \times 3/4″ \times \phi 32$	个	34	
18	异径三通	$\phi 50 \times \phi 40 \times \phi 50$	个	26	
19	堵头	$\phi 32$	个	70	
20	堵头	$\phi 20$	个	422	
21	旁通	$\phi 20$	个	422	
22	弯头	$\phi 90$	个	4	
23	弯头	$\phi 63$	个	3	
24	弯头	$\phi 50$	个	10	
25	直通	$\phi 32$	个	6	
26	直通	$\phi 90$	个	6	
27	直通	$\phi 63$	个	4	
28	直通	$\phi 50$	个	2	

第五节　果树小管出流灌溉系统设计

一、基本资料

(一)位置

张家庄果园位于北京市北部山地,距密云县城约 25 km,地处东经 119°50′,北纬 40°30′。

(二)气象

全年平均气温 10 ~ 12 ℃,1 月气温 - 10 ~ - 6 ℃、7 月气温 24 ~ 35 ℃;全年无霜期 140 ~ 190 d,最大冻土层深度 0.8 m;多年平均降水量 600 mm,75% 降水量集中在 6 ~ 9 月,3 ~ 5 月干旱少雨;多年平均蒸发量 1 500 mm,3 ~ 6 月随着气温逐渐增高,蒸发量增大,是果树灌溉主要季节。设计区具备最近 20 年降雨和水面蒸发历年资料。

(三)作物

张家庄果园为山坡地梯田果园,面积 24.6 hm²(合 369 亩),种植苹果树,树龄 5 年,正处盛果期。苹果树株距 4 m,行距 5 m,基本沿等高线栽种。

(四)地形

该果园顶部宽为 400 m,坡脚宽 800 m,顶边与底边水平距离 410 m,地面坡度约 10%。设计区地形图为 1/500。

(五)土壤

该果园土壤为中等透水性的砂壤土,土层厚 80~100 cm,保水、保肥力较好。根据实地调查和测定,土壤干容重 1.4 g/cm³,孔隙率 45%,入渗率 30 mm/h。

(六)水源

该果园灌溉水源为山坡底下一眼井,井深 50 m。根据抽水试验,当出水量为 50 m³/h 时,动水位距地面 15 m;当出水量为 40 m³/h 时,动水位距地面 14 m;当出水量为 60 m³/h 时,动水位距地面 18 m。

(七)灌溉条件

该果园以往由山坡下水井抽水,通过一条水泥管送至顶部,然后进入水平土渠,进行漫灌。由于输水渗漏大,不仅灌水效率低,且造成水土流失,一年只能浇 1~2 遍水,苹果产量低而不稳。

二、设计标准与基本设计参数

(一)设计标准的确定

根据当地自然和经济条件,经过比较协商,决定该果园小管出流灌溉系统采用 75% 保证率作为设计标准。

(二)基本设计参数的确定

根据《微灌工程技术规范》(GB/T 50485—2009)的规定,考虑当地实际条件,确定本果园小管出流灌溉系统基本设计参数如下:设计果树耗水强度 $E_d = 3.5$ mm,设计土壤湿润比 $p = 30\%$,设计灌水均匀系数 $C_u = 0.95$,设计灌溉水利用系数 $\eta = 0.9$,设计土壤湿润层深度 $Z = 70$ cm;设计灌溉系统日工作时数 $C = 20$ h。

三、水量平衡计算

本果园采用小管出流灌溉,设计条件下水量平衡计算考虑以下条件:

(1)井出水量充沛且稳定,基本不受气候变化影响;

(2)本果园地处山坡,没有地下水补给上层土壤;

(3)水量平衡计算针对干旱期。

根据上述条件,本设计水量平衡计算采用以下公式:

$$Q_d = \frac{10 E_d A}{\eta C}$$

Q_d 为系统所需的供水流量(m³/h),将灌溉面积 $A = 24.6$ hm² 和相关设计参数值代入

上式,计算得到设计条件下需要水源井供应的流量,即系统设计流量:

$$Q_d = \frac{10 \times 3.5 \times 24.6}{0.9 \times 20} = 47.8 (\text{m}^3/\text{h})$$

计算表明,水源井出水流量满足要求。

四、稳流器的选择

经比较分析,选用流量 28 L/h(黄色)稳流器作为出流器接头。其技术性能参数如表 12-21 所示。

表 12-21　流量 28 L/h(黄色)稳流器技术性能参数

流量系数 k	流态指数 x	工作水头范围(m)	
		$h_{\min}$	$h_{\max}$
25.42	0.008	5	40

以工作水头变化范围中值作为稳流器设计水头 $h_d = 22.5$ m,计算设计稳流器流量为

$$q_d = kh^x = 25.42\, h_d^{0.008} = 26.1 (\text{L/h})$$

五、设计灌溉制度的拟定

(一)设计灌水定额

设计灌水定额 m_d 又称为最大一次灌水量,由下式计算确定:

$$m_d = 0.1\gamma zp(\theta_{\max} - \theta_{\min})$$

由基本资料,土壤容重 $\gamma = 1.4$ g/cm^3,计划土壤湿润层深度 $z = 0.7$ m,土壤湿润比 $p = 30\%$,取土壤适宜含水量上限 $\theta_{\max} = 25\%$,土壤适宜含水量下限 $\theta_{\min} = 15\%$。将各设计参数值代入上式计算,得到设计灌水定额:

$$m_d = 0.1 \times 1.4 \times 0.7 \times 30 \times (25 - 15) = 29.4 (\text{mm})$$

(二)设计灌水周期

设计灌水周期 T_d 又称为设计灌水延续时间,由下式计算确定

$$T_d = \frac{m_d}{E_d}$$

将各因素值代入公式计算,得到设计灌水周期:

$$T_d = \frac{29.4}{3.5} = 8.4 (\text{d})$$

取设计灌水周期 $T_d = 8$ d。

(三)设计一次灌水延续时间

用下面公式计算确定设计一次灌水延续时间 t_d:

$$t_d = \frac{m_d S_r S_t}{\eta n_s q_d}$$

将果树株距 $S_r = 4$ m,行距 $S_t = 5$ m;一株树安装两个出流器即 $n_s = 2$,以及其他因素

值代入上式计算：

$$t_d = \frac{29.4 \times 4 \times 5}{0.9 \times 2 \times 26.1} = 12.5(h)$$

六、系统布置形式的确定

根据本果园实际情况,从经济和管理方便两方面考虑,确定小管出流灌溉系统的布置形式。系统首部枢纽设于果园坡下水源井处,管网包括主干管、分干管、支管和毛管四级。主干管从坡下水源井起,向上布置,将果园分成相等的两半,两侧平行地形等高线布置分干管,由分干管起,垂直等高线顺坡布置支管,支管两侧分出毛管,即毛管顺果树行向水平布置,详见图12-13。

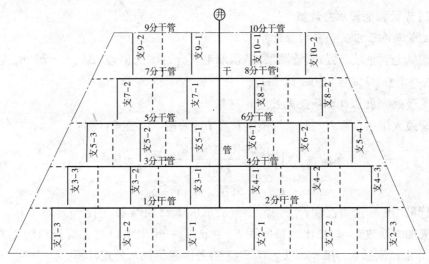

图12-13　系统布置图

七、灌水小区设计

(一)出流器结构及其设计水力参数的确定

1. 出流器结构

因为毛管沿果树行布置,树行的间距为5 m,入渗沟与树干的距离取2/3×2 m=1.3 m,为了安装方便,并减少安装时挖沟对果树根系的损害,毛管布置在树行中间。灌水器为压力补偿式出流器,进口端稳流器通过三通与毛管连接,两侧分出两个出流器,给两株树灌水。因此,出流器的小管长度应不小于2.5 m-1.3 m+0.1 m=1.3 m,考虑一定的弯曲长度,决定出流器小管的长度采用1.5 m。

2. 设计出流器水力参数

因为稳流器技术参数是在大气出流条件下测量的,而小管出流器的稳流器连接于有压小管,为保证出流器流量等于设计流量,设计出流器工作水头应等于稳流器水头损失与小管水头损失之和。

用下式计算小管水头损失：

$$h_f = 585 \times 10^{-6} q_d^{1.733} L$$

将小管长度 $L = 1.5$ m 和设计流量 q_d 代入公式计算,得到小管水头损失 $h_f = 0.25$ m。从而求得设计出流器水力参数如表 12-22 所示。

表 12-22　设计出流器水力参数

工作水头 h_d(m)	流量 q_d(L/h)	最小工作水头 h_{min}(m)	最大工作水头 h_{max}(m)	允许最大工作水头偏差 Δh_{max}(m)
22.5	26.1	5.25	40.25	35

(二)支管和毛管水力计算

1. 支管与毛管水头偏差的分配

考虑到毛管平坡布置,支管顺坡布置,取毛管允许水头偏差 $[\Delta h_{毛}] = 20$ m,则支管允许水头偏差 $[\Delta h_{支}] = 35 - 20 = 15$(m)。

2. 毛管最大出水口数和最大长度的计算

毛管最大出水口数 N_{max} 和毛管最大长度 L_{max} 采用以下公式计算:

$$N_{max} = \mathrm{INT}\left[\left(\frac{5.446[\Delta h_{毛}]d^{4.75}}{kSq_a^{1.75}}\right)^{0.364} + 0.52\right]$$

$$L_{max} = S(N_{max} - 1) + S_0$$

毛管采用低密度聚乙烯管,外径 12 mm,承压 0.25 MPa 级,内径 $d = 10.8$ mm;取局部水头损失加大系数 $k = 1.1$;出水口间距 $S = 4$ m;第一个出水口与毛管进口的距离 $S_0 = 2$ m;毛管分水口流量 $q_{cd} = 2 \times 26.1 = 52.20$。将各因素值代入公式计算:

$$N_{max} = \mathrm{INT}\left[\left(\frac{5.446 \times 10.8^{4.75} \times 22.5}{1.1 \times 4 \times 52.20^{1.75}}\right)^{0.364} + 0.52\right] = 17$$

最大毛管长度为

$$L_{max} = 17 \times 4 - 2 = 66(\mathrm{m})$$

3. 毛管实际长度和进口流量

上面 L_{max} 和 N_{max} 计算值只是达到灌水均匀度要求的控制数,在实际系统布置时还需根据地面形状、支管布置确定毛管实际长度和出水口数。本设计根据实际条件,经过技术经济比较,确定不同分干管控制面积内毛管长度和出水口数如表 12-23 所示。

设计毛管进口流量 $Q_{毛}$ 用下式计算:

$$Q_{毛} = 2Nq_d$$

式中　$Q_{毛}$——设计毛管进口流量,m^3/h;

　　　N——毛管出水口数。

将相关因素值代进公式计算,结果见表 12-23。

表 12-23　支管与毛管布置结果

分干管名称	支管名称	支管长度（m）	毛管长度（m）	支管出水口数	毛管出水口数	毛管进口流量（L/h）	支管出水口流量（L/h）	支管进口流量（m³/h）
1 分干管	支 1 - 1	77.5	62	16	16	835.2	1 670.4	26.73
	支 1 - 2							
	支 1 - 3							
2 分干管	支 2 - 1	77.5	62	16	16	835.2	1 670.4	26.73
	支 2 - 2							
	支 2 - 3							
3 分干管	支 3 - 1	77.5	54	16	14	730.8	1 461.6	23.39
	支 3 - 2							
	支 3 - 3							
4 分干管	支 4 - 1	77.5	54	16	14	730.8	1 461.6	23.39
	支 4 - 2							
	支 4 - 3							
5 分干管	支 5 - 1	77.5	50	16	13	678.6	1 357.2	21.72
	支 5 - 2							
	支 5 - 3							
6 分干管	支 6 - 1	77.5	50	16	13	678.6	1 357.2	21.72
	支 6 - 2							
	支 6 - 3							
7 分干管	支 7 - 1	77.5	62	16	16	835.2	1 670.4	26.73
	支 7 - 2							
8 分干管	支 8 - 1	77.5	62	16	16	835.2	1 670.4	26.73
	支 8 - 2							
9 分干管	支 9 - 1	77.5	54	16	14	730.8	1 461.6	23.39
	支 9 - 2							
10 分干管	支 10 - 1	77.5	54	16	14	730.8	1 461.6	23.39
	支 10 - 2							

4. 支管出水口数和流量

考虑地形和轮灌组划分，确定支管出水口数，并计算进口流量，结果如表 12-23 所示。

5. 最大毛管进口工作水头计算

因为毛管坡度为 0，最大工作水头孔口在进水口端第 1 个孔口处。用下式计算设计毛管进口工作水头：

$$h_0 = h_{max} + \frac{kfS_0Q_{毛}^{1.75}}{d^{4.75}}$$

取灌水小区最大出流器工作水头 $h_{min} = 40.25$ m，$k = 1.1$，$f = 0.505$，$S_0 = 2$ m，$d = 10.8$ mm；1 分干和 2 分干毛管进口流量最大，为 $Q_{毛} = 835.2$ L/h，得毛管进口工作水头 $h_0 = 42$

m;5 分干和 6 分干毛管流量最小,为 $Q_{毛} = 678.6$ L/h,代入上式计算,得毛管进口工作水头 $h_0 = 41.5$ m;3、4、9、10 分干毛管进口流量 730.8 L/h,得毛管进口工作水头 $h_0 = 41.7$ m。

6. 支管直径计算

由表 12-23 知,全系统支管长度均为 77.5 m,16 个分水孔,而 1、2、7、8 号分干管支管分水孔流量最大,为 1 670.4 L/h,5、6 号分干管支管分水孔流量最小,为 1 357.2 L/h。根据水力学原理,如果最大分水管流量有某一内径使支管分水孔最大工作水头差不大于允许最大工作水头差,则采用此内径的全系统支管孔口最大工作水头差均小于允许最大工作水头差,达到设计标准要求。因此,本系统支管设计以 1、2、7、8 分干管为代表。

由《灌溉用塑料管材和管件基本参数及技术条件》(GB/T 23241—2009),选择外径 50 mm、内径 $D = 42.6$ mm、承压等级 0.8 MPa 的 PE 塑料管,按下列步骤校核孔口最大水头偏差。

计算条件:支管长度 $L = 77.5$ m,分水孔数 $N = 16$,分水孔流量 $Q_{毛} = 1 670.4$ L/h,支管内径 $D = 42.6$ mm,管轴坡度 $J = 0.1$,局部损失加大系数 $k = 1.1$,流量指数 $f = 0.505$。

(1)确定支管最大工作水头孔口位置:

$$\frac{kfQ_{毛}^{1.75}(N - 0.52)^{2.75}}{2.75JD^{4.75}(N - 1)} = \frac{1.1 \times 0.505 \times 1 670.4^{1.75} \times (16 - 0.52)^{2.75}}{2.75 \times 0.1 \times 42.6^{4.75} \times (16 - 1)} = 2.002 > 1$$

支管最大工作水头孔口号 $P_{max} = 1$。

(2)确定支管最小工作水头孔口位置:

$$\frac{JD^{4.75}}{kfQ_{毛}^{1.75}} = \frac{0.1 \times 42.6^{4.75}}{1.1 \times 0.505 \times 1 670.4^{1.75}} = 22.65 > 1$$

$$P_{min} = N - \text{INT}\left[\left(\frac{JD^{4.75}}{kfQ_{毛}^{1.75}}\right)^{0.571}\right] = 16 - \text{INT}(22.65)^{0.571} = 11$$

(3)计算支管孔口最大工作水头偏差:

因为支管 $\frac{JD^{4.75}}{kfQ_{毛}^{1.75}} > 1$ 且 $P_{max} = 1$,则

$$\Delta h_{max} = \frac{kfSQ_{毛}^{1.75}\left[(N - 0.52)^{2.75} - (N - P_{min} + 0.48)^{2.75}\right]}{2.75D^{4.75}} - JS(P_{min} - 1)$$

$$= \frac{1.1 \times 0.505 \times 5 \times 1 670.4^{1.75} \times \left[(16 - 0.52)^{2.75} - (16 - 11 + 0.48)^{2.75}\right]}{2.75 \times 42.6^{4.75}} -$$

$$0.1 \times 5 \times (11 - 1)$$

$$= 10.1(m)$$

上面计算结果表明,支管孔口最大工作水头差小于允许最大水头偏差 $[\Delta h_{支}] = 35 - 20 = 15(m)$,满足要求。

7. 支管进口工作水头计算

灌水小区最大工作水头毛管孔口位于第 1 号毛管的第 1 号孔口,按下式计算支管进口工作水头:

$$H_{0支} = h_0 + \Delta H_支 = h_0 + \frac{kfS_{0支}N^m Q_毛^m}{D_支^b} - JS_{0支}$$

其中,毛管进口工作水头 $h_0 = 42.0$ m,支管分水孔数 $N = 16$,支管分水孔间距 $S_{0支} = 2.5$ m,支管分水流量 $Q_毛$ 因所在分干管而异,$D = 42.6$ mm,坡度 $J = 0.1$,局部损失加大系数 $k = 1.05$,流量指数 $m = 1.75$,管径指数 $b = 4.75$。

对于 1、2、7、8 号分干管 $Q_毛 = 1$ 670.4 L/h:

$$H_支 = 42 + \frac{1.05 \times 0.505 \times 2.5 \times 16^{1.75} \times 1\ 670.4^{1.75}}{42.6^{4.75}} - 0.1 \times 2.5$$

$$= 43.1(m)$$

同样,可计算其他分干管支管进口工作水头,结果如表 12-24 所示。

表 12-24 支管进口工作水头计算结果

分干管号	毛管进口水头(m)	支管分水孔流量(L/h)	支管进口工作水头(m)
1、2、7、8	42.0	1 670.4	43.1
3、4	41.7	1 461.6	42.5
5、6	41.5	1 357.2	42.2
9、10	41.7	1 461.6	42.5

(三)入渗沟尺寸的确定

入渗沟的尺寸主要包括沟底宽度 b_0、沟深 h、沟的长度 L_0(或环沟直径 D_0)。入渗沟的尺寸应与出流器的配置、出流器的流量、一次灌水延续时间、土壤水力特性等因素相配合,以满足达到灌水定额、土壤湿润比、沿沟入渗水量分布均匀的要求。由于相关因素繁多,研究上尚未建立一种实用的计算方法。根据实践经验,就本果园的条件和上面设定的技术参数,并考虑到目前用户一般使用铁锹挖沟,本设计确定入渗沟的规格见图 12-14。

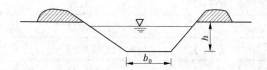

沟底宽度 $b_0 = 15$ cm;沟的深度 $h = 20$ cm;环沟直径 $D_0 = 2.7$ m

图 12-14 入渗沟尺寸

八、系统布置

(一)首部枢纽

如前述,首部枢纽设于果园坡下水源井处,包括 1 个 100 目 ϕ75 立式筛网式过滤器、1 套文丘里施肥器和控制闸阀、逆止阀、通气阀各 1 个。首部枢纽的具体布置见图 12-13。

(二)干管

本系统设两级干管,即主干管和分干管(见图 12-13)。主干管由首部枢纽开始,垂直地形等高线,沿灌区中心将灌区分成相等两部分,长度约为 415 m,坡度为 10%;分干管在主干管两侧垂直于主干管,大致平行于等高线布置,共布置 10 条分干管,长度为 320 ~ 225 m,坡度 0。

(三)控制安全设备

控制安全设备的布置:主干管进口控制阀门前设排水井,安装排水阀;分管和支管进口安装控制阀门;支管首端设压力调节阀,末端设排水井和安装排水阀;主干管上端安装通气阀。各个设备的规格与所在管道的尺寸相适配。

九、系统工作制度确定

系统采用轮灌工作制度。按照水量平衡原理,系统轮灌组的数目 N_d 为

$$N_d = \frac{CT_d}{t_d}$$

$$N_d = \frac{20 \times 8}{12} = 13$$

本设计具体划分轮灌组时考虑的原则是:任一轮灌组的流量不与水源设计可供水流量接近;不同轮灌组工作时水泵功率尽可能接近,保持水泵良好工况;系统操作管理比较方便。表 12-25 是轮灌组划分情况。

表 12-25　轮灌组划分

轮灌组号	支管名称	支管流量(m³/h)	轮灌组流量(m³/h)
1	支 1 – 1	26.73	50.12
	支 3 – 1	23.39	
2	支 1 – 2	26.73	50.12
	支 3 – 2	23.39	
3	支 1 – 3	26.73	50.12
	支 3 – 3	23.39	
4	支 2 – 1	26.73	50.12
	支 4 – 1	23.39	
5	支 2 – 2	26.73	50.12
	支 4 – 2	23.39	
6	支 2 – 3	26.73	50.12
	支 4 – 3	23.39	
7	支 5 – 1	21.72	48.45
	支 7 – 1	26.73	
8	支 5 – 2	21.72	48.45
	支 7 – 2	26.73	

续表 12-25

轮灌组号	支管名称	支管流量(m³/h)	轮灌组流量(m³/h)
9	支 6 – 1	21.72	48.45
	支 8 – 1	26.73	
10	支 6 – 2	21.72	48.45
	支 8 – 2	26.73	
11	支 5 – 3	21.72	45.11
	支 9 – 2	23.39	
12	支 6 – 3	21.72	45.11
	支 10 – 2	23.39	
13	支 9 – 1	23.39	46.78
	支 10 – 1	23.39	

根据上述原则和实际情况,将全系统划分成 13 个轮灌组,部分轮灌组流量大于水量平衡计算确定的系统设计流量 $Q_d = 47.8$ m³/h,但最大轮灌组流量为 48.48 m³/h,只超过 1.4%,且水源井有能力提供,故认为轮灌组划分方案可行。

十、水力计算

(一)计算公式

分干管、主干管水头损失和进口工作水头用下式计算:

$$\Delta H = 8.4 \times 10^4 k \frac{Q^{1.75}}{D^{4.75}} L$$

$$H = \sum \Delta H + H_x + \Delta Z$$

式中　$\sum \Delta H$——管道(管段)水头损失之和,m;

Q——通过的流量,m³/h;

k——局部水头损失加大系数,取 $k = 1.05$;

D——管道(管段)内径,mm;

L——计算管道(管段)长度,m;

H——管道进口工作水头,m;

H_x——计算管段最不利下级管道进口工作水头,m;

ΔZ——计算管段进口与最不利下级管道进口高差,m。

(二)分干管水头损失和进口工作水头计算

1. 分干管水头损失和进口工作水头

分干管采用 PVC 塑料管,选用公称直径 75 mm,承压 0.63 MPa,内径为 70 mm。分干管进口与支管进口高差为 0。将设计条件下分干管的相关因素值代入上式计算,结果如表 12-26 所示。

2. 主干管水头损失和进口工作水头计算

主干管采用 PVC 塑料管,取公称外径 110 mm,承压 1.0 MPa,内径 101.6 mm。将设计条件下主干管的相关因素值代入上式,计算结果如表 12-27。

表 12-26 设计分干管水头损失和进口工作水头计算结果

轮灌组号	分干管名称	计算管段	支管进口水头（m）	计算管段长度（m）	管道内径（mm）	流量（m³/h）	损失水头（m）	进口工作水头（m）
1	1分干管	支1–1—进口	43.1	64	70	26.73	2.86	45.96
	3分干管	支3–1—进口	42.5	56	70	26.73	2.50	45.0
2	1分干管	支1–2—进口	43.1	192	70	26.73	8.58	51.68
	3分干管	支3–2—进口	42.5	168	70	26.73	7.51	50.01
3	1分干管	支1–3—进口	43.1	320	70	26.73	14.30	57.40
	3分干管	支3–3—进口	42.5	280	70	26.73	12.52	55.02
4	2分干管	支2–1—进口	43.1	64	70	26.73	2.86	45.96
	4分干管	支4–1—进口	42.5	56	70	23.39	1.97	44.47
5	2分干管	支2–2—进口	43.1	192	70	26.73	8.58	51.68
	4分干管	支4–2—进口	42.5	168	70	23.39	5.90	48.40
6	2分干管	支2–3—进口	43.1	320	70	26.73	14.30	57.40
	4分干管	支4–3—进口	42.5	280	70	23.39	9.83	52.33
7	5分干管	支5–1—进口	42.2	52	70	21.72	1.60	43.80
	7分干管	支7–1—进口	43.1	64	70	26.73	2.86	45.96
8	5分干管	支5–2—进口	42.2	156	70	21.72	4.79	46.99
	7分干管	支7–2—进口	43.1	192	70	26.73	8.58	51.68
9	6分干管	支6–1—进口	42.2	52	70	21.72	1.60	43.80
	8分干管	支8–1—进口	43.1	64	70	26.73	2.86	45.66
10	6分干管	支6–2—进口	42.2	156	70	21.72	4.79	46.99
	8分干管	支8–2—进口	43.1	192	70	26.73	8.58	51.68
11	5分干管	支5–3—进口	42.2	260	70	21.72	7.98	50.18
	9分干管	支9–2—进口	42.5	168	70	23.39	5.90	48.40
12	6分干管	支6–3—进口	42.2	260	70	21.72	7.98	50.18
	10分干管	支10–2—进口	42.5	168	70	23.39	5.90	48.40
13	9分干管	支9–1—进口	42.5	56	70	23.39	1.97	44.47
	10分干管	支10–1—进口	42.5	56	70	23.39	1.97	44.47

十一、水泵扬程的计算

设计水泵扬程用下式计算:

$$H_0 = H_{s0} + H_a + \sum \Delta H$$

式中 H_0——设计水泵扬程,m;

H_{s0}——主干管进口工作水头,m;

H_a——相应于轮灌组抽水流量井动水位与地面高差,m;

$\sum \Delta H$——水泵吸水管和首部枢纽局部水头损失,按 8.0 m 估算。

表 12-27　设计主干管水头损失和进口工作水头计算结果

轮灌组号	工作分干管	计算主干管长度(m)	内径(mm)	流量(m³/h)	水头损失(m)	ΔZ(m)	分干管水头(m)	干管进口工作水头(m)
1	1 分干管	95	101.6	50.12	2.27	16.00	22.07	40.79
	3 分干管	80	101.6	26.73	0.61		21.53	
2	1 分干管	95	101.6	50.12	2.27	16.00	27.79	46.06
	3 分干管	80	101.6	26.73	0.61		26.54	
3	1 分干管	95	101.6	50.12	2.27	16.00	33.51	51.78
	3 分干管	80	101.6	26.73	0.61		31.56	
4	2 分干管	95	101.6	50.12	2.27	16.00	22.07	40.34
	4 分干管	80	101.6	26.73	0.61		21.00	
5	2 分干管	95	101.6	50.12	2.27	16.00	27.79	40.06
	4 分干管	80	101.6	26.73	0.61		24.94	
6	2 分干管	95	101.6	50.12	2.27	16.00	33.51	53.78
	4 分干管	80	101.6	26.73	0.61		28.86	
7	5 分干管	255	101.6	48.45	5.73	32.00	20.54	58.27
	7 分干管	80	101.6	26.73	0.61		22.07	
8	5 分干管	255	101.6	48.45	5.73	32.00	23.73	61.46
	7 分干管	80	101.6	26.73	0.61		27.79	
9	6 分干管	255	101.6	48.45	5.73	32.00	20.54	58.27
	8 分干管	80	101.6	26.73	0.61		22.07	
10	6 分干管	255	101.6	48.45	5.73	32.00	23.73	61.46
	8 分干管	80	101.6	26.73	0.61		23.79	
11	5 分干管	255	101.6	45.11	5.03	40.00	26.92	71.95
	9 分干管	160	101.6	23.39	0.96		24.94	
12	6 分干管	255	101.6	48.11	5.03	40.00	26.92	71.95
	10 分干管	160	101.6	23.39	0.96		24.94	
13	9 分干管	415	101.6	46.78	8.75	40.00	21.01	69.76
	10 分干管							

由表 12-27 主干管进口工作水头计算可知,第 11 轮灌组工作时,水泵的功率最大,此时主干管进口工作水头为 71.95 m,流量 45.11 m³/h,水源井动水位 14.5 m,水泵吸水管和首部枢纽局部水头损失取 8 m。将各相关因素代入上式计算设计水泵扬程。

$$H_0 = 71.95 + 14.5 + 8.0 = 94.45(m)$$

十二、水泵选型

根据设计条件下系统流量和扬程的要求,选用 200QJ50/7 型井用水泵,额定功率 22 kW。

十三、设备材料与投资概算

(略)

第六节　微灌工程沉沙池设计实例

　　微灌用沉沙池与传统沉沙池相比,不仅能提高泥沙在池内的沉淀效率,而且从经济角度出发,微灌用沉沙池也占有优势。微灌用沉沙池虽然增设了整流墙和溢流槽,但是微灌用沉沙池与传统沉沙池相比较,可以减小工程规模 25% 左右,建设费用大大降低。而且,微灌用沉沙池对泥沙有更好的沉降效果,能有效地降低后续配套过滤设施的消耗,从整体上降低整套过滤设施的造价。

　　根据相关研究结论,由设计院完成了多种类型微灌沉沙池的设计,设计成果已经在新疆维吾尔自治区生产建设兵团节水灌溉中广泛应用。本书选择已在新疆维吾尔自治区生产建设兵团直属二二二团施工完成应用的梯形断面微灌沉沙池为例进行介绍。设计主要参照《水利水电工程沉沙池设计规范》(SL 269—2001),结合已有沉沙池经验,采用准静止泥沙沉降法进行设计。

一、设计流量及最小沉降粒径

　　初步确定采用人工定期清淤单室沉沙池,结构形式为梯形断面;沉沙池设计流量为 $0.278\ \mathrm{m^3/s}$,设计最小沉降沙粒粒径 0.05 mm。

二、主要尺寸确定

　　沉沙池主要尺寸包括宽度和深度等。设工作段进口水深为 H,工作段进口泥沙淤积厚度为 ΔH_s,则工作段进口工作深度 $H_e = H - \Delta H_s$。其中 ΔH_s 可通过淤积计算求得,初拟方案时,水利工程定期冲洗式沉沙池可按 $(0.5 \sim 0.7)H$ 初选;水电站定期冲洗式沉沙池可按 $(0.25 \sim 0.3)H$ 初选。

　　初拟沉沙池进口比渠底低 1.0 m,渠道正常水深 0.5 m,则工作段进口水深为 $H = 1.5$ m。沉沙池进口工作深度为: $H_e = H - \Delta H_a = 0.5H = 0.75$ m,取沉沙池超高 0.5 m,则沉沙池深度为 2.0 m。

　　池段内的平均流速拟订方案时,可在下列范围内选择:

　　(1)当沉降最小粒径为 0.05 ~ 0.1 mm 时,其值可选 0.05 ~ 0.15 m/s。

　　(2)当沉降最小粒径为 0.25 mm 时,其值可选 0.25 ~ 0.55 m/s。

　　(3)当沉降最小粒径为 0.35 mm 时,其值可选 0.4 ~ 0.8 m/s。

　　根据多年实地实测资料,沉沙池入池泥沙的中值粒径为 0.087 mm,可见入池泥沙是比较细的,由于最小粒径为 0.05 ~ 0.1 mm 时,平均流速可选 0.05 ~ 0.15 m/s,则工作宽度为: $B = Q/(H_w V) = 0.278/[0.75 \times (0.05 \sim 0.15)] = 2.5 \sim 7.4$ m,实际取底宽 $B = 8$ m,坡度为 1:1.5 的梯形断面,如图 12-15 所示。

三、沉沙池长度确定

　　设计时,参照《水利水电工程沉沙池设计规范》(SL 269—2001)和已有沉沙池实际工

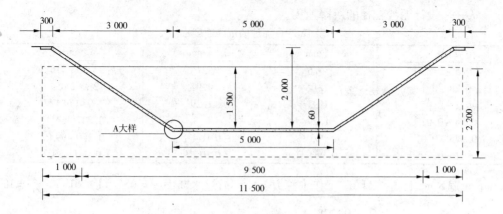

图 12-15 微灌沉沙池断面图 （单位:mm）

程经验,以粒径为 0.05 mm 的泥沙沉降率达到 80% ~85% 为控制。

(一)沉速计算

根据多年实地实测资料,得到沉沙池入池泥沙的中值粒径为 0.087 mm,可见入池泥沙是比较细的。故将泥沙按机械组成分为 7 组,每组泥沙的直径范围如表 12-28 所示。

表 12-28 悬移质泥沙颗粒级配

粒径(mm)	0.005	0.01	0.025	0.05	0.1	0.25	0.5
小于某粒径的沙重百分率(%)	10	25	50	60	90	95	100
分组沙重百分率(%)	10	15	25	10	30	5	5

每一组泥沙的平均沉降速度,按下式计算:

$$\omega_{cp} = \frac{\omega_1 + \omega_2 + \sqrt{\omega_1 \omega_2}}{3}$$

式中 ω_{cp}——每组泥沙的平均沉降速度,mm/s;

ω_1、ω_2——该组泥沙中最粗及最细泥沙的沉降速度,mm/s。

按下式计算泥沙加权平均沉降速度:

$$\omega'_{cp} = \frac{\sum \omega_i P_i}{100}$$

式中 ω'_{cp}——泥沙加权平均沉降速度;

ω_i——各组泥沙平均沉降速度(见表 12-29);

P_i——各组泥沙含量百分率。

计算得 $\omega'_{cp} = 6.75$ mm/s。

(二)沉沙池长度

沉沙池长度按下式计算:

$$L = K H_{cp} \frac{v_{cp}}{\omega}$$

式中 K——大于 1 的系数,一般取 1.2 ~2.0;

H_{cp}——沉沙池工作水深;

v_{cp}——沉沙时平均流速;

ω——设计泥沙粒径的沉降速度。

表 12-29　泥沙的沉降速度

$d(\mathrm{mm})$	$\omega_{max}(\mathrm{mm/s})$	$\omega_{min}(\mathrm{mm/s})$	$\omega_i(\mathrm{mm/s})$
0.5 ~ 0.25	50.6	21	34.732 515 3
0.25 ~ 0.1	21	4.97	12.062 054 6
0.1 ~ 0.05	4.97	1.29	2.930 684 83
0.05 ~ 0.025	1.29	0.3	0.737 364 41
0.025 ~ 0.01	0.3	0.054 1	0.160 499 01
0.01 ~ 0.005	0.054 1	0.012 9	0.031 139 2

下底宽 5 m,上底宽 11 m,工作水深 $H = 1.5$ m;过水断面 $A = (5 + 11) \times 1.5 \times \frac{1}{2} = 12$ （m^2）。平均流速 $v_{\mathrm{cp}} = \dfrac{Q}{A} = \dfrac{0.278}{12} = 0.023$（m/s）。则 $L = (1.2 ~ 2.0) \times 1.5 \times 0.023$ /0.006 75 ≈ (6.13 ~ 10.22) m。

在沉沙池首端设一调流墙,用以调节水流,使其流速分布更均匀化。具体布置如图 12-16 所示。

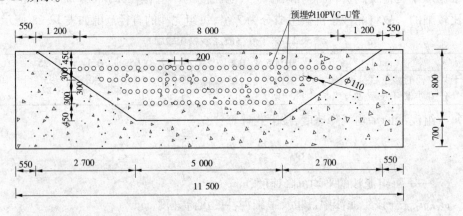

图 12-16　微灌沉沙池调流墙　（单位:mm）

四、溢流取水装置

对于水利工程定期冲洗式沉沙池,高含沙水流中的泥沙经工作段沉降后,除去部分粗粒径泥沙并减少了含沙量,如以增加沉沙池工作段的长度来满足泥沙出池标准,会大量增加工程投资,而效果并不一定好。工作实践中,为缩短沉沙池的长度,减少工作投资,往往在工作段的末端设置溢流堰(包括下堰和侧堰),以引取工作段末端的表层水。

根据已建工程经验,溢流堰区长度一般占工作段长度的 15% ~ 20%,则溢流区长度为 $L = 4.75 ~ 7$ m,在工作段的末端设置下堰和侧堰。溢流堰顶水深不宜大于 0.1 m。过堰出池水流经纵向集水槽和横向集水槽流入输水道。梯形断面微灌沉沙池设计图如图 12-17 和图 12-18 所示。

五、沉沙池工程量及投资概算

单座处理能力 1 000 m^3/h 梯形断面沉沙池工程量统计表见表 12-30。

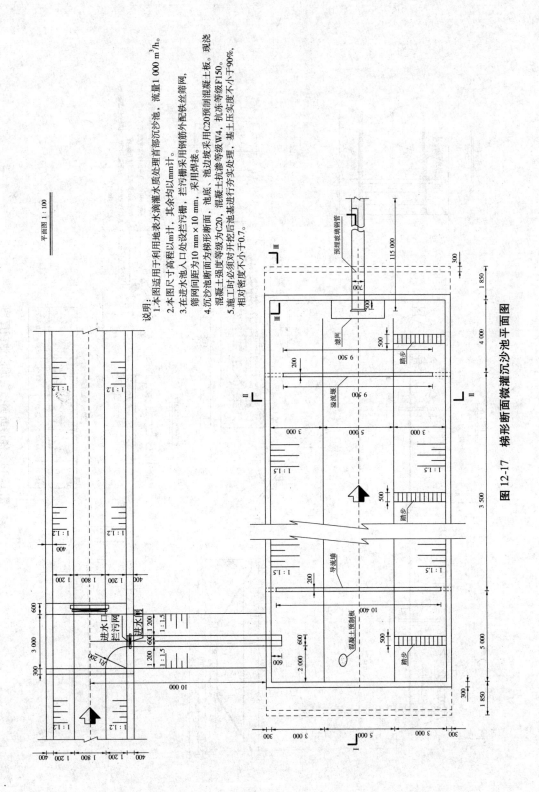

图 12-17 梯形断面微灌沉沙池平面图

说明：
1.本图适用于利用地表水滴灌水质处理首部沉沙池，流量1 000 m³/h。
2.本图尺寸高程以m计，其余均以mm计。
3.在进水池入口处设拦污栅，拦污栅采用钢筋外配铁丝筛网，筛网间距为10 mm×10 mm，采用焊接。
4.沉沙池断面为梯形断面，池底、池边坡采用C20预制混凝土板。现浇混凝土强度等级为C20，混凝土抗渗等级W4，抗冻等级F150。
5.施工时必须对开挖后池基进行夯实处理，基土压实度不小于90%，相对密度不小于0.7。

平面图 1 : 100

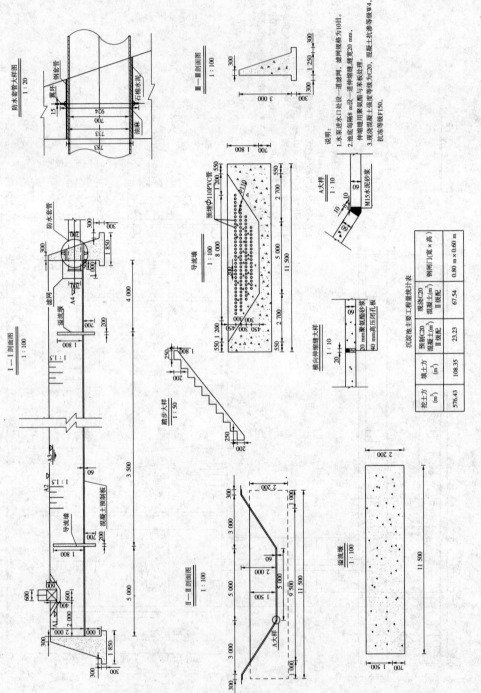

图 12-18　梯形断面微灌沉沙池剖面图

说明：
1. 水泵进水口处设置一道滤网，滤网规格为10目。
2. 池底每隔8 m设置一道伸缩缝，缝宽20 mm，伸缩缝用聚氯酯沥青与末板处理。
3. 现浇混凝土强度等级为C20，混凝土抗渗等级W4，抗冻等级F150。

沉淀池主要工程量统计表

挖方 (m³)	填土方 (m³)	预制C20 混凝土(m³) 钢筋配		现浇C20 混凝土(m³) 钢筋配		斜闸门(宽×高)
		Ⅱ级配		Ⅱ级配		
576.43	108.35	23.23		67.54		0.80 m×0.60 m

表 12-30 单座处理能力 1 000 m³/h 梯形断面沉沙池工程量统计

序号	名称	规格	单位	数量
	沉沙池工程		座	1.00
1	土方开挖		m³	576.43
2	土方回填		m³	108.35
3	现浇混凝土		m³	67.54
4	预制混凝土		m³	23.23
5	钢筋	Ⅰ级	t	0.14
6	钢围栏	钢管	m	120.00

（一）编制原则及依据

（1）新水建管［2005］108 号文《关于颁发〈新疆维吾尔自治区水利水电工程设计概（估）预算编制规定〉及〈新疆维吾尔自治区水利水电工程补充预算定额〉的通知》

（2）新水建管［2005］108 号文《新疆维吾尔自治区水利水电建筑工程补充预算定额》。

（3）水利部水总［2002］第 116 号文。

（4）阿勒泰地区建设局阿地建发《关于发布阿勒泰地区各县（市）及北屯镇 2011 年第一季度建筑安装、市政工程价格信息的通知》。

（5）工程项目的设计文件、图纸及有关合同和协议等。

（二）材料预算价格

主要材料价格按 2011 年第三季度市场调查价格及有关规定计算材料预算单价。

次要材料按 2010 年建筑工程结算价格，并根据有关规定计算材料预算单价。

经初计算，该实例沉沙池估算见表 12-31。

表 12-31 单座处理能力 1 000 m³/h 梯形断面沉沙池估算

序号	工程或费用名称	单位	数量	单价（元）	合价（万元）
一	沉沙池工程	座	1		6.25
（一）	土方开挖				0.23
1	1 m³ 挖土机挖土，Ⅲ类土	m³	345.86	2.85	0.10
2	人工修坡	m³	230.57	5.53	0.13
（二）	土方回填				0.08
1	拖拉机压实（推土方）	m³	65.01	3.18	0.02
2	建筑物回填土方	m³	43.34	13.49	0.06
（三）	土建工程				5.94
1	现浇混凝土	m³	67.54	481.23	3.25

续表 12-31

序号	工程或费用名称	单位	数量	单价(元)	合价(万元)
2	混凝土板预制及砌筑	m³	23.23	647.35	1.50
3	钢筋制安	t	0.14	9 388.82	0.13
4	模板安拆	m²	133.50	55.15	0.74
5	钢管围栏	m	120.00	25.00	0.30
6	细部结构	m³	23.23	7.88	0.018

附　录

附录一　微灌灌水器性能参数表

附表1　在平坦地形条件下压力补偿式滴灌管最大铺设长度参考值

流量 （L/h）	滴头 间距 （m）	滴灌管外径 D = 12 mm						滴灌管外径 D = 16 mm					
		滴灌管进口压力（m）						滴灌管进口压力（m）					
		10	14	18	22	26	30	10	14	18	22	26	30
2.3	0.50	34	49	59	66	71	76	86	127	152	170	185	196
	0.75	47	70	83	94	101	108	117	173	208	234	254	270
	1.0	61	89	106	120	129	137	145	215	258	291	316	336
	1.25	72	106	127	143	155	165	172	253	303	342	372	395
3.75	0.50	25	36	43	47	50	53	63	92	110	122	131	139
	0.75	34	50	61	66	72	76	85	126	151	168	181	192
	1.0	44	64	77	85	92	97	106	157	189	209	225	239
	1.25	52	77	92	102	110	117	125	184	221	216	265	281

附表2　防倒吸压力补偿式滴头水平地面铺设长度参考值

流量 （L/h）	压力 （kPa）	滴灌管外径（mm）									
		16				18			20		
		滴头间距（m）									
		0.30	0.50	1.00	1.50	0.50	1.00	1.50	0.50	1.00	1.50
3.8	100	49	71	115	152	92	148	194	114	182	237
	150	66	96	155	204	124	199	261	153	244	320
	200	77	113	182	240	146	234	306	180	287	375
	250	88	126	204	267	163	261	342	201	321	420
	300	94	137	222	291	177	285	372	219	350	458

附表3　滴灌带推荐平地铺设最大长度参考值

流量偏差	滴头间距(m)							
	0.30	0.40	0.50	0.60	0.75	1.00	1.25	1.5
±5%	71	87	101	114	132	160	185	208
±7.5%	80	97	113	127	148	179	207	232
±10%	89	108	126	142	165	200	231	258

附表4　滴灌带产品规格与技术参数参考值

管径(mm)	16	16	16	12
壁厚(mm)	0.6	0.4	0.2	0.4
滴头间距(mm)	300	400		500
单卷长度(m)	500	1 000	2 000	2 000
单卷直径(cm)	57	57	57	57
单卷宽度(cm)	32	32	30	32
单卷质量(kg)	18	24	24	34
最大工作压力(kPa)	250	200	100	250

附表5　迷宫式滴灌带规格与性能参数参考值

规格	内径 (mm)	壁厚 (mm)	滴孔间距 (mm)	公称流量 (L/h)	工作压力 (kPa)	流量压力关系 $Q(\text{L/h}), H(\text{m})$	每卷滴灌带参考长度 (m)
200 – 2.5	16	0.18	200	2.5	50 ~ 100	$Q = 0.658H^{0.58}$	2 000
300 – 1.8				1.8	50 ~ 100	$Q = 0.452H^{0.60}$	
300 – 2.1				2.1	50 ~ 100	$Q = 0.528H^{0.60}$	
300 – 2.4	16	0.18	300	2.4	50 ~ 100	$Q = 0.603H^{0.60}$	2 000
300 – 2.6				2.6	50 ~ 100	$Q = 0.653H^{0.60}$	
300 – 2.8				2.8	50 ~ 100	$Q = 0.703H^{0.60}$	
300 – 3.2				3.2	50 ~ 100	$Q = 0.804H^{0.60}$	
400 – 1.8	16	0.18	400	1.8	50 ~ 100	$Q = 0.432H^{0.62}$	2 000
400 – 2.5				2.5	50 ~ 100	$Q = 0.600H^{0.62}$	

附表6 迷宫式滴灌带最大铺设长度和进口流量参考值

规格	铺设长度(m)	平均滴头流量(L/h)	滴灌带进口流量(L/h)
200-2.5	87	2.0	870
300-1.8	124	1.4	578
300-2.1	116	1.6	618
300-2.4	107	1.9	676
300-2.6	102	2.1	714
300-2.8	96	2.3	736
300-3.2	85	2.7	764
400-1.8	154	1.4	539
400-2.5	130	2.0	650

注:此表为进口压力10 m、0坡度、灌水均匀系数90%时的滴灌带工作参数。

附表7 不同类型的滴灌带性能参数参考值

种类	型号	壁厚(mm)	最大工作压力(kPa)	内径(mm)	额定流量(10 m压力)(L/h)
内镶式滴灌管(带)	60	0.15	65	16.1	0.72, 1.05, 1.60
	80	0.2	85	16.0	0.72, 1.05, 1.60
	100	0.25	100	16.0	0.72, 1.05, 1.60
	125	0.31	140	15.9	0.72, 1.05, 1.60
	台风20	0.5	140	15.6	1.20, 1.75, 2.75
	台风25	0.63	200	15.4	1.20, 1.75, 2.75
	超级台风100	0.25	100	16.0	0.80, 1.10, 1.60, 2.50
	超级台风125	0.31	140	15.9	0.80, 1.10, 1.65, 2.60
	超级台风150	0.38	180	15.7	0.80, 1.05, 1.75, 2.60
	2012	1.00	300	10.3	1.20, 1.90, 2.90
	2000	0.90	300	15.2	1.30, 2.00, 3.00
	2025	0.90	300	20.8	1.20, 1.80, 2.90
压力补偿式内镶滴灌管	16	1.2	400	13.7	1.2, 1.6, 2.3, 3.5
	16D	1.0	350	14.1	1.2, 1.6, 2.3, 3.5
	16Q	0.9	350	14.2	1.2, 1.6, 2.3, 3.5
	17	1.2	400	14.6	1.2, 1.6, 2.3, 3.5
	17D	1.0	350	14.5	1.2, 1.6, 2.3, 3.5
	17L	0.6	300	15.5	1.2, 1.6, 2.3, 3.5
	17SL	0.42	200	15.7	1.2, 1.6, 2.3, 3.5

附表8　不同压力、间距、坡度下的铺设长度参考值　　　　（单位:m）

坡度(%)	滴头流量2 L/h								滴头流量4 L/h							
	滴头间距(cm)				滴头间距(cm)				滴头间距(cm)				滴头间距(cm)			
	30	50	75	100	30	50	75	100	30	50	75	100	30	50	75	100
	工作压力(100 kPa)				工作压力(140 kPa)				工作压力(100 kPa)				工作压力(140 kPa)			
−3	84	140	209	275	81	134	197	—	41	66	96	124	40	63	90	116
−2	80	131	191	249	77	126	182	236	40	63	89	115	38	60	86	109
−1	74	119	170	219	74	117	167	213	38	59	83	105	37	58	80	101
0	68	105	145	180	69	106	146	182	36	54	74	92	35	54	74	92
+1	59	85	108	125	62	90	118	140	32	47	62	74	33	49	65	78
+2	52	69	80	87	56	78	96	108	30	42	52	60	31	45	58	67
+3	45	56	62	64	51	67	78	83	28	37	44	48	30	41	51	58
−3	79	129	189	246	77	128	186	242	38	61	87	111	38	60	86	109
−2	76	123	177	229	76	122	176	226	37	59	83	106	37	56	82	104
−1	73	116	164	209	73	115	163	208	37	57	79	99	37	57	79	99
0	69	107	147	184	69	107	148	185	35	54	74	92	35	54	74	91
+1	63	94	124	149	64	95	127	152	33	49	66	80	33	50	67	81
+2	59	84	106	122	60	86	110	127	32	46	61	72	32	47	62	74
+3	55	75	90	99	56	78	95	105	33	49	66	80	31	44	57	66

附表9　不同压力情况下微喷头喷洒直径参考值　　　　（单位:m）

喷嘴颜色	压力(kPa)	流量(L/h)	折射式		旋转式		
			平面	180°	小旋轮	大旋轮	单侧轮
蓝	100	30	2.8	2			4.5
	150	37	3	2.5	4.5		5.5
	200	43	3.4	2.5	5		6
	250	48	3.4	3	5.5		6
	300	53	3.6	3	6		5.5
红	100	50	3	2			6.5
	150	61	3	2.5	5.5		7
	200	70	3.4	2.7	5.5		7.5
	250	78	3.4	3	5.5 / 6		8
	300	86	3.6	3			6.5
黄	100	85	3.5	2.5	6		7.5
	150	104	3.5	2.5		8.5	8
	200	120	4	2.7	6.5	9	8.5
	250	134	4.4	3	6.5 / 7	9.5	9
	300	147	4.5	3		10	

附表 10　WP 系列单双向折射式雾化喷头性能参数参考值

品名	额定工作压力（kPa）	流量（L/h）	喷洒直径（m）	喷洒强度（mm/h）	制造偏差系数
WP－1		36	3.0	7.6	0.06
		40	2.8	8.7	
WP－2	100	50	2.9	10.8	0.05
		60	2.8	14.3	
WP－3		103	3.2	16.6	0.05
		130	3.3	15.5	

附表 11　"RONDO"折射式微喷头水力性能参数参考值

喷嘴直径（mm）	工作压力（kPa）	名义流量（L/h）	水滴直径（mm）	喷洒直径（m）	流量压力关系 $Q(L/h)$，$H(m)$
0.8	300	47	0.165	2～2.4	$Q = 11.16H^{0.4132}$
1.0	300	61	0.130	2～2.4	$Q = 12.786H^{0.4587}$
1.2	300	91	0.145	2.5～2.8	$Q = 15.755H^{0.5157}$

附表 12　"RONDO XL"旋转式微喷头水力性能参数参考值

喷嘴直径（mm）	工作压力（kPa）	流量（L/h）	喷洒半径（m）（高度为 25 cm）	流量压力关系 $Q(L/h)$，$H(m)$
1.6	200	135	7.0	$Q = 30.86H^{0.4918}$
1.8	200	170	7.0	$Q = 41.2H^{0.477}$
2.0	200	210	7.0	$Q = 50.169H^{0.4807}$
2.2	200	260	7.0	$Q = 63.523H^{0.4712}$
2.4	200	305	6.75	$Q = 73.372H^{0.4768}$
2.6	200	367	6.75	$Q = 82.559H^{0.4977}$

附表 13 "RONDO XL"旋转式微喷头技术参数参考值

喷嘴颜色及尺寸(mm)	压力(kPa)	流量(L/h)	喷洒半径(m)		喷洒强度(mm/h)										
			黑色旋转头		直角间距(m×m)										
			*	**	6×6	6×7	6×8	6×9	7×7	7×8	7×9	8×8	8×9	9×9
白色 1.6	200	135	6.8	7.3	3.5	3.0	2.6	2.3	2.6	2.3	2.1	2.0	1.8	1.6
	250	150	7.0	7.5	5.5	4.8	4.1	3.6	4.0	3.5	3.2	3.1	2.7	2.4
	300	165	7.0	7.5	4.3	3.7	3.2	2.9	3.2	2.8	2.5	2.4	2.2	1.9
紫色 1.8	200	170	6.8	7.5	4.5	3.9	3.4	3.0	3.3	2.9	2.6	2.5	2.2	2.0
	250	191	7.0	7.5	5.0	4.3	3.8	3.3	3.7	3.2	2.9	2.8	2.5	2.2
	300	209	7.0	7.5	5.5	4.7	4.1	3.7	4.0	3.5	3.2	3.1	2.7	2.4
黄色 2.0	200	210	6.8	7.5	5.6	4.8	4.2	3.8	4.1	3.6	3.2	3.1	2.8	2.5
	250	235	7.0	7.5	6.2	5.3	4.6	4.1	4.5	4.0	3.6	3.5	3.1	2.7
	300	258	7.0	7.5	5.8	5.1	4.6	5.0	4.4	3.9	3.8	3.4	3.0	
棕色 2.2	200	260	6.8	7.5	6.9	5.9	5.2	4.6	5.0	4.4	3.9	3.8	3.4	3.0
	250	290	7.0	7.5	7.7	6.6	5.8	5.1	5.6	4.9	4.4	4.3	3.8	3.4
	300	315	7.0	7.5	8.8	7.2	6.2	5.6	6.1	5.3	4.8	4.7	4.2	3.7
橙色 2.4	200	305	6.8	7.5	8.1	6.9	6.1	5.4	5.9	5.2	4.6	4.5	4.0	3.6
	250	341	7.0	7.5	9.0	7.7	6.8	6.0	6.6	5.8	5.2	5.1	4.5	4.0
	300	373	7.0	7.5	9.9	8.5	7.4	6.6	7.2	6.3	5.6	5.5	4.9	4.4
灰色 2.6	200	370	6.8	7.0	9.7	8.3	7.3	6.5	7.0	6.2	5.5	5.4	4.8	4.3
	250	419	7.0	7.3	10.8	9.3	8.4	7.2	7.9	6.9	6.2	6.1	5.4	4.8
	300	449	7.0	7.3	11.9	10.1	8.9	7.9	8.6	7.6	6.8	6.7	5.9	5.3

附表 14 "TORNADO"离心式线状微喷头水力性能参数参考值

喷嘴直径(mm)	流量压力关系 $Q(L/h)$, $H(m)$	不同压力下的喷洒半径(m)(高度为 25 cm)		
		150 kPa	200 kPa	250 kPa
0.9	$Q = 8.6H^{0.458}$	1.4	1.6	1.8
1.3	$Q = 11.027H^{0.456}$	1.5	1.7	1.9
1.7	$Q = 20.304H^{0.442}$	1.6	2.0	2.2
2.0	$Q = 21.199H^{0.517}$	2.0	2.3	2.4
2.0	$Q = 26.017H^{0.495}$	2.2	2.5	2.6

附表 15　微喷带性能参数参考值

名　称	工作压力 （kPa）	每 1 m 流量 （L/(h·m))	使用长度 （m）	喷洒宽度 （m）	喷洒高度 （m）	产地
增强微喷带 （φ33）3~5 孔	60~200	30~70	100	4~7	1.5~3.0	国产
增强微喷带 （φ40）3~5 孔	60~200	40~80	100	4~8	1.5~3.0	国产
微喷带 （φ34）6 孔	50~200	55~110	100	4~8	1.5~2.5	日本
微喷带 （φ40）6 孔	30~200	12~100	100	4~8	1.5~2.5	韩国

附录二　管材、管件性能参数参考值

附表 16　PVC－U 管材规格与参数参考值

公称外径 及公差（mm）		公称压力 PN（MPa）									
		0.6		0.8		1.0		1.25		1.6	
		壁厚 （mm）	公差	壁厚 （mm）	公差	壁厚 （mm）	公差	壁厚 （mm）	公差	壁厚 （mm）	公差
20	+0.3 -0.0									2.0	+0.4 -0.0
25	+0.3 -0.0									2.0	+0.4 -0.0
40	+0.3 -0.0					2.0	+0.4 -0.0	2.4	+0.5 -0.0	3.0	+0.5 -0.0
50	+0.3 -0.0			2.0	+0.4 -0.0	2.4	+0.5 -0.0	3.0	+0.5 -0.0	3.7	+0.6 -0.0
63	+0.3 -0.0	2.0	+0.4 -0.0	2.5	+0.5 -0.0	3.0	+0.5 -0.0	3.8	+0.6 -0.0	4.7	+0.8 -0.0
75	+0.3 -0.0	2.2	+0.5 -0.0	2.9	+0.5 -0.0	3.6	+0.6 -0.0	4.5	+0.7 -0.0	5.6	+0.9 -0.0
90	+0.3 -0.0	2.7	+0.5 -0.0	3.5	+0.6 -0.0	4.3	+0.7 -0.0	5.4	+0.9 -0.0	6.7	+1.1 -0.0
110	+0.4 -0.0	3.2	+0.6 -0.0	3.9	+0.6 -0.0	4.8	+0.8 -0.0	5.7	+0.9 -0.0	7.2	+1.1 -0.0
125	+0.4 -0.0	3.7	+0.6 -0.0	4.4	+0.7 -0.0	5.4	+0.9 -0.0	6.0	+0.9 -0.0	7.4	+1.2 -0.0
140	+0.5 -0.0	4.1	+0.7 -0.0	4.9	+0.8 -0.0	6.1	+1.0 -0.0	6.7	+1.1 -0.0	8.3	+1.3 -0.0

续附表 16

公称外径及公差(mm)		公称压力 PN(MPa)									
		0.6		0.8		1.0		1.25		1.6	
		壁厚(mm)	公差	壁厚(mm)	公差	壁厚(mm)	公差	壁厚(mm)	公差	壁厚(mm)	公差
160	+0.5 −0.0	4.7	+0.8 −0.0	5.6	+0.9 −0.0	7.0	+1.1 −0.0	7.7	+1.2 −0.0	9.5	+1.5 −0.0
200	+0.6 −0.0	5.9	+0.9 −0.0	7.3	+1.1 −0.0	8.7	+1.4 −0.0	9.6	+1.5 −0.0	11.9	+1.8 −0.0
250	+0.8 −0.0	7.3	+1.1 −0.0	8.8	+1.4 −0.0	10.9	+1.7 −0.0	11.9	+1.8 −0.0	14.8	+2.3 −0.0
315	+1.0 −0.0	9.2	+1.4 −0.0	11.0	+1.7 −0.0	13.7	+2.1 −0.0	15.0	+2.3 −0.0	18.7	+2.9 −0.0
355	+1.1 −0.0	9.4	+1.5 −0.0	12.5	+1.9 −0.0	14.0	+2.3 −0.0	16.9	+2.6 −0.0	21.1	+3.2 −0.0
400	+1.2 −0.0	10.6	+1.6 −0.0	14.0	+2.1 −0.0	15.3	+2.3 −0.0	19.1	+2.9 −0.0	23.7	+3.6 −0.0

附表 17　LDPE 管材(外径公差)规格与参数参考值

公称外径(mm)	外径公差(mm)	壁厚及公差(mm)	工作压力(kPa)	单位长度质量(g/m)	备注
$\phi 4$		1.5			
$\phi 12$	+0.3	1.0 +0.3	400	40	
$\phi 16$	+0.3	1.2 +0.3	400	60	
$\phi 20$	+0.3	2.0 +0.4	400	110	
$\phi 25$	+0.3	2.5 +0.4	400	150	
$\phi 32$	+0.3	3.0 +0.5	400	250	外径和壁厚公差下差均为0
$\phi 40$	+0.4	3.5 +0.5	400	400	
$\phi 50$	+0.5	4.0 +0.7	400	600	
$\phi 63$	+0.5	5.0 +0.8	400	920	

附表 18　PVC – U 管件规格与参数参考值

管箍	45°弯头	90°弯头	异径接头			正三通	异径三通			管堵	法兰	外丝接头 / 内丝接头
Φ20	Φ20	Φ20	Φ25×20	Φ75×63	Φ160×140	Φ20	Φ25×20	Φ75×63	Φ160×140	Φ20	Φ20	Φ20×1/2"
Φ25	Φ25	Φ25	Φ32×20	Φ90×50	Φ200×110	Φ25	Φ32×20	Φ90×50	Φ200×110	Φ25	Φ25	Φ25×3/4"
Φ32	Φ32	Φ32	Φ32×25	Φ90×63	Φ200×160	Φ32	Φ32×25	Φ90×63	Φ200×160	Φ32	Φ32	Φ32×1"
Φ40	Φ40	Φ40	Φ40×20	Φ90×75	Φ225×160	Φ40	Φ40×20	Φ90×75	Φ225×160	Φ40	Φ40	Φ40×1 1/4"
Φ50	Φ50	Φ50	Φ40×25	Φ110×50	Φ250×110	Φ50	Φ40×25	Φ110×50	Φ250×110	Φ50	Φ50	Φ50×1 1/2"
Φ63	Φ63	Φ63	Φ40×32	Φ110×63	Φ250×160	Φ63	Φ40×32	Φ110×63	Φ250×160	Φ63	Φ63	Φ63×2"
Φ75	Φ75	Φ75	Φ50×20	Φ110×75	Φ250×200	Φ75	Φ50×20	Φ110×75	Φ250×200	Φ75	Φ75	Φ75×2 1/2"
Φ90	Φ90	Φ90	Φ50×25	Φ110×90	Φ315×160	Φ90	Φ50×25	Φ110×90	Φ315×160	Φ90	Φ90	Φ90×3"
Φ110	Φ110	Φ110	Φ50×32	Φ125×63	Φ315×200	Φ110	Φ50×32	Φ125×63	Φ315×200	Φ110	Φ110	内丝接头 Φ20×1/2"
Φ125	Φ125	Φ125	Φ50×40	Φ125×75	Φ315×250	Φ125	Φ50×40	Φ125×75	Φ315×250	Φ125	Φ125	Φ25×3/4"
Φ140	Φ140	Φ140	Φ63×25	Φ125×90	Φ400×200	Φ140	Φ63×25	Φ125×90	Φ400×200	Φ140	Φ140	Φ32×1"
Φ160	Φ160	Φ160	Φ63×32	Φ125×110	Φ400×250	Φ160	Φ63×32	Φ125×110	Φ400×250	Φ160	Φ160	Φ40×1 1/4"
Φ200	Φ200	Φ200	Φ63×40	Φ140×90	Φ400×315	Φ200	Φ63×40	Φ140×90	Φ400×315	Φ200	Φ200	Φ40×1 1/2"
Φ225	Φ225	Φ225	Φ63×50	Φ140×110		Φ225	Φ63×50	Φ140×110		Φ225	Φ225	Φ50×1 1/2"
Φ250	Φ250	Φ250	Φ75×32	Φ160×90		Φ250	Φ75×32	Φ160×90		Φ250	Φ250	Φ63×2"
Φ315	Φ315	Φ315	Φ75×40	Φ160×110		Φ315	Φ75×40	Φ160×110			Φ315	Φ75×2 1/2"
Φ400	Φ400	Φ400	Φ75×50	Φ160×125		Φ400	Φ75×50	Φ160×125			Φ400	Φ90×3"

附表 19 微灌用 PE 管件规格与参数参考值

品名	规格	品名	规格	品名	规格
同径接头	12	直通	12 × 12	外螺纹弯头	20 × 1/2″
	16		16 × 16		20 × 3/4″
	20		20 × 20		25 × 3/4″
	25		25 × 25		25 × 1″
	32		32 × 32		32 × 3/4″
	40		40 × 40		32 × 1″
	50		50 × 50		63 × 2″
	63		63 × 63	内螺纹弯头	20 × 1/2″
		等径三通	20		20 × 3/4″
			25		25 × 3/4″
异径接头	12 × 10		32		25 × 1″
	15 × 12		40		32 × 3/4″
	20 × 15		50		32 × 1″
	25 × 20		63		40 × 11/4″
	32 × 25	中心内螺纹三通	20 × 1/2″		50 × 2″
	40 × 25		20 × 3/4″		63 × 11/2″
	40 × 32		25 × 3/4″		63 × 2″
	50 × 40		25 × 1″	鞍座	40 × 1/2″
	63 × 50		32 × 3/4″		40 × 3/4″
螺纹接头	3/4″		32 × 1″		40 × 1″
	1″		40 × 1/2″		50 × 3/4″
	2″		40 × 11/4″		50 × 1″
外螺纹直通	20 × 1/2″		50 × 2″		63 × 3/4″
	20 × 3/4″		63 × 3/4″		63 × 1″
	25 × 3/4″		63 × 11/2″		
	25 × 1″		63 × 2″		
	32 × 1″	中心外螺纹三通	20 × 1/2″		
	40 × 11/4″		20 × 3/4″		
	40 × 11/2″		25 × 3/4″		
	50 × 11/2″		25 × 1″	Y 型三通	25 × 3/4
	63 × 11/2″		32 × 3/4″		25 × 1″
	63 × 2″		32 × 1″		63 × 165
内螺纹直通	20 × 1/2″		40 × 1″	堵头	12
	20 × 3/4″		40 × 11/4″		16
	25 × 3/4″		40 × 11/2″		20
	25 × 1″		50 × 11/2″		25
	32 × 3/4″		50 × 2″		32
	32 × 1″		63 × 11/2″		40
	32 × 11/4″		63 × 2″		50
	40 × 11/4″	等径弯头	20 × 20		63
	40 × 11/2″		25 × 25	打孔器	4
	50 × 11/2″		32 × 32		8
	50 × 2″		40 × 40		14
	63 × 11/2″		50 × 50		25
	63 × 2″		63 × 63		32
		旁通	12	锁紧钳	
			16		

附录三　附属设施规格与性能参数参考值

附表20　闸阀规格型号及尺寸参考值

型号	标称口径		L	D_1	D_2		D_3	H_{max}	B	F	$N-\phi d$		螺栓	
	mm	in			1.0 MPa	1.6 MPa					1.0 MPa	1.6 MPa	1.0 MPa	1.6 MPa
ARX02 – 10/16 – 50	50	2″	180	100	125		155	380	20	2	4 – 19		M16	
ARX02 – 10/16 – 65	65	2 1/2″	190	118	145		185	425	19	3	4 – 19		M16	
ARX02 – 10/16 – 80	80	3″	240	125	160		211	383	21	3	8 – 19		M16	
ARX02 – 10/16 – 100	100	4″	250	152	180		238	421	21	3	8 – 19		M16	
ARX02 – 10/16 – 125	125	5″	254	184	210		250	650	19	3	8 – 19		M16	
ARX02 – 10/16 – 150	150	6″	280	204	240		290	527	22	3	8 – 23		M20	
ARX02 – 10/16 – 200	200	8″	300	256	295		342	606	23	3	8 – 23	12 – 23	M20	
ARX02 – 10/16 – 250	250	10″	380	308	350	355	410	715	24	3	12 – 23	12 – 28	M20	M24
ARX02 – 10/16 – 300	300	12″	400	362	400	410	464	791	25	3	12 – 23	12 – 28	M20	M24
ARX02 – 10/16 – 350	350	14″	430	414	460	470	530	959	26	3	16 – 23	16 – 28	M20	M24
ARX02 – 10/16 – 400	400	16″	406	480	515	525	580	1 275	28	4	16 – 28	16 – 31	M24	M27

附表21　球阀规格及尺寸参考值

公称直径 DN(mm)	MP1.6 Q41F 系列								
	L	D	D_1	D_2	b	f	H	L_0	质量(kg)
15	130	95	65	45	14	2	78	100	3
20	140	105	75	55	14	2	82	100	4
25	150	115	85	65	14	2	89	100	5
32	165	135	100	78	16	2	103	160	8.5
40	180	145	110	85	16	3	122	250	11
50	200	160	125	100	16	3	132	250	15
65	220	180	145	120	18	3	156	300	19
80	250	195	160	135	20	3	176	300	27
100	280	215	180	155	20	3	203	400	38
150	360	280	240	210	24	3	307	680	81
200	400	335	295	265	26	3	378	1 600	95

附表22　蝶阀规格与尺寸参考值

规格		D_1	D_2	$N - Th_0$	H	L	质量
mm	in						（kg）
50	2″	52.6	120.6	$4 - 5/8″ - 11NUC$	8.86 ± 0.05	45	3.45
65	$2\frac{1}{2}″$	64.3	139.70	$4 - 5/8″ - 11NUC$	8.86 ± 0.05	47.5	3.82
80	3″	78.8	152.40	$4 - 5/8″ - 11NUC$	8.86 ± 0.05	49	4.5
100	4″	104	190.50	$8 - 5/8″ - 11NUC$	11.1	54.7	8.19
125	5″	123.3	215.90	$8 - 3/4″ - 10NUC$	12.7	58	10.4
150	6″	155.7	241.30	$8 - 3/4″ - 10NUC$	12.7	58.6	13.79
200	8″	202.4	298.45	$8 - 3/4″ - 10NUC$	15.88	63.4	17.7
250	10″	250.4	361.95	$12 - 7/8″ - 9NUC$	20.62	70	26.3
300	12″	301.5	431.8	$12 - 7/8″ - 9NUC$	—	70	33.3

附表23　截止阀规格参数参考值

公称直径 DN（mm）	主要外形尺寸和连接尺寸（mm）										质量（kg）	
	L	D	D_1	D_2	D_6	b	$z - \phi d$	手动	电动	D_0	手动	电动
50	300	175	135	105	88	26	$8 - 23$	410	710	280	35	64
65	340	200	160	130	110	28	$8 - 23$	450	750	320	48	77
80	380	210	170	140	121	30	$8 - 23$	485	785	360	56	88
100	430	250	200	168	150	32	$8 - 25$	537	837	400	125	171

附表24　电磁阀型号和性能参数参考值

序号	型号	接口尺寸（in）	电磁线圈功率（VA）		水力性能			
					工作范围		水头损失	
			启动	吸持	流量（m³/h）	压力（MPa）	流量（m³/h）	损失（m）
1	075 - DV	$G\frac{3″}{4}$	7.2	4.6	0.75 ~ 5	0.1 ~ 1.0	0.75	1.8
							2.0	2.4
							5.0	3.7
2	100 - DVF	$G1″$			1 ~ 10		2.0	1.6
							5.0	2.5
							7.5	5.0

续附表 24

| 序号 | 型号 | 接口尺寸(in) | 电磁线圈功率(VA) | | 水力性能 | | | |
| | | | | | 工作范围 | | 水头损失 | |
			启动	吸持	流量(m³/h)	压力(MPa)	流量(m³/h)	损失(m)
3	150 – PGA	G1 3/4″	9.9		7 ~ 22	0.1 ~ 1.0	8.0 10.0 14.0	1.6 2.9 5.0
4	200 – PGA	G2″			12 ~ 34		12.0 16.0 22.0	0.8 1.6 3.3
5	150 – PESB	G1 1/2″		5.5	5 ~ 34	0.15 ~ 1.4	8.0 10.0 14.0	1.5 1.7 1.9
6	200 – PESB	G2″	9.9		12 ~ 46		12.0 16.0 22.0	0.9 1.5 2.6
7	300 – BPE	G3″			14 ~ 68	0.14 ~ 1.38	14.0 40.0 60.0	4.7 3.1 3.0

注:1. 为减小水锤的影响,建议通过阀的水流速度不超过 2.3 m/s。

2. 表中给出了每种阀在三个流量点的水头损失。

3. 表中的水头损失值是在阀门完全开启的状态下测出的。

4. 电源采用 24 V、50 Hz 交流电。

附表 25　止回阀规格参数参考值

公称直径 DN(mm)	50	65	80	100	125	150	200	250	300
	2″	2 1/2″	3″	4″	5″	6″	8″	10″	12″
L	203	220	240	292	330	365	495	622	698
H	105	115	140	155	170	203	246	283	330
D	155	175	185	210	250	280	330	400	445

附表26　旋翼湿式水表型号与性能参数参考值

水表型号	公称口径 （mm）	特性流量 （m³/h）	最大流量 （m³/h）	额定流量 （m³/h）	最小流量 （m³/h）	最小示值 （m³）	最大示值 （m³）
LXS－50	50	≥30	15	10	0.40	0.01	99 999
LXS－80	80	≥70	35	22	1.10	0.01	999 999
LXS－100	100	≥100	50	32	1.40	0.01	999 999
LXS－150	150	≥200	100	63	2.40	0.01	999 999

注：1. 特性流量指水流通过水表产生 10 m 水头损失的流量值。

2. 最大流量指水表使用的上限流量，在大流量时，水表只能短时间使用。

3. 额定流量指水表允许长期工作的流量。

4. 最小流量指水表使用的下限流量。

附表27　Y 型压力表规格参数参考值

型号	精度等级	测量范围（MPa）	结构特点	接头螺纹
Y－60	2.5	0.06～0.1	径向	M14×1.5
Y－100 Y－150 Y－200	1.6	0.16～0.4		M20×1.5
Y－60Z	2.5	0.61～1.6	轴向	M14×1.5
Y－100Z Y－150Z	1.6	2.5～4.6		M20×1.5
Y－60ZT	2.5	10～25	轴向带前边	M14×1.5
Y－100ZT Y－150ZT	1.6	40～60		M20×1.5
Y－100TQ Y－150TQ			径向带前	

附录四　过滤器与施肥装置性能参数参考值

附表28　单罐反冲洗砂过滤器技术参数参考值

规格型号	SS－50	SS－80	SS－100	SS－150	SS－200
外形尺寸 （mm×mm×mm）	600×800× 1 520	950×2 200× 2 100	1 900×2 200× 2 100	2 600×2 200× 2 100	3 300×2 200× 2 100
连接方式	DG50 锥管螺纹	DG80 法兰	DG100 法兰	DG150 法兰	DG200 法兰
流量（m³/h）	5～17	10～35	30～70	50～100	80～140
质量（kg）	120	250	480	780	1 150

附表29　网式过滤器技术参数参考值

规格型号	WS－25	WS－50	WS－80	WSZ－80	WSZ－100	WSZ－150
外形尺寸（mm×mm×mm）	100×160×260	580×250×350	850×250×450	1 000×650×350	1 200×650×450	1 400×1 000×500
联接方式	DG25 管螺纹	DG50 锥管螺纹	DG80 法兰	DG80 法兰	DG100 法兰	DG150 法兰
流量（m³/h）	1～7	5～20	10～40	10～40	30～70	50～100
质量（kg）	0.5	14	23	48	60	115

附表30　叠片式过滤器技术参数参考值

型号	过滤元件	过滤面积（cm²）	最大压力（MPa）	最小冲刷压力（MPa）	最大流量（m³/h）	冲刷流量（m³/h）
2SV	3X－130 叠片/Disc	1.402	1	0.3	20	8.8
3NV	3X－130 叠片/Disc				30	

附表31　DF 系列过滤器过流量对应水头损失参考值（150 目）

1″过滤器		2″过滤器	
流量（m³/h）	水头损失（m）	流量（m³/h）	水头损失（m）
0.5	0.13	5	0.25
1	0.38	10	0.86
2	1.13	15	1.83
4	2.20	20	3.05
6	5.00	25	4.60

附表32　旋流水砂分离器技术参数参考值

规格型号	LX－25	LX－50	LX－80	LX－100	LX－125	LX－150
外形尺寸（mm×mm×mm）	420×250×550	500×300×830	800×500×1 320	950×600×1 700	1 350×1 000×2 400	1 400×1 000×2 600
连接方式	DG25 锥管螺纹	DG50 锥管螺纹	DG80 法兰	DG100 法兰	DG150 法兰	DG150 法兰
流量（m³/h）	1～8	5～20	10～40	30～70	60～120	80～160
质量（kg）	9	21	51	90	180	225

附表 33 旋流水砂分离器与网式组合过滤器参数参考值

规格型号		外形尺寸(mm×mm×mm)	连接方式	流量(m³/h)	质量(kg)
水砂分离器＋网式组合过滤器	L50－W50	400×800×1 200	DG50 锥管螺纹	5～20	48
	L80－W80	960×800×1 900	DG80 法兰	10～40	95
	L80－W80A	1 200×800×1 900	DG80 法兰	10～40	135
	L100－W100	960×1 400×2 300	DG100 法兰	30～70	185
	L100－W100A	1 300×1 400×2 300	DG100 法兰	30～70	245
	L150－W150A	1 950×1 350×3 000	DG150 法兰	60～120	—
	L150－W150	—	DG150 法兰	80～160	—
砂过滤器＋网式组合过滤器	S50－W50	700×1 600×1 700	DG50 锥管螺纹	5～17	130
	S80－W80	1 600×2 200×2 100	DG80 法兰	10～35	275
	S100－W100	2 400×2 200×2 100	DG100 法兰	30～70	545
	S150－W150	3 800×2 200×2 100	DG150 法兰	50～100	895

附表 34 压差式施肥罐技术参数参考值

容量 型号及参数		10 L	16 L	30 L		50 L		150 L
				A	B	A	B	
施肥罐	型号	SFG－10×10	SFG－16×10	SFG－30×10(16)		SFG－50×16		SFG－150×16
	质量	4	12	21	25	34	40	70
施肥阀	型号	SFF－25×10		SFF－40×10		SFF－40×16		SFF－80×16
		SFF－40×10		SFF－40×16		SFF－50×16		SFF－100×16
施肥时间(min)		10～20		20～50		30～70		50～100

参 考 文 献

[1] 水利部农村水利司,中国灌溉排水技术开发培训中心. 微灌工程技术[M]. 北京:中国水利水电出版社,1999.

[2] 水利部农村水利司. 节水灌溉工程实用手册[M]. 北京：中国水利水电出版社,2005.

[3] 水利部农村司,中国灌溉排水技术开发培训中心. 水土资源评价与节水灌溉规划[M]. 北京:中国水利水电出版社,1998.

[4] 付琳,董文楚,郑耀泉,等. 微灌工程技术指南[M]. 北京:水利电力出版社,1988.

[5] 水利部国际合作司,水利部农村水利司,等. 美国国家灌溉工程手册[M]. 北京:中国水利水电出版社,1998.

[6] 张志新,等. 滴灌工程规划设计原理与应用[M]. 北京：中国水利水电出版社, 2007.

[7] 奕永庆. 经济型喷微灌[M]. 北京：中国水利水电出版社,2009.

[8] 凯勒,D 喀麦利. 滴灌设计[M]. 罗远培,译. 北京:水利出版社,1980.

[9] 杨培岭,雷显龙. 滴灌用灌水器的发展及研究[J]. 节水灌溉,2000(3):17-18.

[10] 王德次. 滴灌灌水器及其设计要点[J]. 中国农村水利水电,2007(3): 53-54.

[11] 顾烈烽. 滴灌工程设计图集[M].北京:中国水利水电出版社,2005.

[12] I 维尔米林,G A 乔伯林. 局部灌溉[R]. 西世良,等译. 联合国粮食及农业组织,1980.

[13] 张国祥,申亮. 微灌灌水小区水力设计的经验系数法[J]. 节水灌溉,2005(6):20-23.

[14] 李宝珠. 滴灌系统设计水头与工程输配水管网投资及运行的关系分析[J].农业工程学报,2008(3):72-76.

[15] 张国祥,申亮. 微灌毛管进口设流调器时水力设计应注意的问题[J]. 节水灌溉,2006(1):39-40.

[16] 钱蕴壁,李英能,杨刚. 节水农业新技术研究[M]. 郑州:黄河水利出版社,2002.

[17] 王德荣,滕静. 农田灌溉水质标准详解[M]. 北京:中国农业科学技术出版社,1992.

[18] 翟国亮,陈刚,赵武,等. 微灌用石英砂滤料的过滤与反冲洗试验[J].农业工程学报.2007(12):46-50.

[19] 翟国亮,吕谋超,王晖. 微灌系统的堵塞及防治措施[J].农业工程学报,1999(1):144-147.

[20] 刘焕芳,宗全利. 一种新型平流式沉沙池的设计[J]. 工业水处理,2005(4):71-74.

[21] 宗全利,刘焕芳,等.微灌用沉沙池泥沙沉降计算方法试验研究[J].节水灌溉,2007(4):23-26.

[22] 曾德超,因·古德温,黄兴法,等. 果园现代高科技节水高效灌溉技术指南[M]. 北京:中国农业出版社,2001.

[23] 刘宜生,侯国强. 蔬菜施肥技术问答[M].北京:金盾出版社,1991.

[24] 李家康,林继雄,郭金如. 化肥合理施用技术[M].北京:科学普及出版社,1990.

[25] 李久生,张建君,薛克宗. 滴灌施肥灌溉原理与应用[M]. 北京:中国农业科学技术出版社,2003.

[26] 彭世琪,崔勇. 微灌施肥实用技术[M]. 北京:中国农业出版社,2006.

[27] 孟一斌,李久生,李蓓. 微灌系统压差式施肥罐施肥性能试验研究[J]. 农业工程学报,2007(3):41-45.

[28] 喷灌工程设计手册编写组.喷灌工程设计手册[M].北京:水利电力出版社,1989.

[29] 李久生,王迪,栗岩峰. 现代灌溉水肥管理原理与应用[M]. 郑州:黄河水利出版社,2008.

[30] Li J., Zhang J., Ren L. Water and nitrogen distribution from a point source of ammonium nitrate[J]. Irrigation Science, 2003(1): 19-30.

[31] Burt C, Connor K O', Ruehr T. Fertigation[D]. San Luis Obispo: California Polytechnic State University, 1998.

[32] California Fertilizer Association. Western Fertilizer Handbook[M]. 7th ed. The Interstate Printers and Publishers. IL, 1980.

[33] Doerge T A, Roth R L, Gardner B R. Nitrogen Fertilizer Management in Arizona[D]. Tucson, AZ: The University of Arizona, 1991.

[34] Tisdale S L, Nelson W L, Beaton J D. Soil Fertility and Fertilizers[M]. 4th ed. New York: Macmillan Publishing Company, 1985.

[35] Hartz T K, Smith R F, Schulbach K F, ect. On-Farm Nitrogen Tests Improve Fertilizer Efficiency and Protect Groundwater[J]. California Agriculture, 1994: 29-32.

[36] Li J, Meng Y, Liu Y. Hydraulic performance of differential pressure tanks for fertigation[J]. Transactions of the ASABE, 2006(6): 1815-1822.

[37] S. Armoni. Micro-sprinkler Irrigation[M]. Dan Sprinklers, Israel, 1986.

[38] Jack Keller, Ron D Bliesner. Sprinkler and Trickle Irrigation[M]. New York: Van Nostrand Rein-hole, 1990.

[39] A Benami, A Ofen. Irrigation Engineering[M]. Israel: IESP, 1984.